ソフトマター物理学入門

# ソフトマター物理学入門

土井正男

岩波書店

## まえがき

ソフトマターとは，高分子，コロイド，液晶，界面活性剤などの柔らかな物質の総称である．ソフトマターは，われわれの生活や現代の技術の中で重要な役割を果たしている物質である．われわれが毎日使っているシャンプー，ジェル，クリームなどは界面活性剤や高分子からなるソフトマターである．われわれの体自身は，いろいろな生体高分子からなるソフトマターであり，われわれが食べている食品のほとんどはソフトマターである．医療の現場では，人工歯，人工血管，人工皮膚などがソフトマターを利用して作られている．ソフトマターは工業製品においても重要である．携帯電話，パソコン，自動車の中には，液晶，ゴムなどのソフトマターがたくさん使われている．集積回路を作るときにはレジストという高分子が用いられている．

このように重要でありながら，ソフトマターは，これまで物理の分野ではあまり取り上げられてこなかった物質である．実際，ソフトマターの歴史は，比較的新しいものである．高分子や液晶などは，物理の分野でも古くから研究されてきたが，それらを一つにまとめてソフトマターと呼ぶようになったのは最近のことである．1991年にドゥ・ジェンヌ(de Gennes)は，ノーベル賞の受賞に際して，ソフトマターというタイトルの受賞講演を行なった．その中で，ドゥ・ジェンヌは，一見，複雑で扱いにくく見えるこれらの物質の中に，豊かな物理があることを示した．この講演以来，分野を表す言葉として「ソフトマター」が定着し，その後の研究は大きな広がりと深化を見せた．その結果，現在では，**ソフトマター物理学**(soft matter physics)という一つのジャンルを形成しつつある．

本書の目的は，ソフトマター物理の全体をできるだけ統一的な視点で，平易に解説することである．われわれの生活と産業において重要であるソフトマ

ターについて，その基本的な性質を理解しておくことは，物性物理や材料科学の学生や研究者にとって，必要不可欠のこととなりつつある．本書の執筆の動機は，そのための材料を提供することであった．

執筆にあたっては二つのことを心がけた．一つは，物理の学生だけでなく，化学，生物，材料科学の学生に対しても役立つようにすることである．物理以外の分野の読者も想定して，その批判にも耐えられるよう，できるだけ多面的な視点から書くように努めた．もう一つは，物理の一般的な原理に基づいて，ソフトマターに共通する特徴を描くことである．そのために，学部3年生を想定し，他の参考書なしに，概念の説明や数式の導出を行なうよう努めた．

ソフトマターを理解するには，粗視化，相転移，自己組織化，非平衡ダイナミクスなど，通常の学部の講義では教えられていない考え方が必要である．これらの考え方はソフトマターだけでなく，物理学をはじめとして化学，材料科学など，学問のさまざまな前線で必要とされている．それらを学ぶ上で，身近にあるソフトマターは良い具体例となっている．

ソフトマターは，非線形・非平衡という特徴を持っており複雑な振る舞いを示す．しかし複雑であっても，物理の原理は働いており，その振る舞いは，100% 物理の言葉で理解できるはずのものである．本書を通して，ソフトマターの中にある深く豊かな物理を感じとっていただければ幸いである．

本書をまとめるまでに，多くの人々の協力をいただいた．未完成の読みにくい原稿を読み，長い計算をフォローし，多くの誤りを指摘してくれた学生や友人にお礼を申し上げる．

# 目　次

まえがき

## 1　ソフトマターとは …………………………………… 1
### 1.1　高分子 ……………………………………………… 1
### 1.2　コロイド …………………………………………… 2
### 1.3　液　晶 ……………………………………………… 4
### 1.4　界面活性剤 ………………………………………… 5
### 1.5　ソフトマターの特徴 ……………………………… 6

## 2　溶液とコロイド分散系 ……………………………… 11
### 2.1　はじめに …………………………………………… 11
### 2.2　溶液の熱力学 ……………………………………… 12
### 2.3　溶液の相分離 ……………………………………… 18
### 2.4　格子模型 …………………………………………… 20
### 2.5　コロイド分散系 …………………………………… 25
### 2.6　コロイドの分散性の制御 ………………………… 28
　　　付録2-1　デリヤーギン近似 ……………………… 36

## 3　高分子溶液 ……………………………………………… 39
### 3.1　はじめに …………………………………………… 39
### 3.2　高分子の理想鎖モデル …………………………… 40
### 3.3　実在鎖のモデル …………………………………… 49
### 3.4　高分子溶液 ………………………………………… 55
　　　付録3-1　部分平衡自由エネルギー ……………… 61

## 4　高分子弾性体 …………………………………………… 67
### 4.1　はじめに …………………………………………… 67

|       |                                          |     |
|-------|------------------------------------------|-----|
| 4.2   | ゴム弾性 ……………………………………………               | 68  |
| 4.3   | ゲ ル …………………………………………                  | 78  |
|       | 付録 4-1　大変形弾性論における応力 ……………………        | 85  |

## 5　液　晶 …………………………………………… 87

|       |                                          |     |
|-------|------------------------------------------|-----|
| 5.1   | はじめに ……………………………………………               | 87  |
| 5.2   | 液晶の相転移 ………………………………………              | 87  |
| 5.3   | ランダウ理論 ………………………………………              | 96  |
| 5.4   | 秩序パラメータが空間的に変化する系 ……………………        | 104 |
|       | 付録 5-1　剛体棒状分子の液晶相転移 ……………………        | 111 |
|       | 付録 5-2　ネマチック液晶の秩序パラメータ ……………        | 113 |

## 6　界面活性剤 …………………………………………… 115

|       |                                          |     |
|-------|------------------------------------------|-----|
| 6.1   | はじめに ……………………………………………               | 115 |
| 6.2   | 界面の熱力学 ………………………………………              | 116 |
| 6.3   | 固体基板上の液滴 ……………………………………            | 124 |
| 6.4   | 界面活性剤 …………………………………………              | 129 |
| 6.5   | 界面活性剤溶液の自己組織構造 ………………………          | 133 |
|       | 付録 6-1　ラプラス圧 ……………………………………          | 137 |

## 7　ブラウン運動と熱ゆらぎ …………………………… 139

|       |                                          |     |
|-------|------------------------------------------|-----|
| 7.1   | はじめに ……………………………………………               | 139 |
| 7.2   | 並進のブラウン運動 …………………………………            | 140 |
| 7.3   | 回転のブラウン運動 …………………………………            | 150 |
| 7.4   | ゆらぎと外場に対する応答 …………………………          | 157 |
|       | 付録 7-1　揺動散逸定理の証明 ……………………………        | 166 |

## 8　非平衡ソフトマターの変分原理 …………………… 171

|       |                                          |     |
|-------|------------------------------------------|-----|
| 8.1   | はじめに ……………………………………………               | 171 |
| 8.2   | ストークス流体力学 …………………………………            | 172 |
| 8.3   | ストークス流体力学における変分原理 ………………          | 178 |
| 8.4   | 一般の非平衡系における変分原理 ………………………        | 181 |

 8.5 多粒子系の運動 …………………………………… 189
  付録 8-1 ローレンツの相反定理 ………………………… 195
  付録 8-2 緩和現象 …………………………………………… 196

# 9 ソフトマターにおける物質拡散 ……………… 199

 9.1 はじめに ……………………………………………… 199
 9.2 コロイド分散系の物質拡散 ………………………… 199
 9.3 溶液の相分離 ………………………………………… 208
 9.4 ゲルの変形と物質輸送 ……………………………… 214

# 10 ソフトマターの変形と流動 …………………… 229

 10.1 はじめに …………………………………………… 229
 10.2 粘弾性 ……………………………………………… 230
 10.3 レオロジーの基礎 ………………………………… 235
 10.4 絡み合いのない高分子液体の粘弾性 …………… 241
 10.5 高分子絡み合い系 ………………………………… 250
 10.6 棒状高分子溶液 …………………………………… 260

 参考文献 ………………………………………………………… 269
 索 引 …………………………………………………………… 273

# 1 ソフトマターとは

　この章では，ソフトマターの例として挙げられる，高分子，コロイド，液晶，界面活性剤などが，どのような物質であるかについて解説する．そしてそれらの物質に共通する特性がなんであり，どのような構造の特徴に由来するものかについて簡単に述べる．

## 1.1 高分子

　高分子(polymer)は，図 1.1 に示すようにモノマー(monomer)と呼ばれる分子が共有結合によって 1 次元的に長くつながってできた紐状の分子である．モノマーの数は数 100 から数万，ときとして，数千万にもなることがある．高分子は，プラスチック，ゴムなどの工業材料として広く使われている．高分子はまた，生体の基本要素でもある．われわれの体を構成するタンパク質は 20 種のアミノ酸がつながってできた天然の高分子である．遺伝情報を伝える DNA も核酸がつながってできた高分子である．

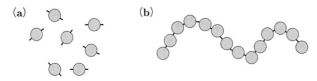

図 **1.1**　(a)モノマー．(b)モノマーの重合によってできた高分子．

　高分子の特徴は，モノマーの種類，モノマーの結合の仕方を変えることによって非常に多様な物質を作ることができる点にある．モノマーのつながり方は図 1.2(a)に示す紐のような 1 次元的つながり方が基本であるが，図 1.2(b)

**図 1.2** モノマーのつながり方による高分子の多様性. (a)直鎖高分子. (b)分岐高分子. (c)網目状高分子.

のように,紐に分岐をもたせたり,図1.2(c)のように,紐の間を結んで網目状にすることもできる.網目状の高分子からは,ゴムのように強く引き伸ばしても元の形に戻る材料ができる.分岐状の高分子からは,付箋に使われているような粘着性のある材料をつくることができる.また,モノマーの種類を変えると,ゲルのように非常に柔らかな材料を作ることもできるし,パソコンの筐体に用いられるような硬い材料を作ることもできる.これらのモノマーを混ぜ合わせることにより,硬いが,衝撃に対して壊れにくい材料を作ることができる.自動車のバンパーはその例である.さらに,モノマーの種類により,電気を伝える高分子,光に反応して分子結合の切れる高分子などをつくることができる.これらの高分子は,電子材料として広く用いられている.

## 1.2 コロイド

**コロイド**(colloid)とは,固体(あるいは液体)を微小な大きさの粒子(あるいは液滴)とし,他の液体の中に分散させた物質である.微粒子の直径は数 nm から 1 $\mu$m 程であり,分子に比べてはるかに大きい.分散している粒子あるいは液滴を**分散質**(dispersoid),それを取り囲んでいる液体を**分散媒**(disperse medium)という.

コロイドは,日常生活の中にたくさん見ることができる.牛乳は,球状の脂肪粒子が,水の中に分散してできたコロイドである.また絵の具は,顔料と呼ばれる色を出す微粒子を水や油の中に分散させたコロイドである.コロイドは,分散質が固体であるか液体であるか,分散媒が気体であるか液体であるかによって,多くの種類に分類される.

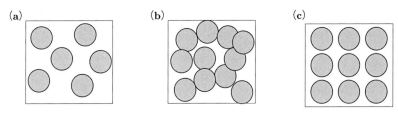

**図 1.3** 固体微粒子からなるコロイド分散系の種々の相．(a)ゾル．(b)ゲル．(c)結晶．

　固体微粒子からなるコロイドは，粒子の濃度が低ければ液状である．コロイド溶液の入った容器を傾ければ，溶液は流動する．しかし，粒子濃度を高くすると，コロイドは流動性を失い，容器を傾けても流れなくなる．たとえば，水性絵の具は，水に溶かせば液体であるが，水が蒸発すると固体になる．流動性のある液状の状態を**ゾル**(sol)，流動性を失った状態を**ゲル**(gel)という（図 1.3 参照）．液体の量を変えなくとも，固体粒子の間に働く力を変えることによってゾルからゲルへの転移を引き起こすことができる．例えば，牛乳に酢を加えると，粘度が高くなり，流動性が失われる．これは，酢を加えることによって粒子間に引力が働き，固形分の凝集が起こるからである．

　コロイドがゾルからゲルに変わる時，多くの場合，固体粒子がランダムに凝集するだけであるが，同じ大きさと形をもつ固体粒子のコロイドでは，図 1.3(c)に示すような粒子が規則正しく並んだ結晶をつくることもある．そのような結晶は光を選択的に反射するので，オパールのような光彩を放つ．

　コロイドを構成する固体粒子は，棒状，または板状の形状をとることもある．粒子の形状により，ゾルの粘度や，ゾルからゲルに転移する時の濃度が大きく変わってくる．大きさや形状のそろった粒子をどのようにして作成するか，それらの粒子の表面をどのように改質するか，そしてコロイドにどのような機能をもたせるか，という問題はコロイドの応用において非常に重要であり，多くの研究が行なわれている．

## 1.3 液晶

**液晶**(liquid crystal)とは,「液体」と「結晶」の中間的な性質をもった物質の状態をいう. 例として, 棒状の形をした分子からなる物質を考えよう. このような物質が結晶を作るときには, 分子は, 図1.4(a)に示すような完全に整った秩序構造をとる. すなわち, 分子はすべて同じ方向を向き, その重心は, 一定の間隔で規則正しく並んでいる. 一方, この物質が液体状態にあるときには, 図1.4(d)に示すように, 分子の向きも, 重心位置もばらばらで秩序をもっていない. 液晶とは, この二つの状態の中間的な秩序をもつ状態のことである.

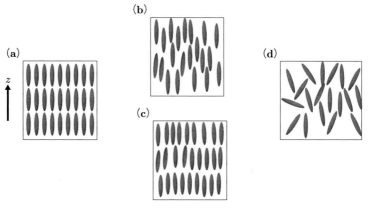

図 **1.4** 棒状分子のつくる種々の相. (a)結晶. (b)ネマチック液晶. (c)スメクチック液晶. (d)等方性液体.

棒状分子については, 二つの中間状態があることが知られている. ひとつは図1.4(b)に示す**ネマチック**(nematic)と呼ばれる状態である. この状態では, 分子は同じ方向を向いているが, 重心位置は液体と同様にランダムである. もうひとつは図1.4(c)に示す**スメクチック**(smectic)と呼ばれる状態である. この状態では, 分子の向きの秩序に加えて, 重心位置にも部分的な秩序が表れる. すなわち, 分子の重心はネマチックのように完全にランダムではなく, ある方向(図の$z$方向)に周期性をもっている.

すべての物質が液晶状態をとるわけではない．分子の形状が球に近い場合には，液体の温度を下げれば，物質は液体から結晶に転移する．液晶状態を経由して液体から結晶に転移する物質は，棒状分子のような異方性の強い分子からなるものに限られる．

液晶は異方性をもっており，複屈折を示す．この性質を利用し，液晶はパソコンやテレビのディスプレーに使われている．また，液晶の屈折率が温度によって変わることを利用し，センサーとしての利用も進んでいる．さらに分子が自発的に配向する性質を利用し，鋼より強い強度をもつ繊維が，液晶性の高分子から作られている．

## 1.4 界面活性剤

水と油は互いに混じりあうことのない仲の悪い液体である．物質は，通常，水に溶けるか，油に溶けるかのどちらかであり，水に溶けやすいものは，油に溶けにくく，油に溶けやすいものは水に溶けにくい．水に溶けやすいものは**親水性**(hydrophilic)，水に溶けにくいものは(いいかえれば，油に溶けやすいものは)**疎水性**(hydrophobic)と区分される．**界面活性剤**(surfactant)とは，水，油のどちらの液体にも溶けることのできる物質である．界面活性剤は，図 1.5(a)のように，一つの分子の中に，水が好きな部分(**親水基**(hydrophilic group))と油が好きな部分(**疎水基**(hydrophobic group))をもっている．水のなかでは，界面活性剤分子は図 1.5(b)のように親水基を外側に出し，疎水基を内側に包み込んだ会合体をつくる．このような会合体を**ミセル**(micell)という．一方，油のなかでは，図 1.5(c)のように疎水基を外側に出し，親水基を内側に包みこんだ構造のミセルをつくる．このように，界面活性剤は，違った構造のミセルをつくることにより，水，油のいずれの溶媒にも溶け込むことができる．ミセルの形状は球だけでなく，図 1.6 に示すような円柱や，板(ラメラ)の形状をとることもある．ミセルの大きさや形は，界面活性剤の種類や，濃度，溶媒の種類，温度などによって変化する．

界面活性剤の身近な例は，洗剤である．界面活性剤は，ミセルを作っているときより，水と油の界面に存在しているときのほうが，熱力学的に安定なの

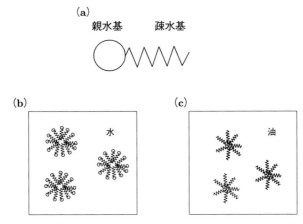

**図 1.5** 界面活性剤分子とその会合体．(a)界面活性剤分子．(b)水の中で作るミセル構造．(c)油の中で作る逆ミセル構造．

で，水と油の界面があると，その界面に入り込んで界面の面積を広げようとする．その結果，界面活性剤が加えられると水の中にあった油の塊は，小さな油滴となり，水の中に分散してゆく．これが洗剤の洗浄作用の原理である（図1.7 参照）．界面活性剤という呼び名は，このような界面を活性化させる効果に由来している．

界面活性剤は，物質の分散技術の中で広く用いられている．分散技術というのは，本来なら溶けない溶媒に対して，物質を微小な粒にし，粒の表面を処理をしたり，界面活性剤を加えたりすることによって，見かけ上均一な液体をつくる技術である．界面活性剤は物質を安定に分散させる上で，欠くことのできない役割を果たしている．

## 1.5 ソフトマターの特徴

以上見たように，ソフトマターのなかには，さまざまな物質が含まれているが，それらに共通している点は，構成単位となっているものが，原子，分子に比べてずっと大きいという点である．高分子は，数千から数百万の原子からなっている．直径 $0.1\,\mu\mathrm{m}$ のコロイド粒子には数億もの原子が含まれている．液

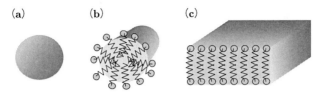

**図 1.6** 界面活性剤がつくる種々のミセル構造．(a)球状ミセル．(b)円柱状ミセル．(c)板状ミセル．

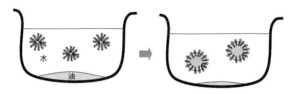

**図 1.7** 洗剤の洗浄作用の原理．

晶や界面活性剤は，分子それ自体は大きなものではないが，それらが運動するときには，たくさんの分子が大きな集団として一斉に運動する．例えば，液晶における分子の回転は，ある領域のなかの分子が一斉に回転するという形で起きる．また界面活性剤においては，分子の移動は個別に起こるのではなく，ミセルの単位で一斉に起こる．

構成単位が大きいということが，ソフトマターに二つの特徴を与えている．

(i) 非線形性：通常の物質においては，加えた力に比例した応答が現れるが，ソフトマターでは，力と応答の関係は，多くの場合，非線形となる．たとえば，金属などの硬い材料に力を加えた場合，変形は力に比例するが，ゴムのように柔らかな材料の場合には，小さな力でも大きな変形が現れ，変形と力の関係は非線形となる．

(ii) 非平衡性：物質に一定の外場を加えると，ある緩和時間を経た後に定常状態が実現される．また加えた外場を切って，物質がもとの平衡状態に戻るときにも，ある緩和時間が必要である．通常の液体ではこの緩和時間は $10^{-9}$ s 程度の短いものであるが，ソフトマターでは，1 s から $10^6$ s にもなる非常に長いものとなる．したがって，ソフトマターでは，非平衡状態にあることが多く，非平衡状態のダイナミクスが重要である．

これらの特徴は，ソフトマターの構成単位が大きいことから生じている．大

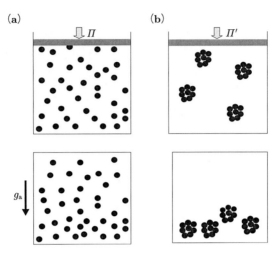

**図 1.8** (a)均一に分散したコロイド．(b)凝集したコロイド．コロイドが凝集すると，熱運動がおさえられる．そのため，上段に示すように浸透圧は小さくなり，かつ下段に示すように重力の影響を受けて沈降しやすくなる．

きな構成単位からなるものは，なぜ，非線形・非平衡の性質を示すのかということは簡単な例について見ることができる．

単位体積中に $n$ 個の粒子を含む希薄なコロイド溶液を考えよう．この系の浸透圧はファント・ホッフ(van't Hoff)の法則により $\Pi = nk_BT$ で与えられる．いま，粒子が凝集して，$N$ 個の粒子からなるクラスターを作ったとしよう(図1.8参照)．すると単位体積中のクラスターの数は $n'=n/N$ となるので，浸透圧は $\Pi'=n'k_BT$ となり，凝集前の $1/N$ になる．すなわち，粒子がクラスターを形成すると，浸透圧が小さくなり，溶液は，簡単に濃縮することができるようになる．

粒子がクラスターを形成すると，非線形の応答が顕著になることを別の例で見てみよう．コロイド溶液を遠心力装置にいれ，外から，粒子に力 $mg_a$ を加えたとしよう($m$ は浮力の効果も考慮した粒子の実効的質量，$g_a$ は遠心力によって作られる加速度)．すると，遠心力によって粒子の平均位置は，外側(図の下向き)にずれる．遠心力のもとでの粒子の $z$ 座標の分布は，

$$P(z) \propto \exp\left(-\frac{mg_a z}{k_B T}\right) \tag{1.1}$$

で与えられる．一方，粒子が $N$ 個集まってクラスターを作ると，クラスターの質量は $Nm$ となるので，その $z$ 座標の分布は

$$P(z) \propto \exp\left(-\frac{Nmg_a z}{k_B T}\right) \tag{1.2}$$

となる．$N$ が大きい場合には，弱い遠心力をかけただけで，粒子はほとんど容器の底に沈んでしまう．そのため，遠心力と粒子の平均位置のずれの関係は非線形となる．

粒子がクラスターを形成すると，外場に対する応答が遅くなることも理解できる．粘度 $\eta$ の粘性流体中におかれている半径 $a$ のコロイド粒子の回転の緩和時間は $\tau \simeq \eta a^3 / k_B T$ で与えられる[*1]．粒子がクラスターを作るとクラスターの半径は $a' = N^{1/3} a$ 程度に大きくなるので緩和時間も $\tau' \simeq \eta a'^3 / k_B T \simeq N\tau$ と大きくなる．

以上みたように，ソフトマターの特徴は，構成単位が大きく，非常に長い緩和時間をもち，非線形の応答を示すことである．この特徴をもつソフトマターは，二つに分類することができる．一つは，高分子や，コロイドのように，系を構成する要素そのものが巨大であるタイプである．もう一つは，液晶や界面活性剤のように，分子そのものは大きくないが，相転移や自己組織化の結果，構成単位が巨大となるタイプである．

以下の章では，最初に，代表的なソフトマターであるコロイド，高分子，液晶，界面活性剤の平衡状態の特徴について述べる．続いて，ソフトマターの非線形・非平衡の性質である，物質の浸透と拡散，変形や流動などの現象について述べてゆく．その中で，ソフトマターに共通する考え方や原理を示してゆく．

---

[*1] 第 7 章参照．

# 2 溶液とコロイド分散系

## 2.1 はじめに

ソフトマターの多くは,溶液として存在する.**溶液**(solution)とは**溶媒**(solvent)に**溶質**(solute)を均一に溶かしたものである.溶液の主役は溶質であるが,溶媒も重要な役割を担っている.1成分系であれば,気液相転移や結晶化などの相変化を実現するには,圧力や温度を変える必要があるが,ソフトマターの場合には,相変化は,溶媒の組成を変えることによって実現されることが多い.

本章の前半では,溶液の熱統計力学の基本事項をまとめておく.溶液で大切なことは,溶質が溶媒に溶けるか溶けないかということである.溶質をよく溶かす溶媒(良溶媒)の場合には,均一な溶液ができるが,溶質と親和性の低い溶媒(貧溶媒)の場合には,溶質の一部だけが溶媒に溶け,残りは別の相として残る.これを**相分離**(phase separation)という.ここでは,このような現象の背後にある熱力学について述べる.

本章の後半では,コロイド分散系について述べる.**コロイド分散系**(colloidal dispersion)とは,固体状態や液体状態の物質(**分散質**(dispersoid))を大きさ $10\,\mathrm{nm}\sim 1\,\mu\mathrm{m}$ 程度の微小な粒子とし,他の液体(**分散媒**(disperse medium))の中に分散させた系のことである.理論の形式から言えば,コロイド分散系は,コロイド粒子という巨大な溶質分子をもつ溶液と見ることもできるが,実際には,コロイドと溶液の間には多くの違いがある.ここでは,両者の違いに焦点をあてて,コロイド系の特徴を述べる.

コロイドについての本章の記述は,平衡状態の性質に限ることにする.コロイドにおいて重要なブラウン運動や拡散などの問題は第7章と第9章で議論

する．

## 2.2 溶液の熱力学

### 2.2.1 溶液の自由エネルギー

溶液とは，溶質が溶媒の中に均一に溶けている液体のことである．温度 $T$，圧力 $P$ のもとで，$N_\mathrm{p}$ 個の溶質分子を，$N_\mathrm{s}$ 個の溶媒分子の中に溶かした溶液を考えよう[*1]．溶液の自由エネルギー（ギブスの自由エネルギー）はこれらのパラメータの関数として $G(N_\mathrm{p}, N_\mathrm{s}, T, P)$ と表すことができる．自由エネルギーは，物質の量に比例する示量性の変数であるから，これは，次のように書くことができる：

$$G(N_\mathrm{p}, N_\mathrm{s}, T, P) = Mg(N_\mathrm{p}/N_\mathrm{s}, T, P). \tag{2.1}$$

ここで，$M$ は溶液の全質量，$g$ は単位質量あたりの溶液の自由エネルギーである．溶質分子，溶媒分子それぞれの質量を $m_\mathrm{p}, m_\mathrm{s}$ とすると，$M$ は

$$M = m_\mathrm{p} N_\mathrm{p} + m_\mathrm{s} N_\mathrm{s} \tag{2.2}$$

と表すことができる．$N_\mathrm{p}/N_\mathrm{s}$ は溶質と溶媒のモル混合比で，溶液の濃度と関係している．溶液の濃度は，溶質の重量濃度 $c$（単位体積あたりの溶質の重量），または溶質分子の数密度 $n$（単位体積中の溶質分子の数）などで表すことができる．溶液の体積を $V$ とすると，これらの量は

$$c = \frac{N_\mathrm{p} m_\mathrm{p}}{V}, \qquad n = \frac{N_\mathrm{p}}{V} \tag{2.3}$$

と表される．ここでは，濃度を表すのに溶質の重量分率 $\phi$ を用いることにする．これは次のように定義される[*2]：

$$\phi = \frac{N_\mathrm{p} m_\mathrm{p}}{M} = \frac{N_\mathrm{p} m_\mathrm{p}}{N_\mathrm{p} m_\mathrm{p} + N_\mathrm{s} m_\mathrm{s}}. \tag{2.4}$$

---

[*1] ここでは，高分子や微粒子の溶液を想定して，溶質を表す添え字として polymer または particle の頭文字の p を用い，溶媒を表す添え字として，solvent の頭文字の s を用いた．

すると，自由エネルギーは次のように書ける：

$$G(N_{\mathrm{p}}, N_{\mathrm{s}}, T, P) = Mg(\phi; T, P). \tag{2.5}$$

質量 $M_1$，濃度 $\phi_1$ の溶液と，質量 $M_2$，濃度 $\phi_2$ の溶液を混ぜ合わせて，一様な溶液ができたとすると，その質量は $M=M_1+M_2$ であり濃度は $\phi=(M_1\phi_1+M_2\phi_2)/M$ である．一様な溶液ができるためには，混合後の自由エネルギーが混合前の自由エネルギーより低くなっていなくてはならないので次の不等式が成立しなくてはならない：

$$M_1 g(\phi_1) + M_2 g(\phi_2) > Mg(\phi). \tag{2.6}$$

ここで，簡単のため，引数のリストから，一定に保たれている変数 $T, P$ を省略した．溶液を混ぜるときの混合比を $x=M_1/(M_1+M_2)$ で定義すれば $\phi=x\phi_1+(1-x)\phi_2$ であるので，(2.6)は次のように書くことができる：

$$xg(\phi_1) + (1-x)g(\phi_2) > g(x\phi_1+(1-x)\phi_2). \tag{2.7}$$

濃度 $\phi_1$ と濃度 $\phi_2$ の溶液をどんな混合比で混ぜても一様に混ざり合うとすると，(2.7)は，$0<x<1$ の任意の $x$ について成り立たなくてはいけない．これは，図 2.1(a)に示すように，関数 $g(\phi)$ が $\phi_1<\phi<\phi_2$ の領域で下に凸な関数であることを意味している．この条件は $\phi_1<\phi<\phi_2$ において

$$\frac{\partial^2 g}{\partial \phi^2} > 0 \tag{2.8}$$

となることと等価である．

一方，図 2.1(b)に示すように関数 $g(\phi)$ が上に凸な部分($\partial^2 g/\partial \phi^2<0$ となる部分)をもつ場合には，混合によってかえって自由エネルギーが増加することがある．このような場合には，均一溶液は安定でなく，溶液は濃度の異なる二

---

*2 高分子やコロイドの溶液では，重量分率の代わりに体積分率がよく用いられる．溶液において，溶質 1 分子，溶媒 1 分子あたりの体積をそれぞれ $v_{\mathrm{p}}, v_{\mathrm{s}}$ としたとき，体積分率 $\phi_{\mathrm{v}}$ は $\phi_{\mathrm{v}}=N_{\mathrm{p}}v_{\mathrm{p}}/[N_{\mathrm{p}}v_{\mathrm{p}}+N_{\mathrm{s}}v_{\mathrm{s}}]$ で定義される．$v_{\mathrm{p}}$ や $v_{\mathrm{s}}$ は，一般に溶質濃度に依存するので，体積分率を用いるより，重量分率を用いたほうが厳密な議論には適している．しかし，$v_{\mathrm{p}}, v_{\mathrm{s}}$ の溶質濃度依存性は大きいものではないので，体積分率，重量分率のどちらを用いても，大きな差はない．

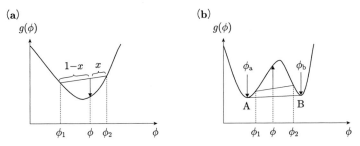

**図 2.1** 溶液の自由エネルギーの濃度依存性．(a)溶質と溶媒が任意の割合で混ざり合う場合．(b)相分離が起こる場合．濃度 $\phi_1$ の溶液と濃度 $\phi_2$ の溶液を $x:(1-x)$ の割合で混ぜて濃度 $\phi$ の均一溶液を作ると自由エネルギーは矢印のように変化する．(a)の場合には自由エネルギーが減少するが，(b)の場合には自由エネルギーが増加する．

つの部分に分かれる．これを**相分離**(phase separation)という．2.3.1 節で述べるように，相分離の結果，溶液は図 2.1(b)に示す濃度 $\phi_a$ の相と濃度 $\phi_b$ の相に分離する．

溶液の自由エネルギーは，単位質量あたりの自由エネルギー $g$ の代わりに，単位体積あたりの自由エネルギー $f$ を用いて表すこともできる．$f$ を自由エネルギー密度と呼ぶ．溶液の密度は $\rho=M/V$ で与えられるので，自由エネルギー密度は

$$f(c;T,P) = \rho g(\phi;T,P) \tag{2.9}$$

で与えられる．ここで，溶液の濃度を表すのに，重量濃度 $c=\rho\phi$ を用いた．

溶液の密度 $\rho$ は一般には，溶質の濃度によって変化するが，この変化は通常小さい．そこで，本書では以下，溶液の密度 $\rho$ は一定であると仮定して話を進める[*3]．$\rho$ が一定である場合には，溶液の安定性に関する $g(\phi)$ についての条件は，$f(c)$ についてもそのまま成り立つ．たとえば，均一溶液が安定であるための条件(2.7)，(2.8)はそれぞれ次のようになる：

$$xf(c_1)+(1-x)f(c_2) > f(xc_1+(1-x)c_2), \qquad \frac{\partial^2 f}{\partial c^2} > 0. \tag{2.10}$$

---

[*3] ここで設けている仮定は $\rho$ が溶媒，溶質の混合比 $\phi$ によらないという仮定である．$\rho$ は温度や圧力の関数であってもよい．

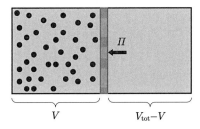

**図 2.2** 浸透圧の定義．半透膜をとおして溶液と純溶媒を接触させると，溶媒は溶液側に浸透し，溶液の体積を大きくしようとする．溶液の体積を $V$ に保つためには，半透膜に力を加えなければならない．このとき単位面積あたりに加えるべき力が浸透圧 $\Pi$ である．

**2.2.2 浸透圧**

二つの溶液を混ぜたときに均一な溶液ができるのは，濃度の不均一をなくし均一な溶液をつくろうとする熱力学的な力が働くからである．この力は浸透圧として測定することができる．

**浸透圧**(osmotic pressure)とは図 2.2 に示すように，半透膜を隔てて，溶液と純溶媒を接触させたときに現れる力である．**半透膜**(semi permeable membrane)とは溶媒だけを通し，溶質を通さない膜のことである．溶液と溶媒を接触させると，両者は混合したほうが自由エネルギーが下がるので，溶媒は溶液の方に流れ込もうとする．半透膜が左右に自由に動けるようにしておくと，すべての溶媒が溶液側に移動するので，半透膜は右端に押しやられ，結果として均一な溶液ができる．これが起きないようにするには，図 2.2(b) に示すように，半透膜に力を加えなければならない．このとき，溶液の体積を一定に保つために，半透膜に加えるべき単位面積あたりの力 $\Pi$ が浸透圧である．

図 2.2 のように，溶液の体積が $V$ であるとき，溶液と純溶媒をあわせた全体の自由エネルギーを $G_{\rm tot}(V)$ としよう．半透膜を押して，溶液の体積を $dV$ だけ変えるときの仕事は $-\Pi dV$ であり，これは $G_{\rm tot}(V)$ の変化に等しいので，$\Pi$ は次のように表される：

$$\Pi = -\frac{\partial G_{\rm tot}(V)}{\partial V}. \tag{2.11}$$

一方，$G_{\rm tot}(V)$ は自由エネルギー密度 $f(c)$ を用いて，

$$G_{\text{tot}} = Vf(c)+(V_{\text{tot}}-V)f(0) \tag{2.12}$$

と表すことができる．ここで $V_{\text{tot}}$ は，容器全体の体積である．(2.11)と(2.12)より次の式が得られる：

$$\Pi = -f(c)+cf'(c)+f(0). \tag{2.13}$$

ここで $f'(c)=\partial f/\partial c$ であり，$c=m_{\text{p}}N_{\text{p}}/V$ であることを用いた．(2.13)は，$g(\phi)$ を用いて，次のように書くこともできる：

$$\Pi = \rho\,[-g(\phi)+\phi g'(\phi)+g(0)]. \tag{2.14}$$

浸透圧は，均一な溶液を作ろうとする熱力学的な力の現れである．浸透圧が大きければ大きいほど，溶媒は溶液の中に強く浸透しようとする．あるいは，溶質は溶媒の中に強く拡散しようとする．第9章で詳しく述べるように，浸透圧は溶質と溶媒が混ざり合う現象である拡散や浸透の駆動力となっている．

### 2.2.3 化学ポテンシャル

溶媒と溶質が混合しようとする力は，化学ポテンシャルをつかっても表現できる．溶媒と溶質の化学ポテンシャル $\mu_{\text{p}}, \mu_{\text{s}}$ は次の式で定義される：

$$\mu_{\text{p}} = \left(\frac{\partial G}{\partial N_{\text{p}}}\right)_{N_{\text{s}},T,P}, \quad \mu_{\text{s}} = \left(\frac{\partial G}{\partial N_{\text{s}}}\right)_{N_{\text{p}},T,P}. \tag{2.15}$$

(2.4)，(2.5)を用いて $\mu_{\text{p}}$ を計算すると次のようになる：

$$\mu_{\text{p}} = \left(\frac{\partial M}{\partial N_{\text{p}}}\right)g+M\left(\frac{\partial g}{\partial \phi}\right)\left(\frac{\partial \phi}{\partial N_{\text{p}}}\right). \tag{2.16}$$

$\partial M/\partial N_{\text{p}}=m_{\text{p}}$, $\partial \phi/\partial N_{\text{p}}=(1-\phi)m_{\text{p}}/M$ であるので，

$$\mu_{\text{p}} = m_{\text{p}}\left[g+(1-\phi)g'\right]. \tag{2.17}$$

同様に

$$\mu_{\text{s}} = m_{\text{s}}\left[g-\phi g'\right]. \tag{2.18}$$

(2.17), (2.18) を $\phi$ で微分すると

$$\frac{\partial \mu_\mathrm{p}}{\partial \phi} = m_\mathrm{p}(1-\phi)\frac{\partial^2 g}{\partial \phi^2}, \qquad \frac{\partial \mu_\mathrm{s}}{\partial \phi} = -m_\mathrm{s}\phi\frac{\partial^2 g}{\partial \phi^2}. \qquad (2.19)$$

したがって，(2.8)が満たされて，均一溶液が安定な領域では，$\partial \mu_\mathrm{p}/\partial \phi > 0$ であり，溶質の化学ポテンシャルは溶質濃度の増加とともに増加する．逆に，溶媒の化学ポテンシャルは，溶質濃度の増加とともに減少する．一般に，物質は化学ポテンシャルが高いほうから低いほうへ移動するので，溶質の濃度勾配があれば，溶質分子は溶質濃度の高いほうから低いほうに移動する．また溶媒分子は溶質濃度が低いほうから高い方に移動する．いずれにしても，$\partial^2 g/\partial \phi^2 > 0$ が満たされているときには，濃度の均一化が起こる．これが溶液で起こる拡散の現象である．

### 2.2.4 希薄溶液

溶質の濃度が低く，溶質間の相互作用が無視できる場合には，浸透圧 $\Pi$ はファント・ホッフの法則

$$\Pi = \frac{N_\mathrm{p} k_\mathrm{B} T}{V} = \frac{c k_\mathrm{B} T}{m_\mathrm{p}} = \frac{c R_\mathrm{G} T}{M_\mathrm{p}} \qquad (2.20)$$

で与えられる．ここで $M_\mathrm{p}$ は溶質の分子量で，溶質分子の質量 $m_\mathrm{p}$ と $M_\mathrm{p} = m_\mathrm{p} N_\mathrm{A}$ の関係がある（$N_\mathrm{A}$ はアボガドロ数）．また $R_\mathrm{G} = k_\mathrm{B} N_\mathrm{A}$ はガス定数である．

溶質間の相互作用が無視できないときには，(2.20)に対して濃度 $c$ の高次の補正が加わり，浸透圧は次のように書ける：

$$\Pi = \frac{c R_\mathrm{G} T}{M_\mathrm{p}} + A_2 c^2 + A_3 c^3 + \cdots. \qquad (2.21)$$

係数 $A_2$, $A_3$ はそれぞれ（浸透圧に対する）第2ビリアル係数，第3ビリアル係数と呼ばれている．これらは，溶質分子間の相互作用ポテンシャルから計算することができる．溶質分子間に働く力が斥力だけの場合には $A_2$ は正であるが，引力がある場合には，$A_2$ は負になることもある．

浸透圧 $\Pi$ が濃度 $c$ の関数として求まれば，自由エネルギー密度 $f$ を $c$ の関数として求めることができる．(2.13)は

$$\Pi = c^2 \frac{\partial}{\partial c}\left(\frac{f}{c}\right) + f(0) \tag{2.22}$$

と書けるので，これを積分すると $f(c)$ を $\Pi(c)$ から求めることができる．濃度 $c$ が小さいとして，$\Pi(c)$ に対して，(2.21) を用いれば最終的に次の式が得られる：

$$f(c) = f(0) + k_0 c + \frac{k_{\mathrm{B}}T}{m_{\mathrm{p}}} c \ln c + A_2 c^2 + \frac{1}{2} A_3 c^3 + \cdots. \tag{2.23}$$

ここで $k_0$ は $c$ によらない定数である．

## 2.3 溶液の相分離

### 2.3.1 2相共存状態

2.2.1 節で述べたように，溶液の自由エネルギー関数 $g(\phi)$ が上に凸な部分をもつようになると，この濃度領域において均一な溶液は安定ではなくなり，溶液は濃度の高い部分と濃度の低い部分とに分かれる．濃度の高い部分を濃厚相，濃度の低い部分を希薄相とよび，二つの相に分離する現象を**相分離** (phase separation) という．溶液の相分離は，1成分系における気体・液体相転移に相当する現象である．たとえば，水蒸気の温度を下げると一部が凝縮し，密度の高い水の相と，密度の低い水蒸気の相に分かれる．同様に，温度を変えて相分離が起きると，濃度の高い相と濃度の低い相に分離する[*4]．

相分離の結果，どのような濃度の溶液ができるかという問題は 2.2.1 節と同様に議論することができる．濃度 $\phi$，質量 $M$ の溶液が濃度 $\phi_1$, $\phi_2$ の二つの相に分かれたとしよう．それぞれの相の質量は，溶液全体の質量保存 $M = M_1 + M_2$ と溶質の質量保存 ($M\phi = M_1\phi_1 + M_2\phi_2$) から次のように求まる：

$$M_1 = \frac{\phi_2 - \phi}{\phi_2 - \phi_1} M, \qquad M_2 = \frac{\phi - \phi_1}{\phi_2 - \phi_1} M. \tag{2.24}$$

したがって，系の自由エネルギーは

---

[*4] 一般に溶液の問題は，溶媒の自由度を消去して，溶質のみからなる系の問題に置き換えることができる．このような置き換えを行なうと，濃度は密度に置き換わり，浸透圧は圧力に置き換わる．

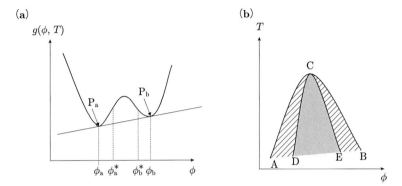

**図 2.3** 自由エネルギーと相図．(a) $\phi_a$, $\phi_b$ は $g(\phi)$ の共通接線の接点の濃度．また，$\phi_a^*$, $\phi_b^*$ は $\partial^2 g(\phi)/\partial\phi^2=0$ となる点の濃度．濃度 $\phi$ が $\phi_a<\phi<\phi_b$ を満たすとき，溶液は濃度が $\phi_a$ と $\phi_b$ の 2 相に相分離することにより，自由エネルギーが最も低くなる．濃度が $\phi_a^*<\phi<\phi_b^*$ の溶液は不安定，濃度が $\phi_a<\phi<\phi_a^*$ および $\phi_b^*<\phi<\phi_b$ の溶液は準安定である．(b) $\phi_a$, $\phi_b$, $\phi_a^*$, $\phi_b^*$ を温度の関数としてプロットした結果得られる相図．灰色部分は不安定領域，斜線部分は準安定領域を示す．

$$G = M_1 g(\phi_1) + M_2 g(\phi_2) = M\left[\frac{\phi_2-\phi}{\phi_2-\phi_1}g(\phi_1) + \frac{\phi-\phi_1}{\phi_2-\phi_1}g(\phi_2)\right]. \quad (2.25)$$

[ ]の中を $\phi$ の関数と見たとき，これは，図 2.1(a)に示すように，2 点 $P_1(\phi_1, g(\phi_1))$ と $P_2(\phi_2, g(\phi_2))$ を結ぶ直線を表している．したがって，(2.25)を最小にするには，曲線 $g(\phi)$ 上に選んだ 2 点を結ぶ直線が $\phi$ において，もっとも低い値を与えるようにすればよい．このようになるのは，図 2.3(a)に示すように，直線 $P_1P_2$ が $g(\phi)$ の共通接線 $P_aP_b$ と一致するときである．共通接線の接点の濃度を $\phi_a$, $\phi_b$ とすると，$\phi_a<\phi<\phi_b$ の濃度領域の溶液は，濃度 $\phi_a$ の相と濃度 $\phi_b$ の相に分離する．

直線 $P_aP_b$ が $g(\phi)$ の共通接線となるための条件は

$$g'(\phi_a) = g'(\phi_b), \qquad g(\phi_a) - g'(\phi_a)\phi_a = g(\phi_b) - g'(\phi_b)\phi_b \quad (2.26)$$

である．(2.17)と(2.18)を用いると，(2.26)は溶質と溶媒それぞれの化学ポテンシャルが，二つの相で等しいという条件 ($\mu_p(\phi_a) = \mu_p(\phi_b)$, $\mu_s(\phi_a) = \mu_s(\phi_b)$) と等価であることを容易に確かめることができる．

### 2.3.2 相 図

$\phi_a<\phi<\phi_b$ の濃度領域はさらに二つの領域に分けることができる．2.2.1 節で示したように，$\partial^2 g/\partial\phi^2<0$ を満たす濃度領域では，一様な溶液は不安定であり，相分離が起こる．$\partial^2 g/\partial\phi^2=0$ となる濃度を $\phi_a^*$, $\phi_b^*$ としよう（これらは $g(\phi)$ の変曲点に対応する）．$\phi_a^*<\phi<\phi_b^*$ の領域は**不安定領域**（unstable region）と呼ばれる[*5]．それに対して，$\phi_a<\phi<\phi_a^*$ および $\phi_b^*<\phi<\phi_b$ の領域は**準安定領域**（metastable region）または，**局所安定領域**（locally stable region）と呼ばれる．

$\phi_a, \phi_b, \phi_a^*, \phi_b^*$ などはすべて温度の関数であるので，$\phi$-$T$ 平面上にこれらの点の軌跡を書くことができる．その結果の一例を図 2.3(b) に示す．図中の AC，BC がそれぞれ $\phi_a(T)$, $\phi_b(T)$ を表し，DC, EC が $\phi_a^*(T)$, $\phi_b^*(T)$ を表している．AC, BC の線は**共存線**（coexistence curve）と呼ばれ，この線より内側の濃度の溶液（すなわち $\phi_a(T)<\phi<\phi_b(T)$ を満たす溶液）は，濃度 $\phi_a(T)$ および $\phi_b(T)$ の 2 相に分かれる．一方 DC, EC の線は**スピノーダル線**（spinodal line）と呼ばれ，相図上で，不安定領域と局所安定領域の境界を表している．

スピノーダル線上では $\partial^2 g/\partial\phi^2=0$ である．スピノーダル線の頂点 C は**臨界点**（critical point）と呼ばれる．臨界点においては，$\partial^2 g/\partial\phi^2=0$ を満たす $\phi_a^*$, $\phi_b^*$ が一致するので，

$$\frac{\partial^2 g}{\partial \phi^2}=0, \qquad \frac{\partial^3 g}{\partial \phi^3}=0 \qquad (2.27)$$

が満たされる．共存線は臨界点において，スピノーダル線と接している．

## 2.4 格子模型

### 2.4.1 格子模型とは

溶質と溶媒が溶け合うか否かを決めているのは，分子間の相互作用である．溶質分子と溶媒分子が強く引き合えば，均一な溶液を作るし，反発し合えば，相分離する．このことを，定量的にみるために，図 2.4(a) に示すような簡単

---

[*5] (2.14) より $\partial\Pi/\partial\phi=(1/\rho)\phi\partial^2 g/\partial\phi^2$ の関係があるので，不安定領域は $\partial\Pi/\partial\phi<0$ となる濃度領域であるということもできる．

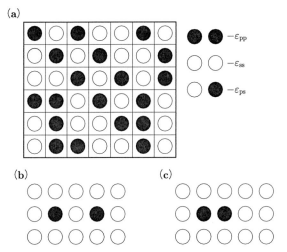

**図 2.4** 溶液の格子モデル．溶質分子は黒丸で，溶媒分子は白丸で表されている．

なモデルを考えよう．溶質分子も溶媒分子も同じ質量 $m_c$，同じ体積 $v_c$ をもっているとする．溶液中の分子の配置を表すために，溶液を体積 $v_c$ のセルに区切り，それぞれのセルに分子を入れる．一つのセルには溶質分子か溶媒分子のどちらかが必ず入るものとする（図 2.4(a) では，溶質分子を黒丸で，溶媒分子を白丸で示してある）．このようなモデルを格子模型という．

溶液の体積 $V$，溶質の質量分率 $\phi$ は次のように与えられる：

$$V = v_c N_{\text{tot}}, \qquad \phi = \frac{N_p}{N_{\text{tot}}}. \tag{2.28}$$

ここで $N_{\text{tot}} = N_p + N_s$ はセルの総数である．

分子の間の相互作用を考慮するために，隣り合うセルの中に入っている分子の間には，ある相互作用エネルギーがあるものと考えよう．図 2.4(a) に示すように，溶質分子が隣り合っているときの相互作用エネルギーを $-\varepsilon_{\text{pp}}$，溶媒分子が隣り合っているときのエネルギーを $-\varepsilon_{\text{ss}}$，溶質と溶媒分子が隣り合っているときのエネルギーを $-\varepsilon_{\text{ps}}$ とする．ある配置に分子を並べたときのエネルギーはこれらの相互作用エネルギーの和で与えられる．配置 $i$ に対応するエネルギー $E_i$ は次のように与えられる：

$$E_i = -\varepsilon_{\mathrm{pp}} N_i^{(\mathrm{pp})} - \varepsilon_{\mathrm{ss}} N_i^{(\mathrm{ss})} - \varepsilon_{\mathrm{ps}} N_i^{(\mathrm{ps})}. \tag{2.29}$$

ここで $N_i^{(\mathrm{pp})}$ は配置 $i$ において，隣接している溶質分子ペアの数であり，$N_i^{(\mathrm{ss})}$, $N_i^{(\mathrm{ps})}$ はそれぞれ，溶媒分子ペア，溶質 - 溶媒分子ペアの数を表す．この系の分配関数は次の式で計算できる：

$$Z = \sum_i \exp\left(-E_i/k_{\mathrm{B}}T\right). \tag{2.30}$$

ここで和は，すべての配置についてとるものとする．

分配関数 $Z$ がわかると，系の自由エネルギー（ギブスの自由エネルギー）は次の式で計算できる：

$$G = -k_{\mathrm{B}} T \ln Z + PV. \tag{2.31}$$

### 2.4.2 溶質分子間の実効的相互作用

(2.30)の和を厳密に計算するのはむずかしいので，次のような近似を行なう．$E_i$ を平均のエネルギー $\overline{E}$ で置き換える．すると和の各項は一定であるので，$Z$ は次のようになる：

$$Z \simeq W \exp\left(-\overline{E}/k_{\mathrm{B}}T\right). \tag{2.32}$$

ここで $W$ は $N_{\mathrm{p}}$ 個の溶質分子と $N_{\mathrm{s}}$ 個の溶媒分子を，$N_{\mathrm{tot}} = N_{\mathrm{p}} + N_{\mathrm{s}}$ 個のセルの中に，互いに重ならないように置くやり方の総数である．これは，次の式で与えられる：

$$W = \frac{N_{\mathrm{tot}}!}{N_{\mathrm{p}}! N_{\mathrm{s}}!}. \tag{2.33}$$

平均のエネルギー $\overline{E}$ は次のように計算できる．一つのセルに隣接するセルの数を $z$ としよう．溶質の分率が $\phi$ であるとき，$z$ 個の隣接セルのうち，平均すれば，$z\phi$ 個は溶質分子で占められている．したがって，隣接している溶質分子ペアの平均数は $\overline{N_{\mathrm{pp}}} = (1/2) z \phi N_{\mathrm{p}} = z N_{\mathrm{tot}} \phi^2 / 2$ である．同様に隣接している溶媒分子ペアの平均数は $\overline{N_{\mathrm{ss}}} = z N_{\mathrm{tot}} (1-\phi)^2 / 2$，溶質 - 溶媒分子ペアの平均数は $\overline{N_{\mathrm{ps}}} = z N_{\mathrm{tot}} \phi (1-\phi)$ である．したがってエネルギーの平均は

$$\overline{E} = -\varepsilon_{\text{pp}}\overline{N_{\text{pp}}} - \varepsilon_{\text{ps}}\overline{N_{\text{ps}}} - \varepsilon_{\text{ss}}\overline{N_{\text{ss}}}$$
$$= -\frac{1}{2}N_{\text{tot}}z\left[\varepsilon_{\text{pp}}\phi^2 + 2\varepsilon_{\text{ps}}\phi(1-\phi) + \varepsilon_{\text{ss}}(1-\phi)^2\right]$$
$$= -\frac{1}{2}N_{\text{tot}}z\Delta\varepsilon\phi^2 + C_0 + C_1\phi \qquad (2.34)$$

となる.ここで

$$\Delta\varepsilon = \varepsilon_{\text{pp}} + \varepsilon_{\text{ss}} - 2\varepsilon_{\text{ps}} \qquad (2.35)$$

であり,$C_0$, $C_1$ は $\phi$ によらない定数である.(2.34)に示されるように,$\overline{E}$ は $\phi$ の2次関数で表されるが,$\phi$ の1次関数で書ける項($C_0+C_1\phi$ の項)は,溶液が混ざるか混ざらないかに影響しない項である[*6].溶質と溶媒が混ざるか混ざらないかを決めているのは2次の項の係数 $\Delta\varepsilon$ である.

$\Delta\varepsilon$ は溶媒中におかれた溶質分子間の実効的相互作用エネルギーを表している.$\Delta\varepsilon$ が正であれば,溶質分子が隣接することでエネルギーが下がるので,溶質分子は引き合おうとする.一方,$\Delta\varepsilon$ が負であれば,溶質分子は互いに避けようとする.

溶質分子が引き合うか,避けあうかは溶質分子だけの問題ではなく,溶媒分子もからんでいる.このことは,図2.4 の(b)と(c)とを比べて見ると理解できる.(b)と(c)は,溶媒の中で二つの溶質分子が離れている場合と隣接している場合を示している.溶媒のなかで,溶質分子が隣接するようになると,溶質どうしの相互作用エネルギーが加わるだけでなく,それまであった溶質と溶媒の相互作用エネルギーがなくなり,新しく溶媒どうしの相互作用エネルギーが加わる.これらをすべて考慮すると,(b)と(c)のエネルギー差は $\Delta\varepsilon$ で与えられることがわかる.

溶質分子の間に引力が働いていても(すなわち $\varepsilon_{\text{pp}}$ が正であっても),それ以上に溶質分子を好む溶媒の中に入れられれば,溶質分子は溶媒分子に取り囲まれることになるので,結果的に,溶質分子は避けあうことになる.つまり,溶質分子が引き合うか,避けあうかは溶媒によって違ってくる.

---

[*6] なぜなら,(2.7)の左辺と右辺の差のように,混合前の自由エネルギーと混合後の自由エネルギーの差には,$\phi$ の1次関数の項は影響しないからである.

別の見方をすれば，$\Delta\varepsilon$ は，溶質と溶媒の親和性を表しているということもできる．$\Delta\varepsilon$ が正であれば，溶質と溶媒は避けあうが，$\Delta\varepsilon$ が負であれば，溶質と溶媒は引き合う．溶質と溶媒が引き合う場合には，均一な溶液を作るが，避けあう場合には相分離が起こる．

### 2.4.3 自由エネルギーと相図

(2.31)-(2.34)から溶液の自由エネルギーを計算すると次のようになる：

$$G = N_{\mathrm{tot}}\left[k_{\mathrm{B}}T[\phi \ln \phi + (1-\phi)\ln(1-\phi)] - \frac{z}{2}\Delta\varepsilon\phi^2\right]. \tag{2.36}$$

ここで $\phi$ の1次関数で表される項($C_0+C_1\phi$ のような項)は，浸透圧や相分離の議論に影響しないので省略した．

単位体積あたりの自由エネルギーは次のようになる：

$$f(\phi) = \frac{1}{v_{\mathrm{c}}}\left\{k_{\mathrm{B}}T[\phi \ln \phi + (1-\phi)\ln(1-\phi)] - \frac{1}{2}z\Delta\varepsilon\phi^2\right\}. \tag{2.37}$$

$\chi$ を

$$\chi = \frac{z}{2k_{\mathrm{B}}T}\Delta\varepsilon \tag{2.38}$$

と定義すると，自由エネルギー $f(\phi)$ は次のように書ける：

$$f(\phi) = \frac{k_{\mathrm{B}}T}{v_{\mathrm{c}}}[\phi \ln \phi + (1-\phi)\ln(1-\phi) + \chi\phi(1-\phi)]. \tag{2.39}$$

ここで $f(\phi)$ が $\phi=1/2$ に対して対称になるように，$\phi$ の1次の項を付け加えた．

(2.39)の [ ] の中の第1項と第2項は，溶質と溶媒が混合することによりエントロピーが増大する効果を表している．この項は常に混合を促進する方向に働く．一方第2項は，溶質と溶媒の間の相互作用エネルギーの効果を表している．係数に現れる $\chi$ は溶質と溶媒の相互作用を表している．$\chi<0$ であれば，溶質と溶媒が隣接するほうがエネルギーが低くなるので，溶媒はできるだけ溶質と混合しようとする．$\chi=0$ のときには，混合による相互作用エネルギーの変化はないが，溶質と溶媒は均一に混じり合う．これは，混じり合ったほうがエントロピーが大きくなるからである．$\chi>0$ の場合には，溶質と溶媒

が混じり合うとエネルギー的に不利であるが，$\partial^2 f/\partial \phi^2 > 0$ である限り溶質と溶媒は均一に混ざり合うことができる．

$\chi$ がある値より大きくなると，溶液は2相に分離するようになる．(2.27)の議論により，臨界点は $\partial^2 f/\partial \phi^2 = 0$, $\partial^3 f/\partial \phi^3 = 0$ より求めることができる．その結果，臨界点は次のようになる：

$$\phi_c = \frac{1}{2}, \qquad \chi_c = 2. \tag{2.40}$$

$\chi > \chi_c$ では，相分離が起きる．相分離の結果できる二つの相の濃度は $f(\phi)$ に共通接線を引くことで求めることができる．(2.39)で与えられる $f(\phi)$ は $\phi = 1/2$ について対称な形をしているので，共通接線は，$f(\phi)$ の極小を結んだ線と一致する．このことを用いると温度 $T$ において共存する溶液の濃度 $\phi_a(T)$, $\phi_b(T)$ は，次の方程式の二つの解で与えられることがわかる：

$$\chi(T) = \frac{1}{1-2\phi} \ln\left(\frac{1-\phi}{\phi}\right). \tag{2.41}$$

$\chi$ が $\chi_c$ に近いときには

$$\phi_a = \phi_c - \sqrt{\frac{3}{8}(\chi - \chi_c)}, \qquad \phi_b = \phi_c + \sqrt{\frac{3}{8}(\chi - \chi_c)}, \tag{2.42}$$

また $\chi$ が $\chi_c$ より十分大きいときには

$$\phi_a = e^{-\chi}, \qquad \phi_b = 1 - e^{-\chi} \tag{2.43}$$

となる．

## 2.5 コロイド分散系

### 2.5.1 コロイド分散系と溶液の違い

コロイド分散系とは，固体や液体(分散質)を大きさ 1 nm～1 μm 程度の微小な粒子とし，他の液体(分散媒)の中に分散させた系のことである．

コロイド分散系は，溶液の一つとみなすこともできるが，通常は違うものとして扱われている．それは，溶質に相当するコロイド粒子が，通常の溶質分子に比べて桁違いに大きいという違いがあるからである．溶液の中の溶質分子

は，高分子のように巨大な分子であっても，たかだか$10^5$個程度の原子から構成されているに過ぎない．これに対し，半径$0.1\,\mu$mのコロイド粒子の中には$10^8$個もの原子が含まれている．このサイズの違いが，コロイド分散系に溶液とは違う特徴を与えている．

(i) 相互作用の到達距離の違い：低分子の場合，分子間力が及ぶ距離は，分子の大きさと同程度であるが，コロイド粒子の場合，力の到達距離は粒子のサイズに比べてずっと小さい．したがって，コロイド粒子の間に働き合う力は，「粒子の中心の間に働き合う力」というよりは，むしろ「接近した粒子表面の間に働く力（表面力）」と見るほうが適当である．

(ii) 相互作用エネルギーの大きさの違い：低分子の場合，ファン・デル・ワールス力のエネルギーは$k_\mathrm{B}T$の数分の1程度である．そのため，低分子溶液では，温度を変えることによって相分離を引き起こしたり，逆に相分離した系を均一系にもどすことができる．一方，コロイド粒子の場合，そのエネルギーは$k_\mathrm{B}T$の数十倍から数百倍も大きくなる．したがって，溶液のように温度を変えて相分離を起こすということは，コロイド分散系ではほとんど不可能である[*7]．

(iii) 平衡にいたる緩和時間の違い：粒子が巨大であること，引力のエネルギーが$k_\mathrm{B}T$に比べてずっと大きいこと，などの理由により，コロイド分散系は安定に分散しているように見えても，実は平衡状態にないことが多い．実際，コロイド分散系を長期間放置しておくと，粒子が凝集してしまうことがある．平衡状態においても粒子が凝集しないような，絶対安定なコロイド分散系をつくることは非常にむずかしいので，実用に供されているコロイドは，一定期間（半年から数年）の間凝集しないという期間限定保証のもとで生産されているものがほとんどである．コロイド分散系は，必ずしも平衡状態にあるわけではないので，分散安定性の問題において，溶液の相分離の議論を適用することには余り意味がない．代わりに，議論されているのは凝集の機構とそのダイナミクスである．

---

[*7] ここでは，相互作用エネルギーは温度によらないものとしている．相互作用エネルギーが温度による場合には，温度を変えてコロイド粒子の凝集状態を変えることは可能である．

### 2.5.2 コロイドの相分離

溶液と同様に，コロイド分散系にも相分離現象がある．溶媒の条件を変えると，コロイド分散系は不安定になり，粒子が凝集をはじめる．たとえば，牛乳に酢を加えて牛乳を固めることは，日常生活にみるコロイドの相分離現象である．しかし，溶液と違い，コロイド系では，凝集相（粒子が凝集してできた相）は，たいていの場合，流体とも固体ともつかない流動性の低い相となっている．このようになる理由は，粒子間の引力相互作用が熱エネルギー $k_BT$ に比べてずっと大きいからである．コロイド系では，引力が強いため，いったん凝集してしまった粒子が，熱運動によって離れるということはほとんど起こらない．その結果，引力により凝集したコロイドは，図 1.3(b) に示すようなランダムな構造のまま凍結され，コロイドは流動性を失うのである．したがって，コロイドの相分離現象は，溶液の相分離現象よりも，液体のガラス転移現象に近いといえる．

ガラス転移とは，ある温度を境に，粒子の配置が凍結され，系の流動性が失われる現象である．コロイド科学では，流動性の失われたこのような状態をゲル (gel) と呼んでいる．これに対して，ゲルになる前の流動性のある状態をゾル (sol) という．ゾルからゲルになることをゾル–ゲル転移 (sol-gel transition) という．

### 2.5.3 コロイドの結晶化

コロイド粒子の作成法を工夫し，粒子間に斥力しか働かないようなコロイドをつくると，粒子配置の平衡を達成することができる．コロイド系の力の到達距離は，粒子のサイズに比べうんと小さいので，このように調整した粒子は，剛体粒子とみなすことができる．実際，コロイドを用いて，剛体粒子のモデルが実現され，その相転移現象が実験的に研究されてきた．

例えば，球形のコロイド粒子は，ある粒子濃度以上で，図 1.3(c) に示すような粒子が規則正しくならんだ結晶を作る．コロイド結晶における結晶の周期は，粒子のサイズによって決まっている．通常のコロイドでは，このサイズは，可視光の波長程度である．したがって，原子結晶における X 線回折の現象を，コロイド系では可視光においてみることができる．コロイドが結晶をつ

くると，可視光の選択反射が起こるので，コロイドはオパールのような輝きをみせる．

球形でないコロイド粒子はさらに別の秩序構造を作ることが知られている．例えば，円柱状のコロイド粒子は，結晶に転移する前に，図1.4(b),(c)に示すようなネマチック，あるいはスメクチックの液晶構造を作る．この相転移についての解説は第5章で行なう．また板状の粒子もある濃度範囲で液晶を構成することが知られている．

コロイドの結晶化を利用すると，さまざまな構造や機能をもった人工的な結晶材料をつくることができる．

## 2.6 コロイドの分散性の制御

コロイド粒子の間に働く力は，溶媒によって変化させることができる．溶媒を変化させることで，粒子を凝集・沈殿させることができる．また，逆に沈殿した粒子を再び溶媒中に分散させることができる．粒子間力をどのように制御するかはコロイドの応用上きわめて大切である．ここでは，コロイドの分散制御に関する基本的な事項をまとめておく．

### 2.6.1 ファン・デル・ワールス力

溶液中のコロイド粒子は，ファン・デル・ワールス力(van der Waals force)によって引き合っている．この力は，どんな粒子についても存在し，かつ熱運動による力よりずっと強いので，コロイド粒子を安定に分散させるには，この力に打ち勝つ斥力を何らかの方法で与えなくてはならない．

粒子間のファン・デル・ワールス力は，次のような近似的な方法で計算することができる[*8]．図2.5(a)のように，距離 $r$ だけ離れて置かれた二つの中性原子の間のファン・デル・ワールス力のポテンシャルは次のように与えられる：

---

[*8] 粒子間のファン・デル・ワールス力の計算法として，ここに紹介する方法は，近似的なものである．ファン・デル・ワールス力の起源は，物質中の電磁場のゆらぎによって生じるものである．この計算法については，巻末の文献 [10] を参照されたい．

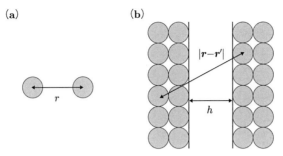

**図 2.5** (a)原子間のファン・デル・ワールス相互作用．(b)コロイド粒子間のファン・デル・ワールス相互作用．$h$ は粒子表面の間の距離を表す．

$$U_{\text{atom}}(\boldsymbol{r}) = -C\left(\frac{a_0}{r}\right)^6. \tag{2.44}$$

ここで $a_0$ は原子半径であり，定数 $C$ は，通常 $k_B T$ の数分の 1 の程度である．原子間のファン・デル・ワールス力では，力の到達距離は原子半径 $a_0$ の程度であり，そのエネルギーも $k_B T$ に比べて小さなものである．しかし，コロイド粒子間のファン・デル・ワールス力は，たくさんの原子の間に働くファン・デル・ワールス力の和であるため，そのエネルギーは $k_B T$ に比べてずっと大きなものとなる．

図 2.5(b)のように，二つの粒子の表面が距離 $h$ だけ離れて置かれている場合を考えよう（ここでは，粒子半径は十分に大きいので，二つの粒子の表面は平行であるとして描いてある）．二つの粒子の間に働くファン・デル・ワールスのエネルギーは粒子を構成する原子の間に働くファン・デル・ワールスエネルギーの総和であると考えれば，粒子間のエネルギーは次のように書ける：

$$\begin{aligned}U_{\text{particle}}(h) &= -\int_{\boldsymbol{r}_1 \in V_1} d\boldsymbol{r}_1 \int_{\boldsymbol{r}_2 \in V_2} d\boldsymbol{r}_2 n^2 \frac{Ca_0^6}{|\boldsymbol{r}_1-\boldsymbol{r}_2|^6} \\ &= -\int_{\boldsymbol{r}_1 \in V_1} d\boldsymbol{r}_1 \int_{\boldsymbol{r}_2 \in V_2} d\boldsymbol{r}_2 \frac{A_H}{\pi^2 |\boldsymbol{r}_1-\boldsymbol{r}_2|^6}. \end{aligned} \tag{2.45}$$

ここで $n$ は粒子のなかの原子の数密度を表す．また $A_H = \pi^2 n^2 Ca_0^6$ は**ハマカ定数**(Hamaker constant)と呼ばれる．$n \simeq 1/a_0^3$ であるから，$A_H$ は $C$ と同程度の大きさのエネルギーである．(2.45)の積分において $\boldsymbol{r}_1 \in V_1$，$\boldsymbol{r}_2 \in V_2$ の記号は，$\boldsymbol{r}_1, \boldsymbol{r}_2$ についての積分は，それぞれ粒子 1, 2 の占める領域について行

なわれることを示す.

　粒子の大きさが粒子間距離に比べて十分大きい場合を考えよう. 簡単のため, 粒子の表面は図2.5(b)に示すように, 面積 $S$ の平行平面であるとする. $S \gg h^2$ の場合には, 粒子間の相互作用エネルギーは $S$ に比例するので次のように書くことができる:

$$U_{\text{particle}}(h) = -Sw(h). \tag{2.46}$$

$w(h)$ は単位表面積あたりの相互作用エネルギーを表し, 表面相互作用エネルギーと呼ばれる. ファン・デル・ワールス力についての積分の結果は次のようになる:

$$w(h) = -\int_{z_1 \in V_1} dz_1 \int_{\bm{r}_2 \in V_2} d\bm{r}_2 \frac{A_{\text{H}}}{\pi^2|\bm{r}_1-\bm{r}_2|^6} = -\frac{A_{\text{H}}}{12\pi h^2}. \tag{2.47}$$

粒子が半径 $R$ の球である場合には, 粒子が距離 $h$ まで近づいたとき, 相互作用に関与する面積 $S$ は $S \simeq Rh$ と見積もることができる*9. したがって, 球形粒子間のポテンシャルは次のようになる:

$$U_{\text{particle}}(h) \simeq Sw(h) \simeq -A_{\text{H}}\frac{R}{h}. \tag{2.48}$$

(2.48)のエネルギーは, 原子間に働くファン・デル・ワールスエネルギー $C$ に比べて, $R/h$ の因子だけ大きくなっている. 半径 $0.1\,\mu\text{m}$ のコロイド粒子が $1\,\text{nm}$ の距離まで接近するとすると, この因子は100となる. コロイド粒子間相互作用が, 原子間相互作用に比べてずっと強いのはこのような事情による.

　一般に, 相互作用の源となっている原子間の力が短距離力である場合, 平行な表面の間に働く力は, 表面積に比例するので, 表面相互作用エネルギー $w(h)$ を定義することができる. 曲がった表面をもつ粒子間の相互作用エネルギーは, $w(h)$ を積分することによって求めることができる. この計算法はデリヤーギン近似(Derjaguin approximation)と呼ばれる. 本章の付録2-1に示すように, 半径 $R$ の球形粒子の間の相互作用エネルギーは次のように表すことができる:

---

*9　ここで半径 $R$ の球形粒子を表面から深さ $h$ の位置で切ったときの断面積は $Rh$ の程度であることを用いた. (2.48)は(2.49)を用いて導びくこともできる.

$$U_{\text{particle}}(h) = \pi R \int_h^\infty dx w(x). \qquad (2.49)$$

$w(h)$ が(2.47)で与えられる場合，(2.49)から(2.48)が導かれることは容易に確かめることができる．

粒子に働く力は，$f(h) = -\partial U_{\text{particle}}/\partial h$ で与えられる．デリヤーギン近似では，(2.49)より

$$f(h) = \pi R w(h) \qquad (2.50)$$

の関係が成立する．

粒子間に働くファン・デル・ワールス力は，熱運動による力よりずっと大きいので，この力に打ち勝つような斥力を粒子に与えてやらない限り粒子は凝集してしまう．斥力を与えるために，(a)粒子表面に電荷をもたせ，静電斥力により粒子の凝集を防ぐ，(b)粒子表面を溶媒に対して親和性の高い高分子で覆い，凝集を防ぐ，などの方法がとられてきた．これらの方法について以下の節で説明する．

### 2.6.2 表面電荷による分散安定化

粒子表面に解離基をもたせると，粒子を水に分散させたとき，解離基が解離して粒子が電荷をもつようになる．同符号の電荷をもつ粒子は斥力を及ぼし合うので，その力を十分に強くすれば，ファン・デル・ワールス引力に打ち勝って粒子が凝集しないようにすることができる．

水中に置かれた荷電表面の間に働く力の計算は，なかなか厄介な問題である．水中にはイオンが存在し，表面近くには，反対符号のイオンが集まってくる（図2.6(a)参照）．集まったイオンにより，表面間のクーロン反発力は弱められるが，同時に，浸透圧の効果により，表面間には斥力が働く．また，表面の電荷や電位も，表面間の距離によって，一般には変化する．力の計算には，これらの効果をすべて考慮しなくてはならない．ここでは，詳細な議論を省略して，主な結果のみ記す[*10]．

---

[*10] 巻末の参考文献 [9], [10] を参照．

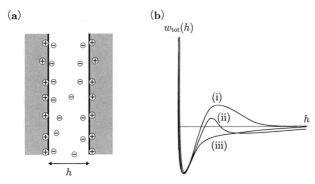

図 2.6 (a)水溶液中の帯電した表面,(b)帯電した表面の間に働く表面力にたいする塩の効果.塩濃度が増加するにつれ,表面力ポテンシャルは(i),(ii),(iii)のように変化する.(i),(ii)のコロイドは準安定,(iii)は不安定で,粒子は急速に凝集する.

帯電した表面から距離 $z$ だけ離れた点の電位を $\psi(z)$ としよう.表面が正に帯電していれば,粒子表面の電位 $\psi(0)=\psi_s$ は正であるが,表面から遠ざかるにつれ,電位は指数関数的に小さくなる:

$$\psi(z) = \psi_s \exp(-\kappa z). \tag{2.51}$$

ここで,$1/\kappa$ はデバイ(Debye)の遮蔽長と呼ばれる長さであり,表面電荷の影響の及ぶ距離を表す.$\kappa$ は次の式で与えられる:

$$\kappa = \left(\frac{\sum_i n_i q_i^2}{\varepsilon k_B T}\right)^{1/2}. \tag{2.52}$$

ここで $n_i$ は溶液中のイオン種 $i$ の数密度(表面から十分離れたところの数密度)であり,$q_i$ はイオン種 $i$ のもつ電荷,$\varepsilon$ は水の誘電率である.遮蔽長 $1/\kappa$ は,イオンの濃度の増加にともない減少する.例えば NaCl の溶液の場合 1 mM (M は,mol/litter を表す)では $1/\kappa$ は 10 nm となるが,1 M では,0.3 nm となる.

イオン濃度を高くすると,表面電荷が遮蔽され,これにともない,表面電荷による相互作用エネルギー $w_{\text{charge}}(h)$ も減少する.したがって,表面電荷によって安定化されたコロイドに,塩を加えると,コロイドが凝集する.デ

リヤーギン(Derjaguin)，ランダウ(Landau)，フェアウエイ(Verwey)，オーバービーク(Overbeek)はこの現象を粒子間のポテンシャルの変化によって説明した．荷電表面間の相互作用ポテンシャルはファン・デル・ワールス力と電荷による反発力の効果を足し合わせた

$$w_{\text{tot}}(h) = w(h) + w_{\text{charge}}(h) \tag{2.53}$$

で与えられる．図 2.6(b) に塩濃度を変えたときの $w_{\text{tot}}(h)$ の様子を示してある．$h$ が小さい場合には，ファン・デル・ワールス力が優勢となり $w_{\text{tot}}(h)$ は負となる．粒子がこの距離まで近づくと粒子は凝集して離れることはできない．しかし，塩濃度が低い場合には，$w_{\text{charge}}(h)$ の項が大きいので，(i) のように粒子の凝集を妨げるポテンシャル障壁が表れる．このポテンシャル障壁が $k_\text{B}T$ に比べて十分大きければ，分散した粒子が凝集することはない．塩濃度を上げると表面電荷の効果が小さくなり，ポテンシャルは (ii)，(iii) のように変化してゆく．ポテンシャルが (iii) の形をとると，ポテンシャル障壁がなくなり粒子は急速に凝集する．この理論は提案者の頭文字を取って DLVO 理論と呼ばれる．

　DLVO 理論は，コロイド分散系を考えるときに，溶液とは違った視点が必要であることを示している．それは二つに要約される．

　一つは，コロイド分散系においては，粒子間相互作用がきわめて重要な問題であるということである．溶液の統計力学では，粒子間相互作用は与えられたものであるとして，その起源について議論されることはほとんどない．一方，コロイドにおいては粒子間相互作用こそが重要な問題となっている．コロイド粒子間の相互作用は，塩，酸，アルカリなどを加えることによって変化させることが可能であり，これを利用して，コロイド粒子を凝集させたり，逆に凝集したコロイド粒子を再び分散させることができる．また，粒子間相互作用を決めているのは表面力という，多数の原子の絡んだ力であり，それ自身，統計力学によって扱われなければならない問題である．

　もう一つは，コロイド分散系は，厳密な意味で，平衡状態にはないという点である．粒子間のポテンシャルが図 2.6(b) の (i) のような形をしている場合，粒子が一様に分散した系は見かけ上安定に見えるが，この状態は真の平衡状態

にはない.事実,このポテンシャルを用いて計算した第2ビリアル係数は大きな負の値をもち,コロイド溶液は,安定に分散しないことになる.実際,コロイド分散系を長時間放置しておくと,粒子が凝集することがよく見られる.コロイド分散の技術は,経年変化があったとしても,それが実用上問題にならないくらいゆっくりであれば,用いることができるという考えに立って作られている.コロイド系を扱うときには,このことは忘れてはならない.

### 2.6.3 高分子による分散の制御

高分子は,コロイドの分散性に大きな影響を与える.高分子でコロイド表面を修飾し,粒子の分散を安定化することもできるし,逆に,安定に分散しているコロイドに高分子を加え,コロイドを凝集させることもできる.

**高分子による分散安定化**

図 2.7(a) に示すように,粒子の表面に溶媒と親和性のよい高分子をつけることによってコロイドの分散を安定化することができる.表面の高分子は,溶媒を取りこみ高分子層を形成する.高分子層の厚み $h_p$ は,高分子の分子量,表面密度,溶媒との親和性などによって決まっている.このような粒子の表面を $2h_p$ より小さな距離に近づけようとすると,高分子層は圧縮されまいとして斥力を生じる.この効果によってコロイド粒子の凝集を妨げることができる.

**高分子の表面吸着による凝集**

安定に分散しているコロイドに対して,コロイド表面に吸着しやすい高分子を添加すると,図 2.7(b) に示すように高分子がコロイド粒子の間にブリッジをつくり,粒子を凝集させ,沈殿させる.このような効果は,水処理技術に用いられている.

**枯渇効果による凝集**

コロイドに対して斥力しか示さないような高分子を加えても,コロイドが凝集することがある.この一見奇妙に見える現象は,朝倉(Asakura)と大沢

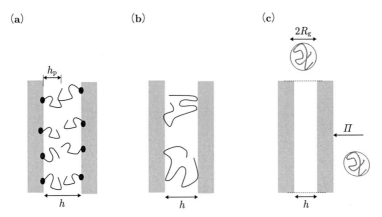

**図 2.7** コロイドの分散と凝集に対する高分子の効果. (a)溶媒と親和性のよい高分子の一端を表面に固定すると,表面が高分子で覆われ,凝集が妨げられる. (b)表面に吸着性のある高分子を添加すると,表面の間に高分子のブリッジができ,凝集が起こる. (c)表面に吸着しない高分子を添加しても,枯渇効果により凝集が起こる.

(Oosawa)によって理論的に説明された.

図 2.7(c)に示すような2枚の平行平板の間の相互作用を考えよう.簡単のため,高分子は半径 $R_g$ をもった剛体的な球であると考えよう.すると,平板間の距離 $h$ が,粒子の直径 $2R_g$ より小さくなると,二つの表面の間に,高分子はまったく入り込めなくなる.この状況は,図 2.7(c)の破線で示すような半透膜を平板の端に貼ったときの状況と同じである.つまり,二つの表面に囲まれた部分には溶質が入り込めなくなるので,この部分の圧力は,周りに比べて,浸透圧 $\Pi = n_p k_B T$ の分だけ低くなる(ここで $n_p$ は単位体積中の高分子の数).したがって,平行平板は単位面積あたり $n_p k_B T$ の力で外側から押されることになる.別の言い方をすれば,平行平板は単位面積あたり $n_p k_B T$ の力で引き合うことになる.この力によってコロイドの凝集が起こる.この効果の原因は,表面が接近するとその間に高分子が存在しえない領域(枯渇領域)ができることにあるので,この効果のことを**枯渇効果**(depletion effect)という.

二つの表面間の距離が $2R_g$ より小さくなると一定の引力 $n_p k_B T$ が生じるので,枯渇効果を表す表面相互作用エネルギーは次のように書くことができる:

$$w_{\text{depletion}}(h) = \begin{cases} 0 & h > 2R_{\text{g}} \\ n_{\text{p}}k_{\text{B}}T(h-2R_{\text{g}}) & h < 2R_{\text{g}}. \end{cases} \quad (2.54)$$

粒子が半径 $R$ の球であるとすると,(2.49)により粒子間の相互作用ポテンシャルは次のようになる:

$$U_{\text{depletion}}(h) = \begin{cases} 0 & h > 2R_{\text{g}} \\ -\dfrac{1}{2}\pi R n_{\text{p}} k_{\text{B}} T (h-2R_{\text{g}})^2 & h < 2R_{\text{g}}. \end{cases} \quad (2.55)$$

枯渇効果は,力のコントロールが行ないやすいので,コロイド間に適切な引力を与えたいときに広く用いられている.

## 付録 2-1 デリヤーギン近似

曲がった表面をもつ二つの粒子が近づいたときの粒子間の相互作用エネルギーは,平行な表面をもつ粒子の表面相互作用エネルギー $w(h)$ から計算できる.一例として,図 2.8 に示した半径 $R$ の球状粒子を考えよう.粒子間の最近接距離を $h$ とする.最近接を結ぶ直線から,距離 $\rho$ だけ離れた位置にある表面間の距離は

$$H(\rho) = h + 2(R - \sqrt{R^2 - \rho^2}) \approx h + \frac{\rho^2}{R} \quad (2.56)$$

である.距離が $\rho$ と $\rho+d\rho$ の部分の粒子間相互作用エネルギーへの寄与は $w(H(\rho))2\pi\rho d\rho$ である.これを $\rho$ について積分すれば粒子間の相互作用エネルギー $U_{\text{particle}}(h)$ を求めることができる:

$$U_{\text{particle}}(h) = \int_0^R w(H(\rho))2\pi\rho d\rho. \quad (2.57)$$

積分変数を $\rho$ から $x = h + \rho^2/R$ に変えると次の式を得る:

$$U_{\text{particle}}(h) = \pi R \int_h^\infty w(x) dx. \quad (2.58)$$

これが(2.49)を与える.

二つのコロイド粒子の半径が $R_1$, $R_2$ である場合には,$U_{\text{particle}}(h)$ は次のよ

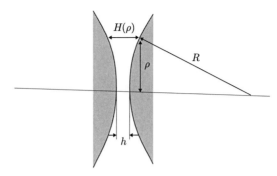

**図 2.8** 半径 $R$ の球の間の相互作用エネルギーのデリヤーギン近似による計算.

うになる：

$$U_{\text{particle}}(h) = 2\pi \frac{R_1 R_2}{R_1+R_2} \int_h^\infty w(x)dx. \quad (2.59)$$

# 3 高分子溶液

## 3.1 はじめに

　高分子は長い紐状の分子である．高分子の特徴は，普通の分子に比べて，桁違いに多くの内部自由度をもっている点にある．溶液中の高分子は定まった形をもっておらず，熱運動によりいろいろな形をとっている．そのため，力を加えると，高分子は簡単に引き伸ばすことができる．これが高分子にユニークな性質を与えている．例えば，高分子の溶液は，粘度が高く切れにくいので，これを引き伸ばして糸やフィルムをつくることができる．また，分子の間に少量の化学結合を導入すると，ゴムやゲルのように柔らかく，長く伸ばしても破断しにくい材料をつくることができる．

　本章では，高分子溶液の平衡状態について述べてゆく．最初に一本の高分子の性質について，やや詳しく議論してゆく．ここの目的は，大きく複雑な内部自由度をもつ系を取り扱うときの一つの方法である粗視化，スケーリングなどの考え方を紹介することである．

　続いて，高分子の溶液について述べる．高分子溶液は，第2章で説明した溶液の一般論に従うものであるが，分子が大きい，および分子が互いに重なり合うことができる，という二つの理由により，低分子の溶液とはちがった特徴を見せる．ここでは，その特徴に焦点をあてつつ話を進める．

　高分子は，本章だけでなく，その後のいくつかの章でも取り上げていく．ゴムやゲルについては，第4章で詳しく述べる．また，高分子溶液がなぜ高い粘性をもち，糸を引くのかなどの説明は第10章で与える．

## 3.2 高分子の理想鎖モデル

### 3.2.1 自由連結鎖モデル

高分子は柔らかな紐状の分子であって，定まった形をもっていない．巨大な高分子の一つであるDNAを水に溶かして，蛍光顕微鏡で観察すると，高分子が時々刻々，形を変えつつ運動している様子を見ることができる．

屈曲性をもった高分子の簡単なモデルとして図3.1(a)に示すモデルを考えよう．高分子は長さ$b$の要素が$N$個つながってできたものと考える．それぞれの要素をセグメントとよぶ．各セグメントは他のセグメントと独立にランダムな方向をとることができるものとする．このようなモデルは**自由連結鎖**(freely jointed chain) と呼ばれる．

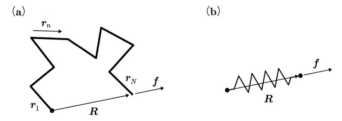

**図 3.1** (a)高分子の自由連結鎖モデル．(b)高分子のバネモデル．

自由連結鎖の平均の広がりを調べてみる．鎖の広がりを表す量として鎖の両端を結ぶベクトル$\boldsymbol{R}$を考える．$\boldsymbol{R}$の平均$\langle \boldsymbol{R} \rangle$は0であるので，その2乗平均$\langle \boldsymbol{R}^2 \rangle$を考えよう．$n$番めのセグメントの両端を結ぶベクトルを$\boldsymbol{r}_n$とすると$\boldsymbol{R}$は次の式で与えられる：

$$\boldsymbol{R} = \sum_{n=1}^{N} \boldsymbol{r}_n. \tag{3.1}$$

したがって，

$$\langle \boldsymbol{R}^2 \rangle = \sum_{n=1}^{N} \sum_{m=1}^{N} \langle \boldsymbol{r}_n \cdot \boldsymbol{r}_m \rangle \tag{3.2}$$

である．$\boldsymbol{r}_n$の分布は互いに独立であるので，$n \neq m$なら

$$\langle \boldsymbol{r}_n \cdot \boldsymbol{r}_m \rangle = \langle \boldsymbol{r}_n \rangle \cdot \langle \boldsymbol{r}_m \rangle = 0 \tag{3.3}$$

となる．これを用いると

$$\langle \boldsymbol{R}^2 \rangle = \sum_{n=1}^{N} \langle \boldsymbol{r}_n^2 \rangle = Nb^2 \tag{3.4}$$

である．高分子の平均のサイズ $\bar{R}$ を $\sqrt{\langle \boldsymbol{R}^2 \rangle}$ で見積もるなら，$\bar{R}$ は $\sqrt{N}b$ となる．一方，高分子の全長は $Nb$ であるので，平衡状態にある高分子の鎖の両端をつまんで引っ張れば，$\sqrt{N}$ 倍にまで伸ばすことが可能である．$N$ は $10^2$ から $10^6$ 程度であるので，高分子は，分子を切断することなく，大きく引き伸ばすことができる．これが高分子物質におおきな柔軟性を与えている原因である．

### 両端間ベクトルの分布

自由連結鎖の両端間ベクトル $\boldsymbol{R}$ の分布を考えよう．一般に $\boldsymbol{R}$ のように多数の独立な確率量の和で与えられるものの分布はガウス分布となる．これは，確率論で中心極限定理として知られている．中心極限定理とは，同じ分布に従う $N$ 個の独立な確率量 $x_n (n=1, 2, \ldots, N)$ があったとき，その和

$$X = \sum_{n=1}^{N} x_n \tag{3.5}$$

の分布は，$N \gg 1$ のとき，次式で与えられるガウス分布になるという定理である[*1]：

$$P(X) = \frac{1}{(2\pi N\sigma^2)^{1/2}} \exp\left[-\frac{(X-N\bar{x})^2}{2N\sigma^2}\right]. \tag{3.6}$$

ここで，$\bar{x}, \sigma^2$ は $x$ の平均と分散を表す：

$$\bar{x} = \langle x \rangle, \qquad \sigma^2 = \langle (x-\bar{x})^2 \rangle. \tag{3.7}$$

今の場合，$x_n$ に相当するものは $\boldsymbol{r}_n$ の $x, y, z$ 成分であり，それぞれの平均は 0 であり，分散は

---

[*1] 巻末文献 [17] 22 頁参照．

$$\langle r_{nx}^2 \rangle = \langle r_{ny}^2 \rangle = \langle r_{nz}^2 \rangle = \frac{b^2}{3} \tag{3.8}$$

である．したがって，$\boldsymbol{R}$ の分布は次のようになる*2：

$$P(\boldsymbol{R}) = \left(\frac{3}{2\pi Nb^2}\right)^{3/2} \exp\left(-\frac{3\boldsymbol{R}^2}{2Nb^2}\right). \tag{3.9}$$

### 3.2.2 鎖の弾性

**部分平衡自由エネルギー**

 高分子が運動しているとき，鎖全体の形態の変化は，鎖の局所的な形態変化に比べてずっとゆっくり起こる．したがって両端間ベクトル $\boldsymbol{R}$ のような量は，個々のセグメントの向きを表す量 $r_n$ に比べてずっとゆっくり変化する．そこで鎖の両端がある値 $\boldsymbol{R}$ に固定されていると考えて，鎖のもつ自由エネルギー $U(\boldsymbol{R})$ を考えることにしよう．

 一般に物理系の状態を表す変数 $X$ が，他の変数に比べてずっとゆっくり変化している場合，変数 $X$ がある値に固定され，他の変数はこれに対して平衡にあると考えることができる．このときの自由エネルギーを $U(X)$ としよう．$X$ で指定された状態は，真の平衡状態ではないので，本書では，このような自由エネルギーを**部分平衡自由エネルギー**（partially equilibrium free energy）と呼ぶことにする．部分平衡自由エネルギーは，長い緩和時間をもつソフトマターを扱うときには，必須の考え方である．部分平衡自由エネルギーについての一般的な解説を本章の付録にまとめておく．

 付録 3-1 に示すように，部分平衡自由エネルギー $U(X)$ が与えられると，平衡状態における変数 $X$ の分布は $\exp(-U(X)/k_\mathrm{B}T)$ で与えられる．今の場合，平衡状態における $\boldsymbol{R}$ の分布が(3.9)で与えられるので，$\boldsymbol{R}$ を固定した鎖の部分平衡自由エネルギー $U(\boldsymbol{R})$ は次の式で与えられる：

$$U(\boldsymbol{R}) = \frac{3k_\mathrm{B}T}{2Nb^2}\boldsymbol{R}^2. \tag{3.10}$$

---

*2 ここでは，構成要素の分布は独立であるとしたが，要素の分布に相関がある場合であっても，それが鎖に沿って離れるにつれ急速に小さくなるなら，$\boldsymbol{R}$ の分布はガウス分布となる．

ここで，$\boldsymbol{R}$ によらない定数項は省略した．

### 鎖の伸びと張力

図 3.1(a) のように自由連結鎖を引っ張って両端間ベクトルを $\boldsymbol{R}$ としたとしよう．このとき鎖に加えるべき力 $\boldsymbol{f}$ は $U(\boldsymbol{R})$ から求めることができる．$\boldsymbol{R}$ を $d\boldsymbol{R}$ だけ変化させると，鎖に対してなす仕事は $\boldsymbol{f}\cdot d\boldsymbol{R}$ である．等温状態では，これは鎖の自由エネルギーの変化に等しいので次の式が成り立つ：

$$\boldsymbol{f} = \frac{\partial U(\boldsymbol{R})}{\partial \boldsymbol{R}}. \tag{3.11}$$

(3.10) を用いると

$$\boldsymbol{f} = k\boldsymbol{R}. \tag{3.12}$$

ここで定数 $k$ は

$$k = \frac{3k_\mathrm{B}T}{Nb^2} \tag{3.13}$$

で与えられる．(3.12) は，鎖の両端間ベクトルにだけ着目すると，高分子は図 3.1(b) に示す弾性バネで置き換えることができることを示している．バネ定数 $k$ が高分子を引っ張ったときの伸びと力の関係を与えている．

自由連結鎖では，形の変化によるエネルギーの変化はない．それにもかかわらず，鎖を引き伸ばすと，鎖は縮まろうとして弾性力を生じる．この力の原因になっているのは，鎖の熱運動である．熱運動によって活発に動いている鎖の両端を $\boldsymbol{R}$ に固定しようとすると，両端には力を加えなくてはならない．この力の平均が $\boldsymbol{f}$ である．

熱力学的にみるなら，鎖の弾性はエントロピーに由来するものであるということができる．鎖の自由エネルギー $U(\boldsymbol{R})$ は，鎖のエネルギー $E(\boldsymbol{R})$ とエントロピー $S(\boldsymbol{R})$ を用いて $U(\boldsymbol{R})=E(\boldsymbol{R})-TS(\boldsymbol{R})$ と書くことができるが，自由連結鎖の場合，$E(\boldsymbol{R})$ は一定であるので，鎖の伸張に伴う自由エネルギーの変化は，すべてエントロピーの変化に由来するものである．鎖の両端間ベクトル $\boldsymbol{R}$ を大きくするにつれ，鎖のとりうる状態の数 $W(\boldsymbol{R})$ は減少する．これに伴い鎖のエントロピー $S(\boldsymbol{R})=k_\mathrm{B}\ln W(\boldsymbol{R})$ が減少する．この変化が自由エネル

ギーの変化を与え，鎖に弾性力を与えている．

熱運動（あるいはエントロピー）が力の起源になっていることは，気体においても見ることができる．気体中の分子は，熱運動によって活発に動き回っており，壁と衝突することにより，壁に圧力を与えている．したがって，気体の圧力は，体積 $V$ を増加させ，エントロピー $S(V)$ を大きくさせようとする力であるということができる．

熱運動に起源をもつ力は，温度とともに増大する．実際，気体の圧力は温度を上げれば上昇する．同様に，高分子の弾性力も温度とともに大きくなる．実際，重りをつるしたゴムにお湯をかけると，ゴムの弾性力が増しゴムが縮むのを見ることができる．

### 3.2.3 ガウス鎖

これまでは，鎖の形態を議論するのに，両端間ベクトル $\boldsymbol{R}$ だけに着目してきたが，もう少し詳しく鎖の形態を見てみよう．自由連結鎖の形は，鎖を構成するすべてのセグメントベクトル $\boldsymbol{r}_n (n=1,2,\ldots,N)$ を与えれば一意的に決まる．しかし，すべてのセグメントを考えるのは煩わしいので，鎖の内部に幾つかの点を選んでその分布を考えることにしよう．

図 3.2(a) に示すように，$N$ 個のセグメントからなる自由連結鎖を $N'$ 個の要素に分ける．個々の要素は $\lambda=N/N'$ 個のセグメントからなっている．これらの要素の結節点の位置 $\boldsymbol{R}_0, \boldsymbol{R}_1, \ldots, \boldsymbol{R}_{N'}$ だけを用いて鎖の形を議論することにしよう．

鎖の形態を $\{\boldsymbol{R}\}=(\boldsymbol{R}_0, \boldsymbol{R}_1, \ldots, \boldsymbol{R}_{N'})$ だけを使って表現することは，元の鎖を粗く表したことになるので，このような操作を**粗視化**(coarse graining) という．粗視化とは，詳細情報を捨てて，解像度を落としたモデルを作ることである．元のモデルの分布関数が与えられていれば，これをもとにして，粗視化したモデルの分布関数を求めることができる．

自由連結鎖に対して，粗視化モデルをつくることは簡単にできる．粗視化の単位を十分大きくとって $\lambda \gg 1$ であるとすると，おのおのの要素の自由エネルギーは (3.10) の $N$ を $\lambda$ で置き換えたもので与えられる．よって，$\{\boldsymbol{R}\}$ で記述される鎖の自由エネルギーは

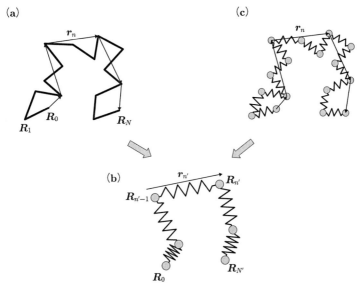

**図 3.2** (a) $N$ 個のセグメントからなる自由連結鎖. (b) 自由連結鎖を粗視化して得られる $N'$ 個のセグメントからなるガウス鎖. (c) $N$ 個のセグメントからなるガウス鎖. (b) のモデルは (c) のモデルを粗視化することによっても得られる.

$$U(\{\boldsymbol{R}\}) = \frac{3k_{\mathrm{B}}T}{2b'^2} \sum_{n=1}^{N'} (\boldsymbol{R}_n - \boldsymbol{R}_{n-1})^2 \quad (3.14)$$

となる. ここで $b'^2 = \lambda b^2$ である. (3.14) で記述されるモデルはガウス鎖モデルと呼ばれる. このモデルは図 3.2(b) に示すようなバネとビーズを結合したモデルで表されるので, バネビーズモデルと呼ばれることもある.

(3.14) で記述される粗視化モデルを与えるのは自由連結鎖だけではない. たとえば, 図 3.2(c) に示すような $N$ 個のビーズからなるバネビーズモデルを考えよう. このモデルのエネルギーは次のようになる:

$$U(\{\boldsymbol{R}\}) = \frac{3k_{\mathrm{B}}T}{2b^2} \sum_{n=1}^{N} (\boldsymbol{R}_n - \boldsymbol{R}_{n-1})^2. \quad (3.15)$$

このモデルから出発して, 図 3.2(c) に示すように, $\lambda$ 個ごとのビーズの位置を固定して, 部分平衡の自由エネルギーを計算すれば, ふたたび, (3.14) が得られる. すなわち出発点として自由連結鎖をとろうと, ガウス鎖をとろうと, 粗

視化を進めれば，いずれの場合もガウス鎖のモデルに到達する．

この意味でガウス鎖モデルはある種の普遍性をもったモデルであるということができる．独立な要素からなる鎖を考える限り，どのようなミクロなモデルから出発しても，粗視化を行なうと必ずガウス鎖が得られる．これは中心極限定理の帰結である．

**慣性半径**

3.2.1 節では，高分子鎖の広がりを表すのに末端間ベクトル $\boldsymbol{R}=\boldsymbol{R}_N-\boldsymbol{R}_0$ の2乗平均 $\langle \boldsymbol{R}^2 \rangle$ を用いてきた．しかし，図 1.2(b) に示すような分岐をもつ高分子については，末端間ベクトルをユニークに定義することができない．高分子の空間的な広がりを表現するもっと便利な量として，次式で定義される，重心からの距離の2乗平均 $R_g^2$ がある：

$$R_g^2 = \frac{1}{N} \sum_n \langle (\boldsymbol{R}_n - \boldsymbol{R}_c)^2 \rangle. \tag{3.16}$$

ここで，$\boldsymbol{R}_c$ はセグメントの重心位置である：

$$\boldsymbol{R}_c = \frac{1}{N} \sum_n \boldsymbol{R}_n. \tag{3.17}$$

(3.16) と (3.17) を用いると $R_g^2$ は次のように書けることを容易に示すことができる[*3]：

$$R_g^2 = \frac{1}{2N^2} \sum_{m,n} \langle (\boldsymbol{R}_n - \boldsymbol{R}_m)^2 \rangle. \tag{3.18}$$

$R_g$ は**慣性半径**(radius of gyration)と呼ばれている．$R_g$ は，希薄な高分子溶液の散乱実験(光散乱，X線散乱，中性子散乱)から求めることができる．

直鎖状のガウス鎖については $\langle (\boldsymbol{R}_n - \boldsymbol{R}_m)^2 \rangle = |n-m|b^2$ が成り立つので，$R_g^2$ は次のように計算できる：

---

[*3] (3.17) を用いると，(3.16)，(3.18) はいずれも $N^{-1} \sum_n \langle \boldsymbol{R}_n^2 - \boldsymbol{R}_c^2 \rangle$ に等しくなることが証明できる．

$$R_{\rm g}^2 = \frac{1}{2N^2} \sum_{m,n} |n-m|b^2 = \frac{1}{2N^2} \int_0^N dn \int_0^N dm |n-m| b^2 = \frac{1}{6} Nb^2. \tag{3.19}$$

ここで $N$ が大きいので，和を積分で近似した．

高分子のセグメントは重心を中心とする半径が $R_{\rm g}$ 程の球形領域のなかに収まっていると考えることができる．鎖の連結性を無視すれば，高分子は $R_{\rm g}$ 程の広がりをもったセグメントのかたまりとみなすことができる．かたまりのなかのセグメントの数密度 $N/R_{\rm g}^3$ は $N^{-1/2}$ に比例して小さくなるので，このかたまりは，やわらかく変形しやすいものである．

### 3.2.4　スケーリング則

ガウス鎖モデルの普遍性は次のような形で述べることもできる．ガウス鎖モデルはバネの数 $N$ とバネの長さの 2 乗平均 $b^2$ で特徴付けられる．いま図 3.2(c) に示すように $\lambda$ 個のバネをまとめて一つのバネにした粗視化モデルを考えよう．粗視化したモデルもガウス鎖となっているが，パラメータが次のように変換されている：

$$N \to N' = N/\lambda, \qquad b \to b' = \sqrt{\lambda} b. \tag{3.20}$$

このような変換を行なっても高分子鎖の全体を特徴づける量(たとえば，平均の慣性半径)などは変わらない．この性質を**スケーリング則**(scaling law)という．ガウス鎖のいくつかの性質は，この性質だけから導くことができる．

一例として，次のような物理量 $G(r)$ を考える．ガウス鎖を構成するセグメントのなかから無作為に一つを選び，これを中心とする半径 $r$ の球を考える．この球のなかに入っている平均のセグメント数を $G(r)$ とする．

スケーリング則を使って $G(r)$ の関数形を求めてみよう．次元解析を用いると $G(r)$ は，$N,b$ の関数として，

$$G(r) = f_1\left(\frac{r}{b}, N\right) \tag{3.21}$$

と書ける．(3.20)に示した粗視化を行なうとセグメントの数も $1/\lambda$ になるから次の関係が成り立つ：

$$f_1\left(\frac{r}{\sqrt{\lambda}b}, \frac{N}{\lambda}\right) = \frac{1}{\lambda} f_1\left(\frac{r}{b}, N\right). \tag{3.22}$$

この関係が任意の $\lambda$ について成り立つためには $G(r)$ が次の関数形をもっていることが必要である：

$$G(r) = Nf_2\left(\frac{r}{\sqrt{N}b}\right). \tag{3.23}$$

これは，慣性半径 $R_g$ を用いて

$$G(r) = Nf_3\left(\frac{r}{R_g}\right) \tag{3.24}$$

と書くこともできる．(3.24)は，ガウス鎖を特徴づける長さは $R_g$ だけであり，この長さを基準としてスケールすれば，$N$ の異なる高分子の性質を重ね合わせることができることを意味している．スケーリング則の名前の由来はここにある．

物理的な考察を加えれば，(3.24)から，さらに有用な結論を引き出すことができる．$r/R_g \ll 1$ の場合には $G(r)$ は鎖の局所的な性質だけで決まっており，鎖全体がどれだけ長いか(言い換えれば $N$ がいくつであるか)には無関係になるはずである．$G(r)$ が $N$ に無関係になるためには次の関数形をもたなくてはいけない：

$$G(r) = CN\left(\frac{r}{R_g}\right)^2 \simeq \left(\frac{r}{b}\right)^2. \tag{3.25}$$

ここで $C$ は定数である．また記号 $\simeq$ は数定数の違いを除いて等しいことを意味する．

任意に選んだセグメントから距離 $r$ だけ離れた位置におけるセグメントの平均数密度は **2 体相関関数**(two body correlation function)と呼ばれる．2 体相関関数 $g(r)$ は $G(r)$ と次の関係にある：

$$g(r) = \frac{1}{4\pi r^2}\frac{dG}{dr}. \tag{3.26}$$

(3.24)を用いると，ガウス鎖の $g(r)$ は次の関数形をもたなくてはならないことがわかる：

$$g(r) = \frac{N}{R_g^3} f_4\left(\frac{r}{R_g}\right). \tag{3.27}$$

とくに $r/R_g \ll 1$ の場合には，$g(r)$ は $N$ に無関係でなくてはならないので，関数形は次の形に限定される：

$$g(r) \simeq \frac{N}{R_g^3}\frac{R_g}{r} \simeq \frac{N}{R_g^2}\frac{1}{r} \simeq \frac{1}{rb^2}. \tag{3.28}$$

一方，ガウス鎖の $g(r)$ は厳密に計算することができる．$n$ 番目のセグメントから見たとき，セグメント $m$ の分布は分散が $|n-m|b^2$ のガウス分布をしている．これを $m$ について足し合わせれば $n$ 番目のセグメントからみた2体相関関数 $g^{(n)}(r)$ が得られる：

$$g^{(n)}(r) = \int_0^N dm \left(\frac{3}{2\pi|n-m|b^2}\right)^{3/2} \exp\left[\frac{-3\boldsymbol{r}^2}{2|n-m|b^2}\right]. \tag{3.29}$$

$g(r)$ は，$g^{(n)}(r)$ を $n$ について平均したもので与えられる：

$$g(r) = \frac{1}{N}\int_0^N dn\, g^{(n)}(r). \tag{3.30}$$

(3.29)，(3.30) から計算される $g(r)$ が (3.27) の関数形をもっていることは容易に確かめることができる．また $r \ll \sqrt{N}b$ の時には $g^{(n)}(r)$ は，$n$ に無関係となるので，$g(r)$ は次のように計算できる：

$$g(r) = \int_{-\infty}^{\infty} dm \left(\frac{3}{2\pi|m|b^2}\right)^{3/2} \exp\left[-\frac{3\boldsymbol{r}^2}{2|m|b^2}\right] = \frac{3}{\pi r b^2}. \tag{3.31}$$

これは，(3.28) と一致している．

## 3.3 実在鎖のモデル

### 3.3.1 セグメント間の相互作用

これまで，自由連結鎖から出発して，粗視化によってガウス鎖のモデルが得られることを述べた．ガウス鎖は，高分子のセグメントがつながっていることを表現しているが，セグメント間の相互作用を考慮してはいない．例えば二つのセグメントが空間的に近くに来た場合には，溶液の溶質分子間に働くのと同様の相互作用があるはずであるが，この相互作用はガウス鎖には考慮され

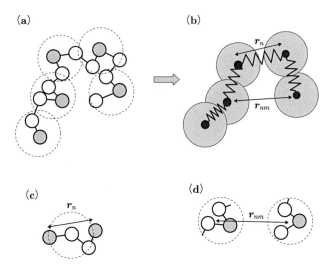

**図 3.3** (a), (b)実在鎖の粗視化, 実在鎖の自由エネルギーはセグメント内の自由エネルギー(c)とセグメント間の自由エネルギー(d)の和で表すことができる.

ていない. ガウス鎖のように, 鎖に沿って近接した要素の間の相互作用は考えるが, 鎖に沿って離れた要素の間の相互作用を無視するモデルは**理想鎖**(ideal chain)と呼ばれる. 理想鎖は粗視化を繰り返すとガウス鎖に収斂する. これに対し, 鎖に沿って離れた要素の間の相互作用(セグメント間の距離にだけ依存する相互作用)も考慮するモデルは**実在鎖**(real chain)と呼ばれる.

実在鎖の自由エネルギーは次のように書くことができる:

$$U(\{\boldsymbol{R}\}) = \sum_n u_\mathrm{s}(\boldsymbol{r}_n) + \sum_{m>n} u_\mathrm{l}(\boldsymbol{r}_{mn}). \tag{3.32}$$

第1項の $\boldsymbol{r}_n$ は $\boldsymbol{r}_n = \boldsymbol{R}_n - \boldsymbol{R}_{n-1}$ で定義され, $u_\mathrm{s}(\boldsymbol{r}_n)$ はセグメント $n$ の中の相互作用による自由エネルギーを表す(図3.3(c)参照). 一方, 第2項の $\boldsymbol{r}_{nm}$ は $\boldsymbol{r}_{nm} = \boldsymbol{R}_n - \boldsymbol{R}_m$ で定義され, $u_\mathrm{l}(\boldsymbol{r}_{nm})$ はセグメント $n$ と $m$ が近づいたときの相互作用エネルギーを表す(図3.3(d)参照).

セグメント内のエネルギーを表す $u_\mathrm{s}(\boldsymbol{r})$ は, ガウス鎖と同じく, (3.15)で与えられると考えることができる. 実際, $u_\mathrm{s}(\boldsymbol{r})$ が $\boldsymbol{r}$ の解析関数であるとすれば, 対称性により, $|\boldsymbol{r}|$ が小さなところの $u_\mathrm{s}(\boldsymbol{r})$ は $\boldsymbol{r}^2$ に比例しなくてはなら

ない．よって

$$u_\mathrm{s}(\boldsymbol{r}) = \frac{3k_\mathrm{B}T}{2b^2}\boldsymbol{r}^2 \qquad (3.33)$$

となる．ここで $b^2$ は，一つのセグメントの両端間距離の2乗平均を表す．

一方，セグメント間の相互作用を表すエネルギー $u_\mathrm{I}(\boldsymbol{r})$ は，図3.3(d)に示すように，高分子から切り出された二つのセグメントを $\boldsymbol{r}$ だけ離して溶媒中においたときの自由エネルギーとして定義することができる[*4]．$u_\mathrm{I}(\boldsymbol{r})$ は，$|\boldsymbol{r}|$ がセグメントサイズ $b$ より大きくなると急速に減少し 0 となる．$u_\mathrm{I}(\boldsymbol{r})$ の到達距離は高分子全体のサイズに比べてずっと小さいので，これを無限小とみなすと，$u_\mathrm{I}(\boldsymbol{r})$ は次のように表すことができる：

$$u_\mathrm{I}(\boldsymbol{r}) = vk_\mathrm{B}T\delta(\boldsymbol{r}). \qquad (3.34)$$

ここで $v$ は体積の次元をもったパラメータで，**排除体積パラメータ**(excluded volume parameter)と呼ばれる．

したがって実在鎖の自由エネルギーは次のように書くことができる：

$$U(\{\boldsymbol{R}\}) = \frac{3k_\mathrm{B}T}{2b^2}\sum_{n=1}^{N}(\boldsymbol{R}_n-\boldsymbol{R}_{n-1})^2 + \frac{vk_\mathrm{B}T}{2}\sum_{m,n}\delta(\boldsymbol{R}_n-\boldsymbol{R}_m). \qquad (3.35)$$

(3.35)で表されるモデルは，実在鎖の標準的モデルとなっており，**エドワーズモデル**(Edwards model)と呼ばれる．

実在鎖のセグメント間の相互作用を特徴づけるのは排除体積パラメータ $v$ である．この名は，セグメントを剛体球とみなしたとき，ある体積が排除されることに由来している．しかし，実際に $v$ が表すものは排除体積の大きさではなく，セグメント間の実効的相互作用である．$v$ は次のような意味を持っている．

高分子のセグメントをばらばらにして溶媒の中に溶かした仮想的な溶液を考えよう．セグメント密度が低いとき，この溶液の自由エネルギーは，(2.23)のように表すことができる．(2.23)において $c^2$ に比例する項は，溶質間の相互作用の効果を表している．(2.23)と(3.35)を比べると，$v$ は仮想的な溶液に

---

[*4] 正確にはセグメント間の距離が $\boldsymbol{r}$ であるときと無限大であるときの自由エネルギーの差である．

おけるセグメント間の第2ビリアル係数に対応していることがわかる．実際，高分子セグメントの局所密度

$$\hat{n}(\boldsymbol{r}) = \sum_n \delta(\boldsymbol{r}-\boldsymbol{R}_n) \tag{3.36}$$

を用いると，排除体積相互作用を表す(3.35)の第2項は次のように書くことができる：

$$\frac{vk_\mathrm{B}T}{2}\sum_{m,n}\delta(\boldsymbol{R}_n-\boldsymbol{R}_m) = \frac{1}{2}vk_\mathrm{B}T\int d\boldsymbol{r}\hat{n}(\boldsymbol{r})^2. \tag{3.37}$$

これは，$(1/2)vk_\mathrm{B}T\hat{n}(\boldsymbol{r})^2$ が自由エネルギー密度に対応し，$(1/2)vk_\mathrm{B}T$ は，セグメントをばらばらにした仮想溶液の第2ビリアル係数に対応していることを意味している．

$v$ が正であれば，セグメントが寄り集まると自由エネルギーが高くなるので[*5]，セグメントは反発しあう．反対に，$v$ が負であれば，セグメントが寄り集まると自由エネルギーが低くなるので，セグメントは引き寄せあう．この意味で排除体積パラメータはセグメント間の実効的相互作用を表している．

第2章で述べたように，セグメントが反発するか，引き合うかは，溶媒に依存する．同じセグメントであっても，良溶媒中では，反発しあうが，貧溶媒中では引き合うこともある．

$v$ は一般に温度の関数である．良溶媒中では，$v$ は大きな正の値をとっているが，貧溶媒中では，ある温度を境にして $v$ は正から負に符号を変える．$v=0$ となる温度は，$\theta$ 温度とよばれている．$\theta$ 温度では，セグメント間の相互作用の影響が見かけ上消えて，高分子は理想鎖に近い振る舞いをする．この状態より温度を変えて，セグメント間に引力が働くようになると，高分子は凝集する．

---

[*5] 例えば体積 $V_0$ の箱の中に $N$ 個のセグメントが入れられている場合を考えよう．セグメントが $V_0$ の中の一部の体積 $V_1$ の領域の中に集まったときの自由エネルギーは $(1/2)vk_\mathrm{B}TN^2/V_1$ となる．$v>0$ であれば，このエネルギーはセグメントが体積 $V_0$ の領域の中に一様に分布しているときの自由エネルギー $(1/2)vk_\mathrm{B}TN^2/V_0$ より高くなる．

### 3.3.2 実在鎖の広がり

(3.35)のエネルギーをもつ実在鎖の広がりがどのくらいになるかを考えてみよう．鎖の両端間の距離が $R$ と $R+dR$ の間に入る確率を考えよう．理想鎖の場合これは，次のようになる：

$$P_0(R)dR = 4\pi R^2 dR \left(\frac{3}{2\pi Nb^2}\right)^{3/2} \exp\left(-\frac{3R^2}{2Nb^2}\right). \tag{3.38}$$

ここで右辺の $4\pi R^2 dR$ の因子は，半径が $R$ と $R+dR$ の間にある球殻の体積を表す．実在鎖の場合，排除体積相互作用によるエネルギーの項 $U_1(R)$ が加わるので分布は次のようになる：

$$P(R) \propto P_0(R) \exp[-\beta U_1(R)]. \tag{3.39}$$

$U_1(R)$ は両端間距離が $R$ であるような高分子の排除体積相互作用((3.35)の第2項)を表す．これを計算するために，高分子のセグメントは体積 $R^3$ の領域の中に一様に分布していると考えよう．すると，この領域の中のセグメントの数密度は $\bar{n}=N/R^3$ となるので，$U_1(R)$ は次のように見積もることができる((3.37)参照)：

$$U_1(R) = \frac{1}{2}v k_\mathrm{B} T R^3 \bar{n}^2 = \frac{v k_\mathrm{B} T N^2}{2R^3}. \tag{3.40}$$

よって，

$$P(R) \propto R^2 \exp\left(-\frac{3R^2}{2Nb^2} - \frac{vN^2}{2R^3}\right). \tag{3.41}$$

$P_0(R)$ も $P(R)$ も，ともに $R$ のある値のところに極大をもつ．この極大の位置によっておのおののモデルの広がりを見積もってみよう．容易にわかるようにガウス鎖に対する $P_0(R)$ の極大の位置は $R_0^*=(2Nb^2/3)^{1/2}$ にある．実在鎖に対する $P(R)$ の極大の位置 $R^*$ は(3.41)の対数微分をとることにより

$$\frac{2}{R^*} - \frac{3R^*}{Nb^2} + \frac{3vN^2}{2R^{*4}} = 0 \tag{3.42}$$

である．これを書き換えると

$$\left(\frac{R^*}{R_0^*}\right)^5 - \left(\frac{R^*}{R_0^*}\right)^3 = \frac{9\sqrt{6}}{16}\frac{v}{b^3}\sqrt{N}. \tag{3.43}$$

この解の様子は$v$の符号によって大きく変わる．$v>0$であれば，$N\gg 1$であるから，左辺は大きな正の値をとる．このとき左辺の第2項は第1項に比べて無視できるので(3.43)の解は次のようになる：

$$R^* \simeq R_0^* \left(\frac{N^{1/2}v}{b^3}\right)^{1/5} \propto N^{3/5}. \tag{3.44}$$

排除体積効果をもつ鎖の広がりは$N^{1/2}$ではなく$N^{3/5}$に比例する．

$v=0$では，$R^*$は$R_0^*$と等しくなる．$v<0$であれば，$R^*$は$R_0^*$より小さくなる．(3.43)は，$R^*/R_0^*$を決めているのは$v$ではなく$vN^{1/2}$であることを示している．したがって$N$の大きな鎖においては，$v$のわずかな変化が(すなわち温度のわずかな変化が)大きな広がりの変化をもたらす．$N$が$10^6$の高分子では数度の温度変化で慣性半径が数倍も変化する．$\theta$温度を境に高分子が広がった状態から，収縮状態に転移することは**コイル‐グロビュール転移**(coil-globule transition)と呼ばれている．

上に述べたのは排除体積効果のきわめて粗い理論である．実在鎖の統計的性質は計算機実験や繰り込み群の方法によって詳しく調べられており，$N$が大きいときの広がりは次のように書けることが知られている：

$$R_{\mathrm{g}} \simeq R^* \simeq N^\nu b. \tag{3.45}$$

ここで指数$\nu$は約$0.588$で，上に導いた値$3/5$に非常に近い．

### 3.3.3　実在鎖のスケーリング則

粗視化モデルを構成するときには，鎖のある部分をまとめて一つのセグメントで表すが，どれだけの部分を一つのセグメントとみなすかについては任意性がある．理想鎖については，セグメントの選び方を変えても，$N, b$などのパラメータが変化するだけで，鎖全体の性質は変わらない．同様な性質が実在鎖についても成り立つことが知られている．すなわち，$\lambda$個のセグメントをまとめて一つのセグメントとみなすと，$N, b, v$は次のように変換されるだけで，鎖全体の性質は変わらない：

$$N \to N' = N/\lambda, \qquad b \to b' = \lambda^\nu b, \qquad v \to v' = \lambda^{3\nu} v. \tag{3.46}$$

この性質を**スケーリング則**という．スケーリング則は，臨界現象などのゆらぎが支配的な現象において，広く成り立つことが知られている．ゆらぎの大きな高分子鎖についても，スケーリング則が成り立っている．このことはドゥ・ジェンヌ(de Gennes)によって提案され，実験的に確かめられてきた．

3.2.4 節と同様の議論を繰り返すと，実在鎖の 2 体相関関数 $g(r)$ はガウス鎖と同じく(3.27)の関数形をもつことが示される．$r/R_\mathrm{g} \ll 1$ の場合，$g(r)$ が次のように書けるとしよう：

$$g(r) \simeq \frac{N}{R_\mathrm{g}^3} \left(\frac{r}{R_\mathrm{g}}\right)^x. \tag{3.47}$$

指数 $x$ は $g(r)$ が $N$ に無関係であるという条件から決められる．(3.45)を用いると

$$1 - 3\nu + \nu x = 0. \tag{3.48}$$

よって，$x = 3 - 1/\nu$ であり，(3.47)は次のようになる：

$$g(r) \simeq \frac{N}{R_\mathrm{g}^3} \left(\frac{R_\mathrm{g}}{r}\right)^{3-1/\nu} \simeq \frac{N}{R_\mathrm{g}^3} \left(\frac{R_\mathrm{g}}{r}\right)^{4/3}. \tag{3.49}$$

ここで $\nu = 3/5$ とした．

## 3.4 高分子溶液

### 3.4.1 希薄溶液

これまでは，溶媒中に孤立して存在する高分子を考えてきたが，これからは，実際の高分子溶液を考えることにする．図 3.4 に種々の濃度における高分子溶液の様子を示してある．

高分子濃度が非常に低い場合には図 3.4(a)のように，高分子糸まりは互いに離れて存在している．このような溶液を**希薄溶液**(dilute solution)という．希薄溶液では，浸透圧は高分子の濃度 $c$ のべき級数で表すことができる((2.21)

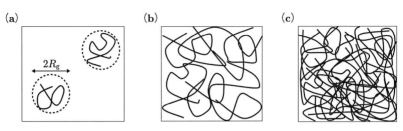

**図 3.4** 高分子溶液.(a)希薄溶液.(b)準希薄溶液.(c)濃厚溶液または溶融体.

参照):

$$\Pi = \frac{cR_G T}{M} + A_2 c^2 + A_3 c^3 + \cdots \tag{3.50}$$

ここで $M$ は高分子の分子量,$R_G$ はガス定数である.

高分子希薄溶液の特徴は,第1項が第2項に比べて著しく小さいことである.ファントホッフの法則により第1項は分子量に逆比例して小さくなる.これに対して,第2項はほとんど溶質の濃度だけで決まっている[*6].したがって,分子量の大きな高分子については,浸透圧がファントホッフの法則で表される濃度領域は実質的に観測できなくなる.

### 3.4.2 準希薄溶液

希薄溶液から高分子の濃度を上げると,高分子の糸まりは互いに重なるようになる.糸まりが重なりはじめる濃度を $c^*$ としよう.単位体積中の高分子の数は $cN_A/M$ であり($N_A$ はアボガドロ数),おのおの $R_g^3$ 程度の体積を占めているので,濃度 $c^*$ においては,

$$\frac{c^* N_A}{M} R_g^3 \simeq 1 \tag{3.51}$$

が成り立つ.(3.45)より,$R_g \propto N^\nu \propto M^\nu$ であるので

$$c^* \simeq \frac{M}{N_A R_g^3} \propto M^{1-3\nu} \simeq M^{-4/5}. \tag{3.52}$$

---

[*6] 平均場近似を用いた計算によれば $A_2$ は高分子の分子量に依存しない((3.62)参照).スケーリング理論によれば,$A_2$ は分子量に弱く依存する($A_2 \propto M^{-1/5}$).

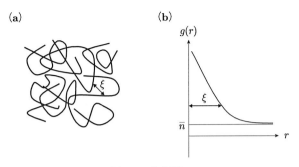

図 3.5 相関長.

分子量の大きな高分子では，$c^*$ は非常に低くなる(例えば分子量が100万のポリスチレンでは，$c^*$ は，$0.005\,[\mathrm{g/ml}]$ となり，これは，重量分率0.5%に相当する).

$c>c^*$ では，糸まりがいくつも重なりあうので，浸透圧は(3.50)のような濃度のベキ級数の形で表すことはできない．その一方で，重量分率はなお小さく，低分子溶液であれば希薄溶液とみなすことができる．このような濃度領域の溶液を**準希薄溶液**(semi dilute solution)と呼ぶ．準希薄溶液においては，希薄溶液と同様に，粗視化した高分子モデルが有効であり，スケーリング則が成り立っている[*7]．このことを利用して準希薄溶液の特徴を見てみよう．

### 2体相関関数

2体相関関数 $g(r)$ は，任意に選んだセグメントから距離 $r$ だけ離れた点のセグメント密度を表す．$r$ が小さければあるセグメントの近傍は同じ鎖のセグメントで占められているので，$g(r)$ は希薄溶液と同じく，(3.49)で表される．一方，$r$ の大きなところでは，$g(r)$ は溶液の平均のセグメント密度 $\bar{n}$ に近づく(図3.5参照)．この境目となる長さは相関長 $\xi$ と呼ばれる．すなわち

---

[*7] 別のいい方をすれば，スケーリング則が成り立つような濃度領域を準希薄と定義するのである．このような濃度領域は分子量が大きな高分子の溶液に対してのみ存在する．

$$g(r) \approx \begin{cases} \dfrac{N}{R_g^3}\left(\dfrac{R_g}{r}\right)^{3-1/\nu} & r \ll \xi \\ \bar{n} & r \gg \xi. \end{cases} \quad (3.53)$$

相関長 $\xi$ は $g(\xi) \simeq \bar{n}$ となる長さであるから,

$$\frac{N}{R_g^3}\left(\frac{R_g}{\xi}\right)^{3-1/\nu} \simeq \bar{n} \quad (3.54)$$

である. $\bar{n}$ は高分子の濃度 $c$ に比例し,濃度 $c^*$ において,$N/R_g^3$ に等しくなるので

$$\bar{n} = \frac{c}{c^*}\frac{N}{R_g^3} \quad (3.55)$$

である. (3.54), (3.55) より $\xi$ を求めると

$$\xi \simeq R_g\left(\frac{c^*}{c}\right)^{\frac{\nu}{3\nu-1}} \simeq R_g\left(\frac{c^*}{c}\right)^{3/4} \quad (3.56)$$

となり,$\xi$ は $c$ の増加にともない減少する.

### 浸透圧

スケーリング則を用いると,高分子溶液の浸透圧は一般に次の形に書けることが示される:

$$\Pi = \frac{cR_G T}{M} f\left(\frac{c}{c^*}\right). \quad (3.57)$$

準希薄溶液の浸透圧は濃度 $c$ のみに依存して,分子量には依存しないはずである.このような関数は次のように書ける:

$$\Pi \approx \frac{cR_G T}{M}\left(\frac{c}{c^*}\right)^x. \quad (3.58)$$

指数 $x$ は浸透圧が $M$ によらないという条件から決まる. $c^* \propto M^{-(3\nu-1)}$ であるので

$$-1 + x(3\nu-1) = 0. \quad (3.59)$$

よって

$$\Pi = \frac{cR_{\mathrm{G}}T}{M}\left(\frac{c}{c^*}\right)^{\frac{1}{3\nu-1}} \propto c^{9/4}. \tag{3.60}$$

あとで示すように,平均場近似によって,浸透圧 $\Pi$ を計算すると,$N\gg 1$ のときの浸透圧は濃度の 2 乗に比例するはずである((3.62)参照).一方,スケーリング則を用いて導いた(3.60)によれば,浸透圧はこれより少し強い濃度依存性をもつ.この違いは,平均場近似では,セグメント濃度の空間的な相関を考慮していないことに起因している.

### 3.4.3 濃厚溶液と溶融体

高分子濃度が大きくなり,相関長 $\xi$ がモノマーのサイズと同程度になるとスケーリング則は成り立たなくなる.そのような溶液は**濃厚溶液**(concentrated solution)と呼ばれる.通常,濃度が 20% を超える溶液は濃厚溶液と呼ばれる.濃厚溶液の極限は,高分子だけからなる液体であり,**高分子溶融体**(polymer melt)と呼ばれる.プラスチックを溶かした状態はこの状態である.

希薄溶液においては,排除体積効果により,高分子の慣性半径 $R_{\mathrm{g}}$ は $\theta$ 状態のときより大きなものになっている.これは,セグメント間の反発により,セグメントが高分子の中心から外向きに押し出されるためである.しかし,濃厚溶液においては,セグメントの密度が均一になるので,高分子鎖を広げようとする力は働かなくなる.実験によると,良溶媒中の高分子の慣性半径 $R_{\mathrm{g}}$ は濃度を上げると小さくなる.とくに,溶融体においては,排除体積の効果は消えるので,高分子の形態は,$\theta$ 状態と同じく,理想鎖の形態となる.

モノマーの化学構造を考慮して自由エネルギーを計算することはむずかしいので,濃厚溶液の議論では,思い切って単純化したモデルが使われている.一例が格子モデルである.図 3.6 に高分子溶液の格子モデルを示す.ここでは,高分子は $N$ 個のセグメントがつながったものとして表されており,各セグメントは溶媒分子と同じ体積 $v_{\mathrm{c}}$ を占めている.このモデルに対する自由エネルギー $f(\phi)$ は次のように与えられる[*8]:

---

[*8] 巻末文献 [11] 参照.

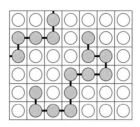

**図 3.6** 高分子溶液に対する格子モデル.

$$f(\phi) = \frac{k_B T}{v_c} \left[ \frac{\phi}{N} \ln \phi + (1-\phi) \ln(1-\phi) + \chi \phi(1-\phi) \right]. \tag{3.61}$$

低分子溶液に対する自由エネルギーの表式(2.39)と(3.61)とを比べると，[ ]内の第1項 $\phi \ln \phi$ に $1/N$ の因子がついている点だけが異なっている．この項は高分子の配置エントロピーを表す項である．高分子のセグメントはつながっているためセグメント一つあたりの配置エントロピーは $1/N$ になる．実際，(3.61)から(2.13)を用いて浸透圧を計算すると次のようになる:

$$\begin{aligned}\Pi &= -f(\phi) + \phi f'(\phi) + f(0) \\ &= \frac{k_B T}{v_c} \left[ \frac{\phi}{N} + \left(\frac{1}{2} - \chi\right) \phi^2 + \frac{1}{3} \phi^3 + \cdots \right].\end{aligned} \tag{3.62}$$

第1項はファントホッフの法則を，第2項はセグメント間の相互作用の効果を表している．(3.37)と(3.62)を比べると排除体積パラメータ $v$ と $\chi$ パラメータの間には次のような関係があることがわかる:

$$v = v_c(1-2\chi). \tag{3.63}$$

2.3.2節で議論したように，$\partial^2 f/\partial \phi^2 < 0$ の場合には，均一な溶液は不安定となり，相分離が起こる．不安定となる領域は

$$\chi > \frac{1}{N\phi} + \frac{1}{1-\phi} \tag{3.64}$$

で記述される．また，臨界点は

$$\chi_c = \frac{1}{2}\left(1+\frac{1}{\sqrt{N}}\right)^2, \qquad \phi_c = \frac{1}{1+\sqrt{N}} \qquad (3.65)$$

で与えられる．$N \gg 1$ の場合には，$\chi_c=1/2$ となる．これは排除体積パラメータが 0 となる温度，すなわち $\theta$ 温度に対応している．

### 3.4.4 高分子混合系

格子模型は，高分子の混合系についても用いることができる．2種の高分子 A, B を混合した系を考えよう．それぞれの高分子は $N_A$, $N_B$ 個のセグメントからなっているとする．高分子 A の体積分率を $\phi$ とすると自由エネルギーは次のようになる：

$$f(\phi) = \frac{k_B T}{v_c}\left[\frac{\phi}{N_A}\ln\phi + \frac{1-\phi}{N_B}\ln(1-\phi) + \chi\phi(1-\phi)\right]. \qquad (3.66)$$

第2章で示したように，一様な混合状態が安定であるためには $\partial^2 f/\partial \phi^2 > 0$ が成り立たなくてはならない．(3.66)については，この条件は次のように書ける：

$$\chi < \frac{1}{N_A\phi} + \frac{1}{(1-\phi)N_B}. \qquad (3.67)$$

右辺の値は $1/N_A$, $1/N_B$ を含む項があるため，非常に小さく 0 とみなすことができる．言い換えれば，高分子の混合系が安定であるためには，$\chi$ が負であることが必要である(A, B モノマーの間に引力が働くことが必要である)．低分子溶媒の場合，$\chi$ が正となってもただちに相分離が起こらないのは，低分子溶媒の配置エントロピーのためである．しかし，溶媒それ自身が高分子になると，その配置エントロピーは非常に小さくなるため，$\chi$ が正になると，ただちに相分離が起こる．

## 付録 3-1　部分平衡自由エネルギー

### 部分平衡自由エネルギーの定義

温度一定の古典系を考える．系のハミルトニアンを $H(\Gamma)$ とする($\Gamma$ は系の力学状態を記述する座標と運動量のすべてを表す)．系の自由エネルギー $F$ は

次のように与えられる：

$$F = -\frac{1}{\beta} \ln \left( \int d\Gamma e^{-\beta H} \right), \qquad \beta = 1/k_B T. \tag{3.68}$$

(3.68)は，系が完全な平衡状態にあるときの自由エネルギーを与える．

系が完全な平衡にはないが，部分的な平衡状態にある場合を考えよう．すなわち，ある物理量 $X(\Gamma)$ だけがゆっくりと時間変化するので，この物理量は平衡の値ではなくある値 $x$ に等しいという状況を考える[*9]．このような部分平衡状態を表す自由エネルギーは次のように与えられる：

$$U(x) = -\frac{1}{\beta} \ln \int d\Gamma \delta(x - X(\Gamma)) e^{-\beta H}. \tag{3.69}$$

平衡状態において，系が状態 $\Gamma$ にある確率は $e^{-\beta H(\Gamma)}$ に比例するので，物理量 $X(\Gamma)$ が値 $x$ をとる確率は次のようになる：

$$P(x) \propto \int d\Gamma \delta(x - X(\Gamma)) e^{-\beta H}. \tag{3.70}$$

(3.69)を用いると

$$P(x) \propto e^{-\beta U(x)}. \tag{3.71}$$

(3.68)と(3.69)から，平衡状態の自由エネルギー $F$ は，部分平衡にある系の自由エネルギー $U(x)$ と次の関係にある：

$$F = -\frac{1}{\beta} \ln \int dx \exp[-\beta U(x)]. \tag{3.72}$$

変数 $x$ が巨視的な数の原子の自由度を代表する場合には，被積分関数は $U(x)$ が最小となるところに鋭いピークをもつので，$F$ は $U(x)$ の最小値に等しいとおくことができる．すなわち

$$F = U(x_{\text{eq}}), \qquad \text{ここで} \quad \left. \frac{\partial U}{\partial x} \right|_{x_{\text{eq}}} = 0. \tag{3.73}$$

これは，等温系の平衡状態において，自由エネルギーが最小になるという熱力

---

[*9] ここでは，部分平衡状態を表す変数として一つの変数 $X$ しか考えていないがたくさんの変数がある場合も同様に議論できる．

学の一般原理に対応するものである.

### 拘束場の方法

部分平衡自由エネルギー $U(x)$ は次のような方法で求めることもできる. 変数 $x$ をある値に拘束する代わりに, 系に外場を加え, 外場の下で $X$ の平均値を $x$ に等しくなるようにしたと考えよう. 外場によるポテンシャルエネルギーは

$$H_{\mathrm{h}}(\varGamma) = -hX(\varGamma) \tag{3.74}$$

で与えられているものとする. このようなエネルギーを(3.69)のハミルトン関数 $H(\varGamma)$ に加えて, 外場のもとでの部分平衡自由エネルギー $U_{\mathrm{h}}(x)$ を計算すると, 次のようになる:

$$U_{\mathrm{h}}(x) = U(x) - hx. \tag{3.75}$$

外場 $h$ のもとでの $x$ の平衡値 $x(h)$ は $\partial U_{\mathrm{h}}/\partial x = 0$ を満たすので次の式が成り立つ:

$$h = \frac{\partial U}{\partial x}. \tag{3.76}$$

一方, 外場のもとでの $x$ の平衡値 $x(h)$ は通常の統計力学の処方箋にしたがって計算できる. 外場 $h$ のもとでの平衡自由エネルギーを $F_{\mathrm{h}}$ とする:

$$F_{\mathrm{h}} = -\frac{1}{\beta} \ln \int d\varGamma \exp\left[-\beta(H(\varGamma) - hX(\varGamma))\right]. \tag{3.77}$$

外場のもとでの $x$ の平衡値は

$$x = \frac{\partial F_{\mathrm{h}}}{\partial h} \tag{3.78}$$

で与えられる. (3.78)を $h$ について解いて $h=h(x)$ がわかれば, これを用いて, (3.76)を $x$ について積分して, 部分平衡自由エネルギーを求めることができる:

$$U(x) = U(x_{\mathrm{eq}}) + \int_{0}^{x} dx' h(x') \tag{3.79}$$

実例を次項に示す．

**自由連結鎖の部分平衡自由エネルギー**

例として両端間距離を固定した自由連結鎖の部分平衡自由エネルギーを求めて見る．$\boldsymbol{R}$ に共役な外場は鎖の端に加えられた外力 $\boldsymbol{f}$ である．外力のもとでのポテンシャルエネルギーは

$$U_{\boldsymbol{f}} = -\boldsymbol{f}\cdot\boldsymbol{R} = -\boldsymbol{f}\cdot\sum_{n=1}^{N}\boldsymbol{r}_n \tag{3.80}$$

となる．

$\boldsymbol{f}$ のもとでの，$\boldsymbol{R}$ の平均値を求めよう．$\boldsymbol{f}$ のもとでは，セグメントベクトルの分布は $\exp(-\beta U_{\boldsymbol{f}})=\exp(\beta\sum\boldsymbol{f}\cdot\boldsymbol{r}_n)$ に比例するので，セグメントベクトル $\boldsymbol{r}$ の平均は次のように計算できる：

$$\begin{aligned}\langle\boldsymbol{r}\rangle &= \frac{\int_{|\boldsymbol{r}|=b}d\boldsymbol{r}\exp(\beta\boldsymbol{f}\cdot\boldsymbol{r})\boldsymbol{r}}{\int_{|\boldsymbol{r}|=b}d\boldsymbol{r}\exp(\beta\boldsymbol{f}\cdot\boldsymbol{r})}\\ &= \frac{1}{\beta}\frac{\partial}{\partial\boldsymbol{f}}\ln\int_{|\boldsymbol{r}|=b}d\boldsymbol{r}\exp(\beta\boldsymbol{f}\cdot\boldsymbol{r}).\end{aligned} \tag{3.81}$$

ここで $\boldsymbol{f}$ と $\boldsymbol{r}$ のなす角を $\theta$ とすると，$\boldsymbol{f}\cdot\boldsymbol{r}=fb\cos\theta$ であるので，右辺の積分は次のように計算できる：

$$\int_{|\boldsymbol{r}|=b}d\boldsymbol{r}\exp(\beta\boldsymbol{f}\cdot\boldsymbol{r}) = \int_0^{\pi}d\theta\,2\pi\sin\theta\exp(\beta bf\cos\theta) = \frac{4\pi\sinh(\xi)}{\xi}. \tag{3.82}$$

ここで

$$\xi = \beta bf = \frac{bf}{k_{\mathrm{B}}T} \tag{3.83}$$

である．(3.82)を用いると(3.81)は次の式を与える：

$$\langle\boldsymbol{r}\rangle = b\frac{\boldsymbol{f}}{|\boldsymbol{f}|}\left[\coth\xi - \frac{1}{\xi}\right]. \tag{3.84}$$

したがって，外力のもとでの $\boldsymbol{R}$ の平均は次のように与えられる：

## 付録 3-1 部分平衡自由エネルギー

$$\bm{R} = N\langle\bm{r}\rangle = Nb\frac{\bm{f}}{|\bm{f}|}\left[\coth\xi - \frac{1}{\xi}\right]. \tag{3.85}$$

一方，力 $\bm{f}$ は部分平衡自由エネルギー $U(\bm{R})$ と次の関係にある：

$$\bm{f} = \frac{\partial U(\bm{R})}{\partial \bm{R}}. \tag{3.86}$$

(3.85)により，$\bm{f}$ は $\bm{R}$ の関数として与えられるので，(3.86)を $\bm{R}$ について積分すれば，$U(\bm{R})$ を求めることができる．

$\bm{R}$ が小さい場合について $U(\bm{R})$ を具体的に求めてみよう．これは，$\bm{f}$ が小さい場合に対応している．$\xi\ll 1$ のときには，$\coth\xi - 1/\xi \simeq \xi/3$ であるから(3.85)は次のようになる：

$$\bm{R} = \frac{Nb^2}{3k_{\mathrm{B}}T}\bm{f}. \tag{3.87}$$

これを $\bm{f}$ について解いて

$$\bm{f} = \frac{3k_{\mathrm{B}}T}{Nb^2}\bm{R}. \tag{3.88}$$

これを(3.86)に代入して，積分をすると

$$U(\bm{R}) = \frac{3k_{\mathrm{B}}T}{2Nb^2}\bm{R}^2. \tag{3.89}$$

これは，(3.10)と一致している．

一方，外力が強く，$\xi\gg 1$ の場合には，(3.86)は，次の式を与える：

$$|\bm{f}| = \frac{Nk_{\mathrm{B}}T}{Nb-|\bm{R}|}. \tag{3.90}$$

伸びが大きくなって，両端間の距離が最大の伸び $Nb$ に近くなると，力は急速に大きくなる．

# 4 高分子弾性体

## 4.1 はじめに

　本章では，高分子のつくる柔らかな弾性体について述べる．溶融体中の高分子のところどころに化学結合を導入して，高分子を結びつけると，高分子は全体として網目を形成するようになる．導入した化学結合は**架橋**(cross-link)と呼ばれる．網目状の高分子は，マクロには固有の形をもち，弾性体のように振る舞う．これが輪ゴムなどに用いられているゴムである．

　ゴム中の高分子は，液体状態のときと同様に活発に動き回っているが，ゴム全体は固有の形をもっている．ゴムは柔らかく，力を加えれば変形するが，力を取り除けば元の形にもどり，塑性変形することはない．これは他の材料にないゴムの特質である．

　溶液中の高分子に架橋を導入すると，溶液は流動性を失い柔らかな弾性体となる．これをゲルという[*1]．ゲルのなかの大部分の高分子は，溶液の高分子と同じ状態にあるが，マクロにみれば，ゲルは固有の形をもった弾性体である．

　ゴムやゲルは，他の材料にない特徴をもっているが，それは高分子の分子的な特性の反映である．本章では高分子のもつこの特異な相の物性について述べていく．

---

[*1] 本書では，説明の便宜上，溶媒を含んだ架橋高分子をゲル，含まないものをゴムと呼んでいるが，溶媒を含むゴムもある．ゲルとゴムの区別は明確なものではなく，一般的には，構造の違いではなく，用途の違いで区別されているようである．すなわち，架橋高分子系の力学的な性質が利用されているときにはゴム，溶媒を多量に含むことができるという性質が利用されているときにはゲルという呼称が用いられている．

## 4.2 ゴム弾性

### 4.2.1 体積弾性とずり弾性

気体や液体などの流体は,固有の形をもっておらず,どんな形状の容器にも入れることができる.流体の自由エネルギーは,形によらず体積だけで決まってしまう.これに対して,金属,ゴム,ゲルなどの弾性体は,固有の形をもっている[*2].弾性体は,力が加えられると変形するが,力が取り除かれると元の形に戻る.弾性体の自由エネルギーは固有の形からどれだけ変形したかに依存する.

物質に加えられた力と物質の変形量が比例する理想的な弾性体は,**フック弾性体**(Hookian elastic material)と呼ばれる.等方的なフック弾性体は二つの弾性率で特徴づけることができる.一つは,体積弾性率 $K$ であり,もう一つはずり弾性率 $G$ である.

**体積弾性率**(bulk modulus)は,物質の体積を変えるのに必要な力の大きさを表している.図 4.1(a) に示すように物質の体積を $V$ から $V+\Delta V$ に変えるのに必要な圧力の増加分を $\Delta P$ とすると,体積弾性率 $K$ は次の式で定義される.

$$K = -V \frac{\Delta P}{\Delta V} \qquad (4.1)$$

体積弾性率は,流体に対しても弾性体に対しても定義することができる.密度が同じであれば,流体でも弾性体でも,体積弾性率の値に,大きな違いはない.実際,ゴムの体積弾性率は架橋の前と後で大きく変化しない.

一方,**ずり弾性率**(shear modulus) $G$ は,形を変えるのに必要な力の大きさを表している.例えば,図 4.1(b) に示すようなずり変形では,体積は変化しないが形が変化する.流体の形を変えるのに力は必要ないが,弾性体の形を

---

[*2] 溶融状態の高分子の温度を下げると,高分子は流動性を失って固体になる.この状態はガラス状態と呼ばれる.食品容器に用いられているプラスチックはこの状態である.ゴムも温度を下げるとガラス状態になりプラスチックのように硬くなる.ガラス状態は,平衡状態ではないので,本書では議論しない.

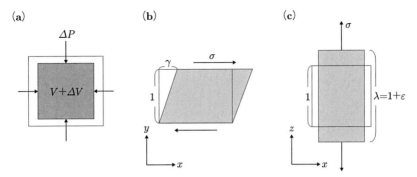

**図 4.1** 弾性体における種々の弾性率の定義．(a)体積弾性率．(b)ずり弾性率．(c)引っ張り弾性率(ヤング率)．

変えるには，力が必要である．弾性体にずり歪み[*3]$\gamma$ を与えるために必要なずり応力(試料の上面に加えるべき単位面積あたりの力)を $\sigma$ とすると

$$\sigma = G\gamma \qquad (4.2)$$

が成り立つ．架橋前の高分子溶融体のずり弾性率は 0 であるが，架橋後のゴムのずり弾性率は 0 ではない．

弾性論で知られているように，等方的な弾性体に小さな変形を与えた場合，力と歪みの関係は常に $K$ と $G$ を用いて表すことができる．たとえば，図 4.1(c)のように，試料を $z$ 軸方向に $\lambda=1+\varepsilon$ 倍引き伸ばすのに必要な応力 $\sigma$ は次のように表される：

$$\sigma = E\varepsilon. \qquad (4.3)$$

比例定数 $E$ は**ヤング率**(Young's modulus)と呼ばれる．$E$ は $K$ と $G$ を用いて次のように表される：

$$E = \frac{9KG}{3K+G}. \qquad (4.4)$$

ゴムが，軟らかいということは，$G$ が小さいということであり，$K$ は小さくはないことは注意しておく．たとえば，輪ゴムのずり弾性率は 0.1 MPa の

---

[*3] ずり歪みの定義については(4.20)を参照．

程度であり，金属のずり弾性率 1 GPa に比べて非常に小さい．このため，輪ゴムは簡単に引き伸ばすことができる．しかし，輪ゴムの体積弾性率は 1 GPa のオーダであり，金属と大きく違わない．輪ゴムを簡単に引き伸ばすことができるのは，形の変化に対する抵抗が小さいからである．実際，輪ゴムを引き伸ばしても体積はほとんど変わらない．$K \gg G$ であるため，ゴムは，通常，変形に際して体積が変化しない物質，**非圧縮物質**(incompressible material)として扱われる．非圧縮物質の体積弾性率は無限大であるので，(4.3) は

$$\sigma = 3G\varepsilon \tag{4.5}$$

となる．

### 4.2.2 大変形弾性論

#### 弾性自由エネルギー密度

前節で述べたのは，数 % 以下の小さな歪みの話である．金属やセラミックなどの硬い材料では，これ以上に大きな変形を与えると，試料は，塑性変形するか，破断を起こしてしまい，力を取り除いても元の形にもどらない．これに対して，ゴムやゲルは，数 100% の大きな歪みを加えても破断せず，元の形に戻る．そのような大きな歪みを加えた場合には，歪みと応力の関係は一般に非線形となる．したがって，ゴムの弾性を記述するには，大変形を想定した弾性論が必要である．

系が平衡状態にある限り，弾性的な性質は弾性自由エネルギーをもとに議論することができる．試料に働く外力を取り除いて，試料を平衡化させた状態を基準状態に選ぶ．試料に変形を加えたときの自由エネルギーと基準状態の自由エネルギーの差を**弾性自由エネルギー**(elastic free energy)という．基準状態の単位体積あたりの弾性自由エネルギーを**弾性自由エネルギー密度**(elastic free energy density)という．

変形の簡単な例は図 4.2(a) に示すような，三つの直交軸にそって，それぞれ $\lambda_1, \lambda_2, \lambda_3$ 倍だけ引き伸ばす変形である．この変形により，変形前に $(R_x, R_y, R_z)$ にあった点は，変形後は

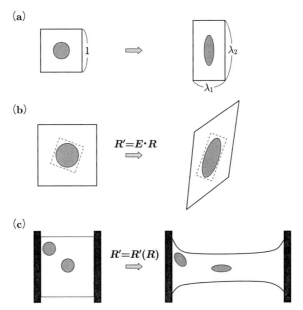

図 4.2 弾性体の変形．(a) 直交軸方向の延伸．(b) 線形変換：適当な座標軸をとれば，直交軸方向の延伸とみなすことができる．(c) 一般の非線形変換：局所的にみれば，線形変換とみなすことができる．

$$R'_x = \lambda_1 R_x, \qquad R'_y = \lambda_2 R_y, \qquad R'_z = \lambda_3 R_z \qquad (4.6)$$

に移動している．このときの弾性自由エネルギー密度を $f(\lambda_i)$ と書くことにする．

以下に示すように，等方的な物質においては，試料に任意の変形を与えたときの弾性自由エネルギーは $f(\lambda_i)$ を使って表すことができる．

### 一様な変形

一般に，弾性体の変形は，物質とともに動く点(これを**物質点**(material point)という)が，変形によりどこに移動したかで表すことができる．基準状態において，位置 $\boldsymbol{R}$ にあった物質点が，変形後に $\boldsymbol{R}'$ に移動したとしよう．$\boldsymbol{R}'$ は，$\boldsymbol{R}$ の関数であり，$\boldsymbol{R}'(\boldsymbol{R})$ と書くことができる．$\boldsymbol{R}'$ が，$\boldsymbol{R}$ の線形変換であるような変形は一様な変形と呼ばれる．一様な変形では

$$R' = E \cdot R \tag{4.7}$$

と表すことができる．ここで，$E$ はテンソルであり**変形勾配テンソル**(deformation gradient tensor)と呼ばれる．このときの弾性自由エネルギー密度を $f(E)$ とする．

本書では，ベクトルやテンソルの $x, y, z$ 成分を示す添え字としてギリシャ文字 $\alpha, \beta, \ldots$ を用いる．また，項のなかに同じギリシャ文字の添え字が現れたとき，その記号については自動的に和をとるという規約(**アインシュタインの規約**(Einstein's notation))を用いることにする．この規約に従えば，(4.7) は，次のように表すことができる：

$$R'_\alpha = E_{\alpha\beta} R_\beta. \tag{4.8}$$

アインシュタインの規約により，右辺は $\sum_{\beta=x,y,z} E_{\alpha\beta} R_\beta$ と同じである．

試料が一様な変形を受けるとき，図 4.2(b)に示されるように，立方体の形状は平行6面体に，球は楕円体となる．しかし，適当な座標系をとってみれば(例えば，図 4.2(b)の点線で表される立方体を考えてみる)，この変形は(a)と同じく三つの直交軸方向への延伸であることを証明することができる[*4]．等方物質では，弾性自由エネルギー $f(E)$ は，伸びの大きさだけに依存し，どちらの方向に伸ばしたかには依存しないはずである．したがって，図 4.2(b) の点線で示した立方体の三つの軸方向の延伸の大きさを $\lambda_1, \lambda_2, \lambda_3$ とすれば，$f(E)$ は図 4.2(a)の変形で定義した $f(\lambda_i)$ と同じになる．$\lambda_i$ ($i=1,2,3$)は**変形の主値**(principal value of deformation)と呼ばれる．$\lambda_i$ は $E$ から作られる対称テンソル

$$B_{\alpha\beta} = E_{\alpha\mu} E_{\beta\mu} \tag{4.9}$$

の固有値の平方根であることを証明することができる．また，$\lambda_i$ は，次の関係を満たすことを証明することができる：

---

[*4] 数学的には次の定理が証明できる．任意のテンソル $E$ は，直交テンソル $Q$ ($Q_{\alpha\gamma} Q_{\beta\gamma} = \delta_{\alpha\beta}$ を満たすテンソル)と対角テンソル $L$ (非対角項がすべて 0 であるテンソル)を用いて $E = Q \cdot L$ と書くことができる．

$$\lambda_1^2+\lambda_2^2+\lambda_3^2 = E_{\alpha\beta}^2 = B_{\alpha\alpha}, \tag{4.10}$$

$$\lambda_1\lambda_2\lambda_3 = \det(\boldsymbol{E}). \tag{4.11}$$

**非一様な変形**

一般の変形の弾性自由エネルギーも $f(\boldsymbol{E})$ を用いて表すことができる．図4.2(c)に示すように，どんな変形であっても，局所的にみれば変形は(4.8)で表される線形変換である．$\boldsymbol{R}$ における変形勾配テンソルは $E_{\alpha\beta}(\boldsymbol{R})=\partial R'_\alpha/\partial R_\beta$ で与えられるので，弾性体全体の弾性自由エネルギーは，$f(\boldsymbol{E})$ を用いて，

$$F_{\text{tot}} = \int d\boldsymbol{R} f(\boldsymbol{E}(\boldsymbol{R})) \tag{4.12}$$

と表すことができる．力を加えたときの試料の変形は，$F_{\text{tot}}$ が与えられた条件のもとで最小になるという条件から決まる．

### 4.2.3　弾性自由エネルギー

ゴムの弾性自由エネルギー密度を，簡単なモデルを使って計算してみよう．ゴムの試料に，(4.8)で表される一様な変形を与えたとする．隣合う架橋点と架橋点の間にある鎖の部分(これを**部分鎖**(partial chain)と呼ぶ)に着目し，そのもっている自由エネルギーを考えよう(図4.3参照)．3.2.2節で示したように，$N$ 個のセグメントからなり，両端間ベクトルが $\boldsymbol{r}$ である鎖の自由エネルギーは $(3k_\text{B}T/2Nb^2)r^2$ である．部分鎖の間の相互作用を無視すると，ゴムの弾性自由エネルギー密度は次のように書くことができる：

$$\begin{aligned}f(\boldsymbol{E}) = &n_\text{c} \int d\boldsymbol{r} \int_0^\infty dN \Psi(\boldsymbol{r},N) \frac{3k_\text{B}T}{2Nb^2}\boldsymbol{r}^2 \\ &-n_\text{c} \int d\boldsymbol{r} \int_0^\infty dN \Psi_0(\boldsymbol{r},N) \frac{3k_\text{B}T}{2Nb^2}\boldsymbol{r}^2 \\ &+f_0(V,T)-f_0(V_0,T).\end{aligned} \tag{4.13}$$

ここで，$n_\text{c}$ は単位体積中の部分鎖の数で，$\Psi_0(\boldsymbol{r},N)$ と $\Psi(\boldsymbol{r},N)$ はそれぞれ基準状態と変形状態において，セグメント数が $N$ で両端間ベクトルが $\boldsymbol{r}$ の部分

**図 4.3** 高分子ネットワーク.

鎖を見出す確率である．(4.13)の最後の2項はゴムの体積変化による自由エネルギーの変化を表す．以下，ゴムを非圧縮物質とみなすので，この項の代わりに $V=V_0$ という拘束条件を課し，最後の2項は省略する．

$\Psi_0(\boldsymbol{r}, N)$ や $\Psi(\boldsymbol{r}, N)$ を求めるには，ゴムの生成時において部分鎖の分布がどうなっているのか，また，変形に際して，部分鎖の両端間ベクトル $\boldsymbol{r}$ がどのように変化するのかを知らなくてはならない．これらはそれぞれむずかしい問題であるので，ここでは簡単な仮定をおく．

1) 基準状態において，$N$ 個のセグメントからなる部分鎖の両端間ベクトル $\boldsymbol{r}$ は同じ長さの理想鎖の両端間ベクトルの分布と同じである．この仮定によると $\Psi_0(\boldsymbol{r}, N)$ は次の式で与えられる：

$$\Psi_0(\boldsymbol{r}, N) = \left(\frac{3}{2\pi N b^2}\right)^{3/2} \exp\left(-\frac{3r^2}{2Nb^2}\right) \Phi_0(N). \tag{4.14}$$

ここで $\Phi_0(N)$ は $N$ の分布関数を表し

$$\int_0^\infty dN \Phi_0(N) = 1 \tag{4.15}$$

を満たす．

2) 部分鎖の両端間ベクトル $\boldsymbol{r}$ は，試料に加えられた巨視的変形と相似に動く．すなわち，基準状態において部分鎖の両端間ベクトルが $\boldsymbol{r}$ であったとすると，変形後には $\boldsymbol{r}' = \boldsymbol{E} \cdot \boldsymbol{r}$ となる．したがって弾性自由エネルギーは

$$f(\boldsymbol{E}) = n_c \int d\boldsymbol{r} \int dN \Psi_0(\boldsymbol{r}, N) \frac{3k_B T}{2Nb^2} \left[(\boldsymbol{E} \cdot \boldsymbol{r})^2 - r^2\right] \tag{4.16}$$

となる．右辺の $\boldsymbol{r}$ についての積分はつぎのようになる：

$$\int d\boldsymbol{r}\Psi_0(\boldsymbol{r},N)(\boldsymbol{E}\cdot\boldsymbol{r})^2 = E_{\alpha\beta}E_{\alpha\gamma}\int d\boldsymbol{r}\Psi_0(\boldsymbol{r},N)r_\beta r_\gamma$$
$$= E_{\alpha\beta}E_{\alpha\gamma}\frac{Nb^2}{3}\delta_{\beta\gamma}\Phi_0(N). \tag{4.17}$$

これを用いて(4.16)の計算をすすめると最終的には次の式が得られる：

$$f(\boldsymbol{E}) = \frac{1}{2}n_c k_B T\left[(E_{\alpha\beta})^2 - 3\right]. \tag{4.18}$$

変形の主値 $\lambda_i$ を用いると，(4.18)は次のように書くこともできる．

$$f(\lambda_i) = \frac{1}{2}n_c k_B T\left[\sum_i \lambda_i^2 - 3\right]. \tag{4.19}$$

### 4.2.4 応用例

**ずり変形**

(4.18)を用いて，ゴムの変形と応力の関係を見てみよう．図4.1(b)に示すずり変形を考える．この変形では，$(x,y,z)$ にあった点は，次のように移動する：

$$x' = x + \gamma y, \quad y' = y, \quad z' = z \tag{4.20}$$

$\gamma$ をずり歪みという．ずり変形では，$E_{\alpha\beta}$ は

$$(E_{\alpha\beta}) = \begin{pmatrix} 1 & \gamma & 0 \\ 0 & 1 & 0 \\ 0 & 0 & 1 \end{pmatrix} \tag{4.21}$$

となる．弾性自由エネルギーを(4.18)にしたがって計算すると

$$f(\gamma) = \frac{1}{2}n_c k_B T \gamma^2 \tag{4.22}$$

となる．系のずり応力 $\sigma$ は $\partial f/\partial \gamma$ で与えられるので，

$$\sigma = n_c k_B T \gamma \tag{4.23}$$

となる．よって，ずり弾性率 $G$ は

$$G = n_c k_B T \tag{4.24}$$

となる.部分鎖の平均の分子量を $M_x$ としよう.高分子の密度(単位体積中の高分子の質量)を $\rho$ とすると,$n_c = \rho/(M_x/N_A)$($N_A$ はアボガドロ数)と書けるので

$$G = \frac{\rho N_A k_B T}{M_x} = \frac{\rho R_G T}{M_x} \tag{4.25}$$

となる.ここで $R_G = N_A k_B$ はガス定数である.(4.25)の表式は,理想気体の体積弾性率の表式 $K = \rho R_G T/M$ と同じ形をしている.理想気体では気体分子の分子量 $M$ となっているものが,ゴムでは部分鎖の分子量 $M_x$ となっている.$M_x$ は**架橋点間分子量**(molecular weight between cross-links)と呼ばれる.$M_x$ は架橋の量で決まっている.架橋を少なくすれば,$M_x$ は大きくなり,ゴムはいくらでも柔らかくすることができる.

**一軸伸張**

図 4.1(c)に示す一軸伸張を考える.試料を $z$ 軸方向に $\lambda$ だけ引き伸ばすと,試料は体積を一定に保つため,$x$ 軸,$y$ 軸方向に $1/\sqrt{\lambda}$ だけ収縮する.よって,変形勾配テンソルは

$$(E_{\alpha\beta}) = \begin{pmatrix} 1/\sqrt{\lambda} & 0 & 0 \\ 0 & 1/\sqrt{\lambda} & 0 \\ 0 & 0 & \lambda \end{pmatrix} \tag{4.26}$$

となる.このときの弾性自由エネルギーは

$$f(\lambda) = \frac{1}{2} G \left( \lambda^2 + \frac{2}{\lambda} - 3 \right) \tag{4.27}$$

となる.$F$ を $\lambda$ で偏微分したものは,試料に加えるべき力 $\tilde{\sigma}$ を与える:

$$\tilde{\sigma} = \frac{\partial f}{\partial \lambda} = G \left( \lambda - \frac{1}{\lambda^2} \right). \tag{4.28}$$

$\tilde{\sigma}$ は,単位体積の試料を $\lambda$ 倍に引き伸ばすのに必要な力を表している.試料を引き伸ばすと,断面積は $1/\lambda$ になるので,応力(変形後の試料の単位面積に

かかる力)は次のようになる：

$$\sigma = \lambda \tilde{\sigma} = G\left(\lambda^2 - \frac{1}{\lambda}\right). \tag{4.29}$$

伸びが小さく $\lambda = 1+\varepsilon$ ($\varepsilon \ll 1$) と書ける場合には

$$\sigma = 3G\varepsilon \tag{4.30}$$

となっており，(4.5)の関係が確かに成り立っていることがわかる．

(4.29)によれば応力を大きくすれば，伸び $\lambda$ はいくらでも大きくすることができる．しかし実際には $N$ 個のセグメントからなる鎖は $\sqrt{N}$ 倍以上には伸ばすことはできないので，伸びの大きな時には(4.29)式は成立しない．これを改めるには，(3.85)のような，伸びきりの効果をいれた鎖の模型を用いればよい．

上の二つの例ではずり変形や一軸伸張について，応力を計算した．一般の変形についても，応力は弾性自由エネルギー密度 $f(\boldsymbol{E})$ から計算することができる．これについては付録4-1で述べる．

### ゴム風船

図 4.4(a)に示すように，半径 $R$，厚さ $h$ の球形のゴム膜でできたゴム風船のふくらみを計算してみよう．風船に空気を吹き込んで，内側の圧力を外側に比べて $\Delta P$ だけ高くする．ゴム風船の半径が $\lambda$ 倍になるとゴムの膜は，面内に $\lambda$ 倍に引き伸ばされる．よって $\lambda_1 = \lambda_2 = \lambda$ である．一方，体積一定の条件から，厚み方向の伸びは $\lambda_3 = 1/\lambda^2$ となる．よって，系の自由エネルギーは次のようになる：

$$F_{\text{tot}} = 4\pi R^2 h \frac{1}{2} G\left(2\lambda^2 + \frac{1}{\lambda^4} - 3\right) - \frac{4\pi}{3} R^3 \Delta P(\lambda^3 - 1). \tag{4.31}$$

(4.31)の第1項はゴム膜の伸張にともなう弾性自由エネルギーを表し，第2項は圧力差 $\Delta P$ による仕事を表す．平衡状態における $\lambda$ は $\partial F_{\text{tot}}/\partial \lambda = 0$ という条件より決まる．これより，

$$\frac{R\Delta P}{Gh} = 2\left(\frac{1}{\lambda} - \frac{1}{\lambda^7}\right). \tag{4.32}$$

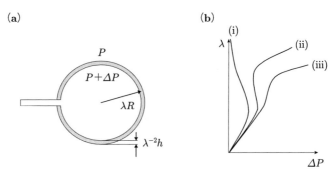

図 4.4 (a) ゴム風船に圧力 $\Delta P$ を加えたときの風船のふくらみ．(b) 風船のふくらみ $\lambda$ と圧力の関係．

(4.32) で与えられる風船の中の圧力と膨らみの関係を図 4.4(b) の (i) に示す．これによれば，圧力がある値を越すと $F_{\text{tot}}$ には安定な極小が存在しなくなり，風船は破裂してしまう．前節に述べた，鎖の伸びきりの効果を入れると，圧力と膨らみの関係は図の (ii) あるいは (iii) のようになる．(ii) の場合には，風船はある圧力のところで急に (不連続的に) 膨らむ．(iii) の場合には不連続的な変化はないが，ある圧力のところで，急に膨らむ．

## 4.3 ゲル

### 4.3.1 ゲルの自由エネルギー

ゲルは，高分子のネットワークと溶媒が均一に混合した系である．ゲルは溶媒を吸収したり，排出したりすることにより，体積が変化する．例えば，図 4.5(a) に示すように，溶媒の温度を変えて，高分子と溶媒の親和性をよくすると，ゲルは，溶媒を吸い込んで，体積が大きくなる．この現象を**膨潤** (swelling) という．逆に高分子と溶媒の親和性を悪くすると，ゲルは収縮する．これを**脱膨潤** (de-swelling) という．ゲルの体積変化は，外力によっても引き起こすことができる．例えば，図 4.5(b) のように，ゲルの上に重りをのせてゲルを圧縮すると，ゲルから溶媒がしみ出してゲルの体積は小さくなる．

これらの現象を記述するために，ゲルの自由エネルギー密度を考える．図 4.5(a) に示すように，温度 $T_0$ の溶媒のなかで平衡にあるゲルを考えこれを基

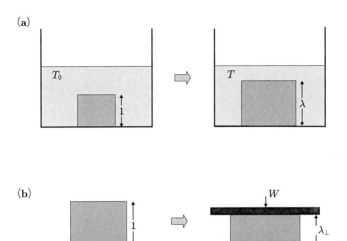

**図 4.5** (a)自然状態のゲルの膨潤平衡．(b)ゲルを圧縮したときの膨潤平衡．

準状態とする．基準状態にあるゲルを三つの直交する軸にそって，$\lambda_1, \lambda_2, \lambda_3$ 倍に引き伸ばし温度 $T$ の溶媒につけて平衡化したときのゲルの自由エネルギー密度を $f_{\rm gel}(\lambda_i, T)$ とする．$f_{\rm gel}(\lambda_i, T)$ は基準状態において，単位体積を占めていたゲルの自由エネルギーを表す．ゴムの場合と同様 $f_{\rm gel}(\lambda_i, T)$ がわかれば，任意の温度，荷重条件のもとでのゲルの平衡状態を計算することができる．

$f_{\rm gel}(\lambda_i, T)$ は二つの部分からなっていると考えることができる．一つはゲルを構成する高分子鎖の弾性自由エネルギー $f_{\rm el}(\lambda_i, T)$ であり，これは，ゴム弾性と同じ起源をもつものである．もう一つは，高分子と溶媒の混合の自由エネルギー $f_{\rm mix}(\phi, T)$ であり，これは，高分子溶液の混合の自由エネルギーと同じ起源をもつものである．

高分子鎖の弾性による自由エネルギー $f_{\rm el}(\lambda_i, T)$ は

$$f_{\rm el}(\lambda_i, T) = \frac{G_0}{2}(\lambda_1^2 + \lambda_2^2 + \lambda_3^2 - 3) \tag{4.33}$$

と書くことができる(ここで $G_0$ は基準状態のずり弾性率である)．

高分子と溶媒の混合の自由エネルギー $f_{\text{mix}}$ は 3.4.3 節で述べた高分子溶液の自由エネルギーと同じであると考えることができる．変形によって，ゲルの体積は $\lambda_1\lambda_2\lambda_3$ 倍になるので，変形後の高分子の重量分率 $\phi$ は

$$\phi = \frac{\phi_0}{\lambda_1\lambda_2\lambda_3} \tag{4.34}$$

となる．したがって，$f_{\text{mix}}$ は濃度 $\phi$ の高分子溶液の自由エネルギー密度 $f_{\text{sol}}$ を用いて計算することができる．格子モデルを用いれば $f_{\text{sol}}$ は (3.61) のように与えられているが，ここで注意が必要である．(3.61) は濃度 $\phi$ の高分子溶液の単位体積あたりの自由エネルギーを表しているが，求めるべき $f_{\text{mix}}$ は，基準状態で単位体積にあった高分子溶液の濃度 $\phi$ における自由エネルギーである．変形によって，ゲルの体積は $\phi_0/\phi$ 倍になっているので，$f_{\text{mix}}$ は次の式で与えられる：

$$f_{\text{mix}}(\phi, T) = \frac{\phi_0}{\phi} f_{\text{sol}}(\phi, T). \tag{4.35}$$

ゲルの分子量は無限大であるとみなすことができるので，(3.61) の第 1 項は 0 とおくことができるので，$f_{\text{sol}}(\phi, T)$ は次のようになる：

$$f_{\text{sol}}(\phi, T) = \frac{k_B T}{v_c}\left[(1-\phi)\ln(1-\phi) + \chi(T)\phi(1-\phi)\right]. \tag{4.36}$$

以上をまとめると，ゲルの自由エネルギーは次の式で与えられる：

$$f_{\text{gel}}(\lambda_i, T) = \frac{G_0}{2}(\lambda_1^2 + \lambda_2^2 + \lambda_3^2 - 3) + \frac{\phi_0}{\phi}f_{\text{sol}}(\phi, T). \tag{4.37}$$

以下，この表式を用いて，ゲルの平衡状態を議論する．

### 4.3.2 ゲルの膨潤平衡

図 4.5(a) に示すような温度 $T$ で溶媒と膨潤平衡にあるゲルを考えよう．膨潤にともなうネットワークの変形は等方的であるから，$\lambda_1=\lambda_2=\lambda_3=\lambda$ と置くことができる．$\lambda$ は，高分子の重量分率 $\phi$ を用いて $\lambda=(\phi_0/\phi)^{1/3}$ と表すことができる．よって，ゲルの自由エネルギー密度は次のように書ける：

$$f_{\text{gel}}(\phi,T) = \frac{3G_0}{2}\left[\left(\frac{\phi_0}{\phi}\right)^{2/3}-1\right]+\frac{\phi_0}{\phi}f_{\text{sol}}(\phi,T). \tag{4.38}$$

ゲルの膨潤平衡は(4.38)を最小にする $\phi$ によって与えられる．$\partial f_{\text{gel}}/\partial\phi=0$ より，

$$G_0\left(\frac{\phi}{\phi_0}\right)^{1/3} = \phi f'_{\text{sol}}-f_{\text{sol}} \tag{4.39}$$

となる．右辺は，濃度 $\phi$ の高分子溶液の浸透圧を $\Pi_{\text{sol}}(\phi,T)$ に等しい．よって，ゲルの膨潤平衡の条件は次のように書くことができる：

$$\Pi_{\text{sol}}(\phi,T) = G_0\left(\frac{\phi}{\phi_0}\right)^{1/3}. \tag{4.40}$$

この式の左辺は，浸透圧によって，高分子が広がろうとする力を表し，右辺は，高分子ネットワークの弾性によって広がりを押さえようとする力を表す．ゲルの膨潤平衡はこの二つの力のつりあいで決まっている．(4.40)の解 $\phi$ を用いて，膨潤平衡にあるゲルの体積は $V=V_0\phi_0/\phi$ と表される．

混合の自由エネルギー $f_{\text{sol}}$ が，(4.36)で与えられる場合，浸透圧 $\Pi_{\text{sol}}$ は次のようになる：

$$\Pi_{\text{sol}}(\phi,T) = \frac{k_\text{B}T}{v_\text{c}}\left(-\ln(1-\phi)-\phi-\chi\phi^2\right). \tag{4.41}$$

右辺のなかで，高分子と溶媒の親和性を表すパラメータ $\chi$ は温度の関数である．したがって，以下，温度を変える代わりに $\chi$ を変えて考えることにする．

図 4.6(a)に $\chi$ を変えたときの $\Pi_{\text{sol}}(\phi,T)$ と，(4.40)の右辺を $\phi$ の関数としてグラフに表した．(4.40)の解は二つのグラフの交点で与えられる．図 4.6(b)には，このようにして得られた $\phi$ を $\chi$ の関数として示してある．$\chi$ が増大するにつれ(すなわち，高分子と溶媒の親和性が減少するにつれ)高分子濃度 $\phi$ は大きくなり，ゲルの体積は小さくなる．とくに $\phi\ll 1$ の場合には，$\Pi_{\text{sol}}(\phi)$ は

$$\Pi_{\text{sol}}(\phi,T) = \frac{k_\text{B}T}{v_\text{c}}\left(\frac{1}{2}-\chi\right)\phi^2 \tag{4.42}$$

と近似できるので，(4.41)の解を解析的に求めることができる：

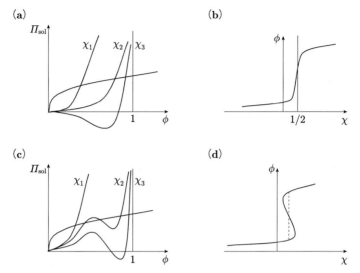

**図 4.6** (a)方程式(4.40)のグラフによる解法.ここで $\chi_1 < \chi_2 < \chi_3$ である.(b)得られた解 $\phi$ の $\chi$ 依存性.この場合,平衡体積は $\chi$ とともに連続的に変わる.(c),(d)体積相転移が起こる場合の対応するグラフ.

$$\phi = \phi_0 \left[ \frac{G_0 v_c}{k_B T \phi_0^2} \frac{1}{1/2 - \chi} \right]^{3/5}. \tag{4.43}$$

(4.43)によれば $\chi$ が 1/2 に近づくにつれ,ゲルの体積は急速に小さくなる.これは,3.3.2節で述べた孤立高分子のコイル‒グロビュール転移に対応する現象である.

### 4.3.3 体積相転移

第2章で述べたように,溶液の浸透圧 $\Pi$ は,通常,$\phi$ の増加関数であるが,相分離が起こるような条件では,$\Pi$ は極大と極小をもつようになる.このような高分子と溶媒からなるゲルは,変わった膨潤の振る舞いを示す.$\chi$ を変えていったとき $\Pi(\phi)$ が図 4.6(c) に示すように変化する場合を考えよう.この場合には,ある $\chi$ の範囲において(4.40)が三つの解をもつようになり,$\chi$ と $\phi$ の関係は図 4.6(d) のようになる.このような場合には,$\chi$ を連続的に変化させていったとき,ある値のところで,$\phi$ は不連続的に変化する.すなわち,あ

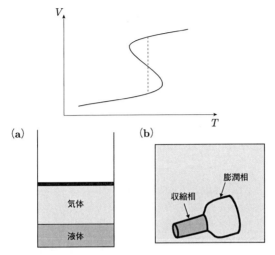

**図 4.7** 気液相転移，およびゲルの体積相転移における体積の温度依存性と，2相共存状態．(a)気液相転移における2相共存状態．(b)ゲルの体積相転移における2相共存状態．

る $\chi$ のところで，ゲルの平衡体積が不連続的に変化する．このような現象は，イオン性のゲルで観測されており，**体積相転移**(volume transition)と呼ばれている．

ゲルの体積相転移は，流体の気液相転移と似ている現象であるが，相異点もある．両者の本質的な違いは，気液相転移が流体で起こる相転移であるのに対し，ゲルの体積相転移は弾性体で起こる相転移であるという点である．この違いは相転移の途中に見ることができる．

図 4.7(a)に示すように，気液相転移が起きるときには，気体状態と，液体状態とが共存する．流体系で二つの相が共存するときには，界面エネルギーが存在するが，これは，バルクのエネルギーに比べて無視できるほど小さい．一方，ゲルの体積相転移において，収縮状態と膨潤状態が共存すると，図 4.7(b)に示すようにそれぞれの相は弾性変形することを余儀なくされる．弾性自由エネルギーは系の体積に比例するので，これは体積相転移が起きる温度に対して本質的な影響を与える．これについては，第9章で再び議論する．

### 4.3.4 ゲルの一軸圧縮

図 4.5(b) に示すように,温度 $T$ において膨潤平衡にある平板状のゲルの上に重りを載せたとしよう.荷重のもとでは,ゲルは鉛直方向には縮むが水平方向には伸びる.ゲルの鉛直方向と水平方向の伸びをそれぞれ $\lambda_\perp$, $\lambda_\parallel$ としよう.

ゲルを圧縮した直後には,ゲルの中の溶媒は外に出る間がないので,ゲルの体積は一定に保たれる.したがって,圧縮直後の水平方向の伸び $\lambda_{\parallel 0}$ は

$$\lambda_{\parallel 0} = \frac{1}{\sqrt{\lambda_\perp}} \tag{4.44}$$

で与えられる.しかし,時間がたつと,溶媒が外に押し出され,ゲルの体積は縮んでいく.

平衡に達したときの体積変化を求めてみよう.圧縮前のゲルの高分子濃度を $\phi_e$ とする.$\phi_e$ は (4.40) の解である.このゲルを鉛直方向と水平方向にそれぞれ $\lambda_\perp$, $\lambda_\parallel$ 倍だけ引き伸ばすとゲルの基準状態からの伸びはそれぞれ $(\phi_0/\phi_e)^{1/3}\lambda_\perp$, $(\phi_0/\phi_e)^{1/3}\lambda_\parallel$ となる.よって,自由エネルギーは

$$f_{\text{gel}} = \frac{G_0}{2}\left(\frac{\phi_0}{\phi_e}\right)^{2/3}(\lambda_\perp^2 + 2\lambda_\parallel^2 - 3) + \frac{\phi_0}{\phi}f_{\text{sol}}(\phi, T) \tag{4.45}$$

と書ける.圧縮による体積変化は $\lambda_\perp \lambda_\parallel^2 = \phi_e/\phi$ と表されるので $\lambda_\parallel$ は $\phi$ を用いて

$$\lambda_\parallel = \left(\frac{\phi_e}{\lambda_\perp \phi}\right)^{1/2} \tag{4.46}$$

と表される.これを用いるとゲルの自由エネルギーは

$$f_{\text{gel}} = \frac{G_0}{2}\left(\frac{\phi_0}{\phi_e}\right)^{2/3}\left[\lambda_\perp^2 + \frac{2\phi_e}{\lambda_\perp \phi} - 3\right] + \frac{\phi_0}{\phi}f_{\text{sol}}(\phi, T) \tag{4.47}$$

となる.$\lambda_\perp$ を与えたときの平衡状態の濃度 $\phi$ は条件 $\partial f_{\text{gel}}/\partial \phi = 0$ により求まる.この条件は次の式を与える:

$$G_0\left(\frac{\phi_e}{\phi_0}\right)^{1/3}\frac{1}{\lambda_\perp} = \Pi_{\text{sol}}(\phi, T). \tag{4.48}$$

(4.48) は,ゲルの鉛直方向の長さを $\lambda_\perp$ 倍にしたとき,平衡状態の高分子濃度 $\phi$ (あるいはゲルの体積) を決める式である.$\lambda_\perp = 1$ のときの (4.48) の解は

$\phi=\phi_e$ で与えられる．安定なゲルでは $\partial\Pi/\partial\phi>0$ であるので，$\lambda_\perp<1$ の時には，(4.48)の解は $\phi_e$ より大きくなっている．すなわち，ゲルに荷重をかけると，ゲルは溶媒をはきだして，体積が小さくなる．

## 付録 4-1　大変形弾性論における応力

応力とは，物質内に考えた面について，面の片方が他方に及ぼす単位面積あたりの力のことである[*5]．応力はテンソルで表される．応力テンソルの成分 $\sigma_{\alpha\beta}$ は $\beta$ 軸に垂直な面をとおして，面の上方の物質が面の下方の物質におよぼす単位面積あたりの力の $\alpha$ 成分を表す(例えば，図 4.1(b) のずり応力は応力成分 $\sigma_{xy}$ を表し，(c)の伸張応力 $\sigma$ は応力成分 $\sigma_{zz}$ を表す)．

応力は弾性自由エネルギー密度 $f(\boldsymbol{E})$ から次のように求めることができる．応力 $\sigma_{\alpha\beta}$ がかかっている試料に，微小な歪み $\delta\varepsilon_{\alpha\beta}$ を加えて，$r_\alpha$ にあった点を $\delta r_\alpha=\delta\varepsilon_{\alpha\beta}r_\beta$ だけ移動させたとする．このとき，試料に与えた仕事は $\delta W=V\sigma_{\alpha\beta}\delta\varepsilon_{\alpha\beta}$ である($V$ は試料の現在の体積)．等温変形ではこの仕事は自由エネルギーの変化量 $V_0\delta f$ に等しい($V_0$ は試料の基準状態の体積)：

$$V_0\delta f = V\sigma_{\alpha\beta}\delta\varepsilon_{\alpha\beta}. \tag{4.49}$$

体積 $V$ は基準状態の体積 $V_0$ と $V=\det(\boldsymbol{E})V_0$ の関係があるので，

$$\delta f = \det(\boldsymbol{E})\sigma_{\alpha\beta}\delta\varepsilon_{\beta\alpha} \tag{4.50}$$

という関係が成立する[*6]．

微小歪み $\delta\varepsilon_{\alpha\beta}$ を加えると変形勾配テンソルは

$$\delta E_{\alpha\beta} = \delta\varepsilon_{\alpha\mu}E_{\mu\beta} \tag{4.51}$$

だけ変化する．このとき，弾性自由エネルギーは $(\partial f/\partial E_{\alpha\beta})\delta E_{\alpha\beta}$ だけ変化するので，(4.50)，(4.51)より

---

[*5] 応力についての詳しい解説は第 10 章で行なう．
[*6] ゴムでは，体積が変わらないので $\det(\boldsymbol{E})=1$ とおいてよいが，ここでは，議論に一般性をもたすために，体積が変化する場合も考えた．

$$\det(\boldsymbol{E})\sigma_{\alpha\beta}\delta\varepsilon_{\beta\alpha} = \frac{\partial f(\boldsymbol{E})}{\partial E_{\alpha\beta}}\delta\varepsilon_{\alpha\mu}E_{\mu\beta}. \tag{4.52}$$

よって

$$\sigma_{\alpha\beta} = \frac{1}{\det(\boldsymbol{E})}E_{\alpha\mu}\frac{\partial f}{\partial E_{\beta\mu}}. \tag{4.53}$$

ゴムの場合には，体積が変化しないので $\det(\boldsymbol{E})=1$ である．これを(4.18)に適用すると

$$\sigma_{\alpha\beta} = GE_{\alpha\mu}E_{\beta\mu} - P\delta_{\alpha\beta} = GB_{\alpha\beta} - P\delta_{\alpha\beta} \tag{4.54}$$

となる．ここで最後の項は非圧縮の条件 $\delta\varepsilon_{\alpha\alpha}=0$ より生じた項である[*7]．(4.54)が，弾性変形自由エネルギー(4.18)に対する応力と変形を関係付ける式である．

ずり変形の場合は，変形テンソルの表式(4.21)から(4.54)を用いてずり応力 $\sigma_{xy}$ を計算すると(4.23)が得られることは，すぐに確かめることができる．

一軸伸張の場合には，変形テンソル(4.26)より，

$$\sigma_{xx} = G\frac{1}{\lambda} - P, \tag{4.55}$$

$$\sigma_{zz} = G\lambda^2 - P \tag{4.56}$$

が得られる．試料の側面には力が働いていないので，$\sigma_{xx}=0$ である．これより $P=G/\lambda$ となるので，(4.56)は(4.29)と同じ結果を与える．

---

[*7] $-P\delta_{\alpha\beta}$ の項は，(4.13)の最後の 2 項から生じる項であるということもできる．

# 5 液晶

## 5.1 はじめに

　液晶とは，等方的な液体と結晶のあいだに見られる中間的な秩序をもった相のことである．液晶のもつ秩序相にはさまざまなものがあるが，典型的なものは，細長い分子のつくるネマチック相である．ネマチック相において，分子の重心は通常の液体のようにランダムに分布しているが，分子の向きは一つの方向にそろっている．

　液晶を構成する分子はナノメートル(nm)サイズの小さなものであるが，分子の向きをそろえようとする相互作用の結果，運動の単位は分子のスケールに比べてずっと大きくなる．そのため，液晶の光学軸の向きは，弱い電場や磁場によって簡単に変えることができる．この特性を利用して，液晶は，表示用のデバイスにたくさん使われている．

　ソフトマターの分類からいえば，液晶は，分子そのものの構造ではなく相互作用の結果生まれる秩序構造が重要となる系である．この章では，液晶を例にとり，分子の相互作用がどのようにして秩序構造を形成するのか，また，秩序相と無秩序相で外場に対する応答が，どのように異なるかについて述べていく．

## 5.2 液晶の相転移

### 5.2.1 ネマチック相の構造

　通常の液体は等方的であるが，液晶は異方的な液体である．液晶の一つであるネマチック相(nematic phase)は一軸対称性をもった異方的な液体である．

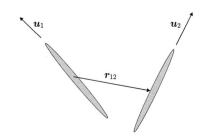

図 **5.1** 細長い分子の相互作用ポテンシャル.

ネマチック相は配向軸と呼ばれる軸をもっており,この軸方向の性質とそれに垂直な方向の性質が違っている.たとえば,ネマチック相を光が進むとき,配向軸方向に偏光した光と,これに垂直な方向に偏光した光とでは,進む速度が異なっている.つまり,ネマチック相の屈折率は,光の偏光の方向によって異っている.

配向軸の方向を単位ベクトル $n$ で表し,これを**配向ベクトル**(director)と呼ぶ.配向ベクトルの方向は,電場を加えることによって,簡単に変えることができるので,ネマチック相の光学的な性質は電場によって,変えることができる.ディスプレーに用いられている液晶は,この性質が利用されている.

ネマチック相は,図5.1に示すような細長い形をした分子からなっている.ネマチック相が異方性を示すのは,分子の向きが等方的でなく,異方的になっているからである.分子の向きを単位ベクトル $u$ で表し,その分布を考えよう.分子の向きが等方的であれば,$u$ は単位球面上に一様に分布しているが,分子の向きが異方的になれば,単位球面上の分布に偏りが現れる.単位球面上の面積要素を $du$ とし,$u$ を中心とする面積 $du$ の領域に分子を見出す確率を $\psi(u)du$ とする.$\psi(u)$ は**配向分布関数**(orientational distribution function)と呼ばれる.

配向分布関数は $\int du \psi(u) = 1$ となるように規格化されている.等方性液体では,分布が一様なので

$$\psi(u) = \frac{1}{4\pi} \tag{5.1}$$

である.一方,ネマチック相においては,$u$ の分布は $n$ の方向に偏っている.

## 5.2.2 秩序・無秩序転移

ネマチック液晶の温度を上げると，液晶の異方性は次第に減ってゆき，ある温度でネマチック相は通常の等方的な液体の相(**等方相**(isotropic phase))に転移する．ネマチック相から等方相への転移のように，ある温度を境にして物質の対称性が変化するような転移は，一般に**秩序・無秩序転移**(order-disorder transition)と呼ばれる．対称性の低い相(この例では，ネマチック相)は秩序相と呼ばれ，対称性の高い相(等方相)は秩序相と呼ばれる．無秩序相が秩序相に転移すると，無秩序相の持っていた対称性の一部は失われる．これを**対称性の破れ**(symmetry breaking)と呼ぶ．例えば，等方相は，任意の軸の周りの回転に対する対称性をもっているが，ネマチック相は，配向ベクトルを軸とする回転対称性しかもっていない．等方相がネマチック相に転移するときに，配向ベクトルと直交する軸の周りの回転対称性が破れている．

秩序・無秩序転移は，**秩序パラメータ**(order parameter)と呼ばれる秩序の程度を表すパラメータで特徴づけることができる．ここで，秩序パラメータとは無秩序相では0であるが秩序相では0でない値をとるパラメータのことである．

ネマチック相と等方相の違いは，配向分布関数が等方的であるか，偏りがあるかの違いである．そこで配向分布関数の偏りを表す秩序パラメータが何であるかについて考えて見よう．

配向分布の偏りの程度を表す量として，直ぐに思いつくのは $P=\langle \boldsymbol{n}\cdot\boldsymbol{u}\rangle$ である．ここで $\langle ... \rangle$ は分布関数 $\psi(\boldsymbol{u})$ についての平均を表す：

$$\langle ... \rangle = \int d\boldsymbol{u} ... \psi(\boldsymbol{u}). \tag{5.2}$$

しかし，$\langle \boldsymbol{n}\cdot\boldsymbol{u}\rangle$ はネマチック相の分子の偏りを表す量としては適当ではない．なぜなら，ネマチック相の分子は，通常，極性をもっていないので，分子が $\boldsymbol{u}$ の方向を向いている確率と $-\boldsymbol{u}$ の方向を向いている確率は等しいので，分子の向きの偏りがあるなしにかかわらず $\langle \boldsymbol{n}\cdot\boldsymbol{u}\rangle$ は常に0になってしまうからである．

そこで，$\langle (\boldsymbol{n}\cdot\boldsymbol{u})^2\rangle$ を考えることにしよう．分子の向きが等方的であれば，

$\langle(\boldsymbol{n}\cdot\boldsymbol{u})^2\rangle$ は 1/3 である*1 が，分子の向きが $\boldsymbol{n}$ の方向に偏っているときには，$\langle(\boldsymbol{n}\cdot\boldsymbol{u})^2\rangle$ は 1/3 より大きくなる．そこで，分子の向きの偏りを表すパラメータとして，次のような量を考える：

$$S = \frac{3}{2}\left\langle (\boldsymbol{n}\cdot\boldsymbol{u})^2 - \frac{1}{3} \right\rangle. \tag{5.3}$$

$S$ は等方相で 0 であり，ネマチック相で正の値をとる．$S$ のことをネマチック液晶の**秩序パラメータ**と呼ぶ．$S$ の定義式で係数 3/2 をつけたのは，分子がすべて $\boldsymbol{n}$ の方向を向いたときに秩序パラメータの値が 1 となるようにするためである．

### 5.2.3 マイヤー‐ザウペの理論

細長い分子のネマチック相転移を説明する理論として，**オンサガーの理論** (Onsager theory) と**マイヤー‐ザウペの理論** (Maier-Saupe theory) がよく知られている．オンサガーの理論は，棒状高分子溶液の濃度を変化させたときのネマチック相の形成に関する理論である．この理論については付録 5-1 で述べる．一方，マイヤー‐ザウペの理論は，低分子液晶の温度を変化させたときの相転移に関する理論である．マイヤー‐ザウペの理論はいくつかの仮定と近似を含んでいるが，温度を変えたときの低分子液晶の相転移を記述する理論として広く受け入れられている．ここでは，この理論を紹介する．

図 5.1 に示したような回転楕円体形をした細長い分子を考えよう．そのような分子の間に働く相互作用ポテンシャルはそれぞれの分子の重心を結ぶベクトル $\boldsymbol{r}_{12}$ だけでなく，それぞれの分子の向きを表す単位ベクトル $\boldsymbol{u}_1$, $\boldsymbol{u}_2$ に依存する．したがって，二つの分子の間の相互作用エネルギーは $w(\boldsymbol{r}_{12}, \boldsymbol{u}_1, \boldsymbol{u}_2)$ と書くことができる．分子には極性がないから，分子の向きを反転させても相互作用は変わらない．よって

$$w(\boldsymbol{r}_{12}, \boldsymbol{u}_1, \boldsymbol{u}_2) = w(\boldsymbol{r}_{12}, -\boldsymbol{u}_1, \boldsymbol{u}_2) = w(\boldsymbol{r}_{12}, \boldsymbol{u}_1, -\boldsymbol{u}_2) \tag{5.4}$$

このような性質をもつ分子間ポテンシャルとして次のようなポテンシャルを仮

---

*1 これは次のようにしてわかる．$\boldsymbol{n}$ の方向を $z$ 軸に選ぶ．$\boldsymbol{u}$ の分布が等方的であれば $\langle u_x^2 \rangle = \langle u_y^2 \rangle = \langle u_z^2 \rangle$ である．一方，$u_x^2 + u_y^2 + u_z^2 = 1$ であるので，$\langle u_z^2 \rangle = 1/3$ となる．

定する:

$$w(\boldsymbol{r}_{12}, \boldsymbol{u}_1, \boldsymbol{u}_2) = w_\mathrm{i}(r_{12}) + w_\mathrm{a}(r_{12})(\boldsymbol{u}_1 \cdot \boldsymbol{u}_2)^2. \tag{5.5}$$

第1項は,分子の方向によらず重心間の距離だけで決まる相互作用を表し,第2項は,分子の方向に依存する相互作用を表す.液晶の転移で重要となるのは第2項である.(5.5)の中には,$\boldsymbol{u}_1 \cdot \boldsymbol{u}_2$ の2次の項はあるが1次の項はないことに注意して欲しい.1次の項があれば,(5.4)が満たされないからである.

液体中で $\boldsymbol{u}$ の方向を向いている分子に対して,周りの分子がつくる平均のポテンシャル場 $w_\mathrm{mf}(\boldsymbol{u})$ は次のように書ける:

$$w_\mathrm{mf}(\boldsymbol{u}) = \int d\boldsymbol{r}_{12} d\boldsymbol{u}_2 w(\boldsymbol{r}_{12}, \boldsymbol{u}, \boldsymbol{u}_2) g_2(\boldsymbol{r}_{12}, \boldsymbol{u}_2). \tag{5.6}$$

ここで,$g_2(\boldsymbol{r}_{12}, \boldsymbol{u}_2)$ は着目している分子から $\boldsymbol{r}_{12}$ だけ離れた位置において $\boldsymbol{u}_2$ の方向を向いている分子の数密度を表す.$g_2(\boldsymbol{r}, \boldsymbol{u})$ を $\boldsymbol{u}$ で積分したものが,第3章で定義された2体相関関数 $g(\boldsymbol{r})$ である.$\boldsymbol{u}_2$ の分布は $\boldsymbol{r}_{12}$ によらないと仮定すると $g_2(\boldsymbol{r}_{12}, \boldsymbol{u}_2)$ は次のように書ける:

$$g_2(\boldsymbol{r}_{12}, \boldsymbol{u}_2) = g_2(r_{12}) \psi(\boldsymbol{u}_2). \tag{5.7}$$

(5.5)-(5.7) より

$$\begin{aligned} w_\mathrm{mf}(\boldsymbol{u}) &= \int d\boldsymbol{r}_{12} d\boldsymbol{u}_2 w_\mathrm{i}(r_{12}) g_2(r_{12}) \psi(\boldsymbol{u}_2) \\ &+ \int d\boldsymbol{r}_{12} d\boldsymbol{u}_2 (\boldsymbol{u} \cdot \boldsymbol{u}_2)^2 w_\mathrm{a}(r_{12}) g_2(r_{12}) \psi(\boldsymbol{u}_2) \end{aligned} \tag{5.8}$$

第1項は $\boldsymbol{u}$ によらない一定値を与える.そのような項は液晶転移に関係ないので,以下 $w_\mathrm{mf}$ における $\boldsymbol{u}$ によらない項は省略することにする.第2項で $\boldsymbol{r}_{12}$ の積分を実行すると

$$w_\mathrm{mf}(\boldsymbol{u}) = \mathrm{const} - U \int d\boldsymbol{u}_2 (\boldsymbol{u} \cdot \boldsymbol{u}_2)^2 \psi(\boldsymbol{u}_2). \tag{5.9}$$

ここで $U$ は

$$U = -\int d\boldsymbol{r}_{12} w_\mathrm{a}(r_{12}) g_2(r_{12}) \tag{5.10}$$

で与えられる．$U$ は，分子の向きの相互作用を特徴づけるパラメータである．$U>0$ であれば，$\bm{u}$ は周りの分子と平行（または反平行）になったときエネルギーが小さくなる．分子が液晶を形成するためには $U>0$ でなくてはならない．以下 $U>0$ として話を進める．

平均場(5.9)の中で，分子の向きはボルツマン分布していると考えれば $\bm{u}$ の分布は次のようになる：

$$\psi(\bm{u}) = \frac{e^{-\beta w_{\mathrm{mf}}(\bm{u})}}{\int d\bm{u}\, e^{-\beta w_{\mathrm{mf}}(\bm{u})}}. \tag{5.11}$$

(5.9)，(5.11)は分布関数 $\psi(\bm{u})$ についての積分方程式を与えている．この方程式は厳密に解くことができる．

$\bm{u}$ の三つの成分を $u_\alpha\,(\alpha=x,y,z)$ と書くと，(5.9)は次のようになる：

$$\begin{aligned} w_{\mathrm{mf}}(\bm{u}) &= -U\langle (\bm{u}\cdot\bm{u}')^2 \rangle \\ &= -U u_\alpha u_\beta \langle u'_\alpha u'_\beta \rangle. \end{aligned} \tag{5.12}$$

ここで $\bm{u}'$ は $\bm{u}_2$ を表し，$\langle ... \rangle$ は分布関数 $\psi(\bm{u}')$ についての平均を表す．また $\bm{u}$ によらない定数項は省略した．計算を進めるため，(5.3)の $\bm{n}$ の方向を $z$ 軸に選ぶ．$\psi(\bm{u}')$ は $z$ 軸周りの軸対称性をもっているから $\langle u_x'^2\rangle=\langle u_y'^2\rangle=(1-\langle u_z'^2\rangle)/2$ が成り立つ．これと $S$ の定義((5.3))

$$S = \frac{3}{2}\left\langle u_z^2 - \frac{1}{3}\right\rangle \tag{5.13}$$

を用いると，(5.12)の右辺に現れる $\bm{u}'$ についての平均は次のように計算できる：

$$\langle u_z'^2 \rangle = \frac{1}{3}(2S+1), \tag{5.14}$$

$$\langle u_x'^2 \rangle = \langle u_y'^2 \rangle = \frac{1}{3}(-S+1), \tag{5.15}$$

$$\langle u_x' u_y' \rangle = \langle u_x' u_z' \rangle = \langle u_y' u_z' \rangle = 0. \tag{5.16}$$

(5.14)-(5.16)を(5.12)に代入すると，

$$w_{\mathrm{mf}}(\boldsymbol{u}) = -U\left[\frac{1}{3}(-S+1)(u_x^2+u_y^2)+\frac{1}{3}(2S+1)u_z^2\right] = -USu_z^2+\mathrm{const.} \tag{5.17}$$

ここで，$u_x^2+u_y^2=1-u_z^2$ を用いた．

(5.11), (5.17)より，$\psi(\boldsymbol{u})$ は次のように書くことができる：

$$\psi(\boldsymbol{u}) = \frac{\exp(\beta USu_z^2)}{\int d\boldsymbol{u}\exp(\beta USu_z^2)}. \tag{5.18}$$

これを(5.13)に代入すると $S$ についての次の方程式が得られる：

$$S = \frac{3}{2}\frac{\int d\boldsymbol{u}\exp(\beta USu_z^2)(u_z^2-1/3)}{\int d\boldsymbol{u}\exp(\beta USu_z^2)}. \tag{5.19}$$

$t=u_z$, $x=\beta US$ とおくと，(5.19)は次のようになる：

$$\frac{2k_{\mathrm{B}}T}{3U}x = I(x), \tag{5.20}$$

$$I(x) = \frac{\int_0^1 dt e^{xt^2}(t^2-1/3)}{\int_0^1 dt e^{xt^2}}. \tag{5.21}$$

方程式(5.20)はグラフを使って解くことができる．$y=I(x)$ のグラフを図5.2に示した．このグラフと原点を通る直線 $y=(2k_{\mathrm{B}}T/3U)x$ の交点 $x$ が温度 $T$ における秩序パラメータ $S=k_{\mathrm{B}}Tx/U$ を与える．図5.2に示すように温度が高いときには $x=0$ の解があるのみである．温度を下げて，$T$ がある温度 $T_{\mathrm{c}1}$ より低くなると，$x=0$ 以外に新たな解が二つ現れる．さらに，温度を下げると二つの解のうち，一方は増加し，他方は減少する．小さな方の解は温度 $T_{\mathrm{c}2}$ を境に正から負へと符号を変える．$x\ll 1$ のときには $I(x)$ は $x$ のベキ級数として次のように表される：

$$I(x) = \frac{4}{45}x\left(1+\frac{2}{21}x+\cdots\right). \tag{5.22}$$

温度 $T_{\mathrm{c}2}$ において，直線 $y=(2k_{\mathrm{B}}T/3U)x$ が $y=I(x)$ と接するので，$2k_{\mathrm{B}}T_{\mathrm{c}2}/3U=4/45$ が成り立つ．これより $T_{\mathrm{c}2}$ が次のように求められる：

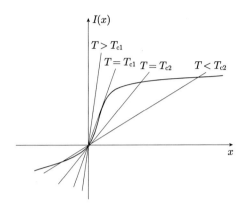

**図 5.2** ネマチック液晶の秩序パラメータに関する(5.20)のグラフ解.

$$T_{c2} = \frac{2}{15}\frac{U}{k_\mathrm{B}}. \tag{5.23}$$

### 5.2.4 自由エネルギーの温度変化

このようにして求めた秩序パラメータ $S$ を温度の関数として表すと，図 5.3 (a)のようになる．$T>T_{c1}$ では方程式(5.19)の解は $S=0$ だけである．これは等方相に対応する．$T<T_{c1}$ では新たに二つの解が現れる．これは液晶相に対応する．

方程式(5.19)が多数の解をもつとき，どれがもっとも安定な状態であるかを知るには，それぞれの状態の自由エネルギーを知る必要がある．秩序パラメータ $S$ が与えられたときの系の自由エネルギー（部分平衡自由エネルギー）$F(S;T)$ は，第3章付録 3-1 に述べた拘束場の方法を使って計算することができる．しかし，$F(S;T)$ の定性的な振る舞いは，図 5.3(a)のカーブから推測することができる．

図 5.3(a)に示した $S$ はそれぞれの温度において，

$$\frac{\partial F}{\partial S} = 0 \tag{5.24}$$

の解である．この解が図 5.3(a)のような温度依存性を示すことから，温度を変えたときの $F(S;T)$ の形の変化を議論することができる．$T>T_{c1}$ では $\partial F/$

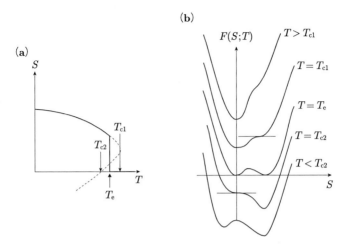

図 **5.3** (a)液晶の秩序パラメータ $S$ の温度依存性．(b)自由エネルギーを $S$ の関数として表したとき，温度による関数形の変化．$T_{c1}$ は，局所安定な液晶相が現れる温度．$T_{c2}$ は，等方相が不安定となる温度．

$\partial S=0$ を満たす解は $S=0$ しかないので，$F(S;T)$ は $S=0$ で最小となる．$T<T_{c1}$ では $\partial F/\partial S=0$ を満たす解が三つとなる．これに対応し $F(S;T)$ は二つの極小と一つの極大をもつ．$F(S;T)$ の極小は局所安定な状態に対応し，極大は不安定状態に対応する．したがって，$T_{c1}$ は二つの局所安定な解が現れはじめる温度である（図 5.3(b)参照）．さらに温度を下げると，$T_{c2}$ において，$\partial F/\partial S=0$ を満たす解の一つが負となる．これに伴い，$S=0$ は $F(S;T)$ の極小から極大に変わる．よって，$T_{c2}$ は，等方相が局所安定状態から不安定状態に転移する温度である．

液晶相と等方相の平衡転移温度 $T_e$ は，理論的には自由エネルギーの二つの極小値が等しくなる温度として定義することができる．$T_e$ は図 5.3(b)に示すように，$T_{c1}$ と $T_{c2}$ の間にある．しかし，実際には，ヒステリシスがあり，$T_e$ で常に転移が起きるわけではない．

## 5.3 ランダウ理論

### 5.3.1 1次転移と2次転移

温度を下げていって，液晶が等方相からネマチック相に転移すると，秩序パラメータは不連続的に変化する．これに対応して，系のエントロピーやエネルギーは不連続的に変化する．したがって，相転移の分類から言えば，等方相からネマチック相への転移は1次転移に分類される．**1次転移**(first order transition)とは，気体が液体になったり，液体が結晶になったりするときのように，転移点において，系のエントロピー，内部エネルギー，体積などの状態量が不連続的に変化する転移のことである．一方，磁性体が常磁性相から強磁性相に転移するときには，エントロピーや内部エネルギーは連続的に変化している．このような転移は**2次転移**(second order transition)と呼ばれる．

液晶の転移では，分子の向きが無秩序な状態から，整列した状態に転移する．一方，磁性相転移では，原子の磁気モーメントの向きが無秩序な状態から，整列した状態に転移する．同じような転移であるのに，なぜ一方は1次転移であり，もう一方は2次転移であるのか？ ランダウは，この違いが転移に伴う対称性の変化と深く結びついていることを示した．この理論について述べる前に，極性分子の秩序・無秩序転移を上と同じ方法で調べてみよう．

### 5.3.2 極性分子の秩序・無秩序転移

議論を明確にするために，磁性相転移の代わりに，極性をもった分子の秩序・無秩序転移を考えることにしよう．極性をもった分子とは，$\bm{u}$ の状態と $-\bm{u}$ の状態とが違う分子である．そのような分子の相互作用は(5.5)で表されるもの以外に $w_\mathrm{a}(r_{12})\bm{u}_1\cdot\bm{u}_2$ という項を含むことができる．そこで，この項が分子の向きの整列に支配的であるような分子を考える[*2]．$\bm{u}_1\cdot\bm{u}_2$ に比例する

---

[*2] 残念ながら，このような分子の例は知られてはいない．多くの液晶分子は，極性をもっているが，分子の配向秩序の原因になっているのは，$(\bm{u}_1\cdot\bm{u}_2)^2$ に比例する非極性型の相互作用である．ここでは，$\bm{u}_1\cdot\bm{u}_2$ が支配的である仮想的な分子を考えて理論を展開している．

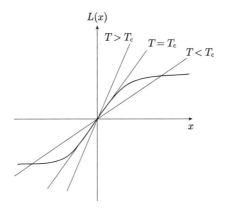

**図 5.4** 極性分子の自己無撞着方程式のグラフ解.

ポテンシャルが支配的な分子においては，平均場のポテンシャルは(5.12)ではなく，次のようになる：

$$w_{\mathrm{mf}}(\boldsymbol{u}) = -U\boldsymbol{u}\cdot\langle\boldsymbol{u}\rangle = -UPu_z. \tag{5.25}$$

ここで，分子の揃っている向きを $z$ 軸にとった．また $P$ は

$$P = \langle u_z \rangle \tag{5.26}$$

で定義され，極性分子に対する秩序パラメータを表す．

前と同様の方法により，平均場ポテンシャル(5.25)の下での平衡分布について $\langle u_z \rangle$ を計算し，これが仮定した $P$ に等しいという条件を用いると，$x = \beta UP$ について次の方程式が得られる：

$$\frac{k_{\mathrm{B}}T}{U}x = L(x). \tag{5.27}$$

$$L(x) = \frac{\int_{-1}^{1} dt \exp(xt) t}{\int_{-1}^{1} dt \exp(xt)} = \coth(x) - \frac{1}{x}. \tag{5.28}$$

方程式(5.27)のグラフによる解法を図 5.4 に示す．関数 $L(x)$ は原点 $x=0$ 付近で $L(x) \simeq x/3 - x^3/45$ と近似できるので，$k_{\mathrm{B}}T/U > 1/3$ なら，(5.27)の解は

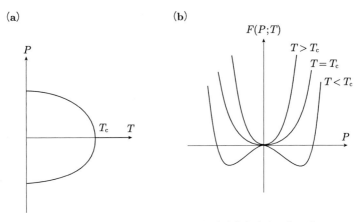

**図 5.5** 極性分子の秩序パラメータの温度変化と自由エネルギー．

$x=0$ のみであるが，$k_\mathrm{B}T/U<1/3$ なら，(5.27) は三つの解をもつ（そのうち $x\neq 0$ の解は局所安定状態に対応し，$x=0$ は不安定状態に対応する）．したがって，転移温度は $k_\mathrm{B}T/U=1/3$ となる温度，すなわち

$$T_\mathrm{c} = \frac{U}{3k_\mathrm{B}} \tag{5.29}$$

で与えられる．

図 5.5(a) には，上記の方法で得られた $P$ を温度の関数としてプロットしてある．また図 5.5(b) には，いろいろな温度における自由エネルギー $F(P;T)$ の形を描いてある．

非極性分子の秩序・無秩序転移と，極性分子の秩序・無秩序転移との違いは，無秩序状態が不安定化したときの振る舞いの違いにある．極性分子の場合，無秩序相は温度 $T_\mathrm{c}$ で不安定となり，秩序相に転移するが，$T_\mathrm{c}$ の上下で秩序パラメータ $P$ は連続的に変化している．すなわち図 5.5(a) に示すように，秩序パラメータ $P$ は，転移温度 $T_\mathrm{c}$ で 0 であり，温度が $T_\mathrm{c}$ より低くなるにつれ次第に大きくなる．秩序パラメータが $T_\mathrm{c}$ で連続的に変化するため，内部エネルギーやエントロピーは連続的に変化し，転移は 2 次となる．これに対して，非極性分子では，無秩序相が不安定になる温度 $T_\mathrm{c2}$ から温度がさらに下がると，秩序パラメータ $S$ は，0 からある正の値に不連続的に変化する．これ

に伴い，内部エネルギーやエントロピーが不連続的に変化するので，転移は1次となるのである．

### 5.3.3 転移の次数と対称性の変化

これまでみたように，転移が1次になるか2次になるかを決めているのは，温度を変えたときの自由エネルギー関数 $F(S;T)$ と $F(P;T)$ の振る舞いの違いである．そこで，一般的に，秩序パラメータ $x$ の関数として自由エネルギーがどのように書けるかを考えてみよう．

無秩序相が不安定化する温度を $T_c$ とする（液晶では $T_{c2}$ が $T_c$ に対応する）．$T_c$ の近傍では，秩序パラメータは小さいから，系の自由エネルギーは，$x$ のベキで展開することができる．この展開は一般に次のように書ける：

$$F(x;T) = a_0(T) + a_1(T)x + a_2(T)x^2 + a_3(T)x^3 + a_4(T)x^4 + \cdots. \quad (5.30)$$

$T>T_c$ では，$x=0$ が $F(x;T)$ の極小であり，$T<T_c$ では，$x=0$ が極大となる．そのようになるためには $a_1=0$ かつ $a_2(T)=A(T-T_c)$ でなくてはならない（$A$ は正の定数）．$T=T_c$ において $a_2(T)$ が符号を変えることが重要なことなので，$T_c$ 近傍の振る舞いを議論するときには，係数 $a_0, a_3, a_4$ は温度によらない定数とみなすことができる．すると，

$$F(x;T) = A(T-T_c)x^2 + a_3 x^3 + a_4 x^4 + \cdots \quad (5.31)$$

である．ここで転移に関係のない定数 $a_0$ は省略した．$T<T_c$ で $F(x;T)$ が極小をもつためには $a_4$ は正の定数でなくてはならない．

極性分子の場合，$F(P;T)$ は $P$ の偶関数でなくてはならない．なぜなら，秩序パラメータが $P$ の状態と $-P$ の状態は分子が $z$ の方向に整列したか，$-z$ の方向に整列したかの違いだけであって，分子の微視的な状態は同じだからである．よって，極性分子の $a_3$ は 0 であり，温度による $F(P;T)$ の形状の変化は図 5.5(b) に示したようになる．すなわち，$T<T_c$ で $P=0$ における極小がなくなり，新しい極小が $P=\pm\sqrt{A(T_c-T)/2a_4}$ に現れる．この秩序パラメータは $T=T_c$ で 0 となり，秩序相と無秩序相とは連続的につながっている．

一方，非極性分子の場合には，秩序パラメータが $S$ の状態と $-S$ の状態は

まったく違った状態である($S>0$ の状態は分子が $\boldsymbol{n}$ の方向に整列しているが，$S<0$ の状態は分子が $\boldsymbol{n}$ と垂直の方向に整列している)．したがって，$a_3$ は 0 とならず，$F(S;T)$ の形の変化は図 5.3(b) に示したものとなる．このときには，$S=0$ の無秩序相が不安定化したときに，新しく現れる秩序相の秩序パラメータは $S=0$ と離れたところにあり，秩序相と無秩序相とは連続していない．

すなわち，極性分子と非極性分子の違いは自由エネルギーを秩序パラメータで展開したときに，3次の項があるかないかの違いである．このことは，それぞれの秩序パラメータの定義にもどって考えるとさらに明瞭になる．

極性分子の秩序パラメータは，本来，次式で定義されるベクトル $\boldsymbol{P}$ である：

$$\boldsymbol{P} = \langle \boldsymbol{u} \rangle. \tag{5.32}$$

これまで用いてきた $P$ は $\boldsymbol{P}$ の $z$ 成分に相当している．

等方性の物質において，スカラー量 $F$ がベクトル量 $\boldsymbol{P}$ の解析的な関数として書けるとすると，$\boldsymbol{P}=0$ の周りのベキ展開は次のような形に書ける：

$$F(\boldsymbol{P};T) = a_2 \boldsymbol{P}^2 + a_4 \boldsymbol{P}^4 + \cdots. \tag{5.33}$$

なぜなら，ベクトル量 $\boldsymbol{P}$ の1次関数や3次関数はスカラー量とはなりえないからである．したがって，$a_1=a_3=0$ であることがただちにわかる．

非極性分子のネマチック転移についても同様の議論ができる．非極性分子の秩序パラメータは本来は次の式で定義されるテンソル量である[*3]：

$$\boldsymbol{Q} = \left\langle \boldsymbol{uu} - \frac{\boldsymbol{I}}{3} \right\rangle. \tag{5.34}$$

$\boldsymbol{Q}$ をテンソル秩序パラメータ (tensor order parameter) と呼ぶ．付録 5-2 に示すように $\boldsymbol{u}$ の分布が $\boldsymbol{n}$ の周りに軸対称をもっているなら $\boldsymbol{Q}$ は次のように書くことができる：

---

[*3] ここで $\boldsymbol{uu}$ は $u_\alpha u_\beta$ を $\alpha\beta$ 成分とするテンソルを表す．また $\boldsymbol{I}$ は単位テンソルである ($I_{\alpha\beta}=\delta_{\alpha\beta}$)．

$$\boldsymbol{Q} = S\left(\boldsymbol{nn} - \frac{1}{3}\boldsymbol{I}\right). \tag{5.35}$$

$\boldsymbol{Q}$ と区別して $S$ のことをとくに，**スカラー秩序パラメータ**(scalar order parameter)と呼ぶこともある．

ネマチック液晶の秩序パラメータがテンソル $\boldsymbol{Q}$ であるとすると，$F(\boldsymbol{Q};T)$ を $\boldsymbol{Q}$ のベキ級数で表したとき，その係数は対称性により限定される．例えば $F(\boldsymbol{Q};T)$ のなかに $\boldsymbol{Q}$ の 1 次の項はないことはただちにわかる．なぜなら，対称テンソル $\boldsymbol{Q}$ から作られる 1 次のスカラー量は $\mathrm{Tr}\,\boldsymbol{Q}$ のみであるが，$\mathrm{Tr}\,\boldsymbol{Q} = \langle u_\alpha u_\alpha - \delta_{\alpha\alpha}/3\rangle = 0$ であるので，$F(\boldsymbol{Q};T)$ の中には $\boldsymbol{Q}$ の 1 次の項は現れない．同様の議論をすると，展開は次の形に書けることが示される[*4]：

$$F(\boldsymbol{Q};T) = a_2(T)\,\mathrm{Tr}\,(\boldsymbol{Q}^2) + a_3\,\mathrm{Tr}\,(\boldsymbol{Q}^3) + a_4\,\mathrm{Tr}\,(\boldsymbol{Q}^4) + \cdots. \tag{5.36}$$

この場合には $\boldsymbol{Q}$ の 3 次の項が表れる．(5.35)を用いると

$$F(\boldsymbol{Q};T) = \frac{2}{3}a_2 S^2 + \frac{2}{9}a_3 S^3 + \frac{2}{9}a_4 S^4. \tag{5.37}$$

自由エネルギー $F(\boldsymbol{Q};T)$ はスカラー秩序パラメータ $S$ にしかよらないことに注意しよう．自由エネルギーは，分子が $\boldsymbol{n}$ の方向にどのくらい強く配向しているかにはよるが，$\boldsymbol{n}$ がどちらの向きを向いているかにはよらないからである．

(5.37)より，$A, B, C$ を温度によらない正の定数として，$F(\boldsymbol{Q};T)$ は次のように書ける：

$$F(\boldsymbol{Q};T) = \frac{1}{2}A(T-T_\mathrm{c})S^2 - \frac{1}{3}BS^3 + \frac{1}{4}CS^4. \tag{5.38}$$

(5.37)，または(5.38)は**ランダウ–ドゥ・ジェンヌの自由エネルギー**(Landau de Gennes free energy)と呼ばれる．

自由エネルギーの表式(5.38)は $S$ だけの関数となっているが，液晶の秩序パラメータはスカラー量ではなく，テンソル量であることは忘れてはならな

---

[*4] 対称性の議論だけからは，ここに書かれた項以外に $\det(\boldsymbol{Q})$ や $(\mathrm{Tr}\,(\boldsymbol{Q}^2))^2$ などの項も考えられる．しかし，$\mathrm{Tr}\,\boldsymbol{Q}=0$ を満たす 2 階の対称テンソルについては，$\det(\boldsymbol{Q})=\mathrm{Tr}\,(\boldsymbol{Q}^3)/3$, $(\mathrm{Tr}\,(\boldsymbol{Q}^2))^2 = 2\,\mathrm{Tr}\,(\boldsymbol{Q}^4)$ などの関係があるので(5.36)で十分である．

い．実際，次の節にみるように，外場や境界条件の効果があるときには，テンソル秩序パラメータを考えることが必要である．

### 5.3.4 磁場による分子の配向

分子に磁場を加えると，分子は，磁気モーメントをもつようになる．このとき，分子の帯磁率に異方性があれば，分子は誘起磁気モーメントのエネルギーを最小にしようとして回転する．軸対称な分子を考え，軸方向の帯磁率を $\alpha_\parallel$，軸に垂直な方向の帯磁率を $\alpha_\perp$ とする．$u$ の方向を向いている分子に，磁場 $H$ を加えると，分子軸方向には，$\alpha_\parallel(H\cdot u)u$ の磁気モーメントが現れ，これに垂直な方向には，$\alpha_\perp[H-(H\cdot u)u]$ の磁気モーメントが現れる．よって，分子が磁場の中でもつエネルギーは次のように書ける：

$$w_\mathrm{H} = -\frac{1}{2}\alpha_\parallel(H\cdot u)^2 - \frac{1}{2}\alpha_\perp[H-(H\cdot u)u]^2 = \mathrm{const} - \frac{1}{2}\alpha_d(H\cdot u)^2. \tag{5.39}$$

ここで，$\alpha_d = \alpha_\parallel - \alpha_\perp$ である．$\alpha_d > 0$ であれば，分子は磁場の方向を向いた方がエネルギーが低くなるので，磁場の方向を向こうとする．$\alpha_d < 0$ であれば分子は磁場と垂直な方向を向こうとする．以下 $\alpha_d > 0$ として話を進める．

系の中の分子の数を $N$ とすると，磁場による分子の配向エネルギーは次のように書くことができる：

$$\begin{aligned} F_\mathrm{H} &= -\frac{N}{2}\alpha_d \langle (H\cdot u)^2 \rangle \\ &= -\frac{N}{2}\alpha_d H\cdot Q\cdot H. \end{aligned} \tag{5.40}$$

ここで $Q$ に無関係な定数項は 0 とおいた．秩序パラメータは軸対称であると仮定し，(5.35)を用いると

$$F_\mathrm{H} = -\frac{N}{2}\alpha_d S(H\cdot n)^2. \tag{5.41}$$

これを，(5.36)に加えると，磁場のもとでの自由エネルギーの表式が求められる：

$$F(\boldsymbol{Q};T) = \frac{1}{2}A(T-T_\mathrm{c})S^2 - \frac{1}{3}BS^3 + \frac{1}{4}CS^4 - \frac{SN}{2}\alpha_d(\boldsymbol{H}\cdot\boldsymbol{n})^2. \quad (5.42)$$

平衡状態の秩序パラメータは(5.42)を最小にする $S$ と $\boldsymbol{n}$ で与えられる．その結果，磁場に対する応答は，無秩序相と秩序相で大きく異なる．それぞれの場合について詳しく見てみる．

**無秩序相**

$T>T_\mathrm{c}$ の無秩序相においては，磁場がなければ $S$ は 0 である．磁場が加えられると $S$ は 0 でなくなるが，一般にその値は小さいと仮定することができる．すると(5.42)で $S$ の 3 次以上の項は無視できるので，自由エネルギーは次のようになる：

$$F(\boldsymbol{Q};T) = \frac{1}{2}A(T-T_\mathrm{c})S^2 - \frac{SN}{2}\alpha_d\boldsymbol{H}^2. \quad (5.43)$$

これを最小にする $S$ の値は次のようになる：

$$S = \frac{N\alpha_d\boldsymbol{H}^2}{2A(T-T_\mathrm{c})}. \quad (5.44)$$

(5.44)によれば，温度が $T_\mathrm{c}$ に近づくにつれ，$S$ は大きくなり，$T_\mathrm{c}$ で発散する．$S$ が $T_\mathrm{c}$ において発散するのは，無秩序相においても，$T_\mathrm{c}$ 近傍であれば，秩序化の前触れの現象が起きているためである．$T>T_\mathrm{c}$ であっても $T_\mathrm{c}$ の近くでは，分子が同じ方向を向こうとする傾向が強まるため，(全国統一がなる前の群雄割拠の時代のように) 系は幾つかの領域に分かれ，それぞれのなかで，分子の向きが整列する．$T_\mathrm{c}$ に近づくにつれ，この領域のサイズが大きくなるため，弱い磁場で分子が配向するようになるのである．

$T>T_\mathrm{c}$ の無秩序相であっても，$T_\mathrm{c}$ の近くでは局所的な秩序ができあがるため，微弱な外場に対して，系が大きく反応することは 2 次転移を示す系で一般的に起こる．例えば，磁性相転移において，帯磁率 $\partial M/\partial H$ は転移点に近づくにつれて発散する．また，気液相転移の臨界点近くで，圧縮率 $\partial V/\partial P$ は発散する．これらは，いずれも，$T<T_\mathrm{c}$ で起きる秩序化の前駆的な現象であり，**臨界現象**(critical phenomena)と呼ばれている．

$T$ が $T_\mathrm{c}$ に非常に近い場合には，秩序パラメータのゆらぎが非常に大きくな

る．その結果，$T_c$ 近傍の発散の様子は(5.44)で与えられるものとはちがって，$(T-T_c)^{-\nu}$ のような発散の仕方をすることが知られている．これを説明するには熱的なゆらぎの繰り込みの考えを使う必要があるがここでは述べない．

**秩序相**

秩序相においては，磁場がないときでも，$S$ はある平衡値 $S_{eq}$ をもっている．磁場をかければ，$S$ の値は変化するが，変化の程度は $\alpha_d H^2/k_B T_c$ の程度で，無視できるほど小さい．つまり，秩序相において，磁場は $S$ にほとんど影響を与えない．一方，磁場は $\boldsymbol{n}$ に大きな影響を与える．磁場をかけると，分子は磁場の方向を向くように一斉に回転するからである．

無秩序相においては，分子がばらばらに運動するので，分子の向きを制御しようと思うと，$\alpha_d H^2 > k_B T$ という条件を満たす大きな磁場を加えなくてはならない．一方，秩序相においては，分子が一斉に運動するので，加えるべき磁場の大きさは $S_{eq} N \alpha_d H^2 > k_B T$ という条件を満たせばよい．ここで $N$ は液晶中の全分子数（$N \simeq 10^{20}$）である．したがって，秩序相の分子の向きは，非常に小さな磁場によって変えることができる．等方相にある液晶分子の向きを制御することは超伝導磁石を用いてもできないが，液晶相にある分子の向きは，クリップの後についている磁石でも簡単に制御できる．

## 5.4 秩序パラメータが空間的に変化する系

### 5.4.1 非一様系の自由エネルギー

これまで空間的に一様な系を考えてきたが，ここで，秩序パラメータ $\boldsymbol{Q}$ が場所によって変化する場合を考えよう．秩序パラメータは，電場，磁場などの外場や容器の界面などの影響を受ける．これらのさまざまな要因があったとき，系全体の自由エネルギーを最小にする秩序パラメータがどのようになるかを考えよう．

場所 $\boldsymbol{r}$ における秩序パラメータを $\boldsymbol{Q}(\boldsymbol{r})$ とし，$\boldsymbol{Q}(\boldsymbol{r})$ が与えられたときの系全体の自由エネルギーを $F_{tot}[\boldsymbol{Q}(\boldsymbol{r})]$ としよう．$F_{tot}[\boldsymbol{Q}(\boldsymbol{r})]$ は $\boldsymbol{Q}(\boldsymbol{r})$ の汎関数である．外場や境界条件の影響がなければ，一様な状態が自由エネルギーのも

っとも低い状態である．$\boldsymbol{Q}$ が場所によって変化する場合(すなわち $\boldsymbol{\nabla Q}$ が 0 でない場合)，自由エネルギーはこれに比べて高くなる．よって，$F_{\text{tot}}[\boldsymbol{Q}(\boldsymbol{r})]$ は次のように書くことができる:

$$F_{\text{tot}} = \int d\boldsymbol{r}[f(\boldsymbol{Q}(\boldsymbol{r}))+f_{\text{el}}(\boldsymbol{Q},\boldsymbol{\nabla Q})]. \tag{5.45}$$

ここで，$f(\boldsymbol{Q})$ は，(5.36)で与えられる一様系の自由エネルギー密度である（単位体積あたりの自由エネルギーであることを強調するために，小文字を用いた）．また，$f_{\text{el}}(\boldsymbol{Q},\boldsymbol{\nabla Q})$ は，自由エネルギーの増加分である．秩序パラメータ $\boldsymbol{Q}$ の空間変化が小さい場合は，$f_{\text{el}}(\boldsymbol{Q},\boldsymbol{\nabla Q})$ は $\boldsymbol{\nabla Q}$ のベキで展開できる．一様な系が最もエネルギーが低いことから，展開の最初の項は 2 次でなくてはならない．よって

$$f_{\text{el}}(\boldsymbol{Q},\boldsymbol{\nabla Q}) = K_{\alpha\beta\gamma,\alpha'\beta'\gamma'}\nabla_\alpha Q_{\beta\gamma}\nabla_{\alpha'}Q_{\beta'\gamma'} \tag{5.46}$$

となる．ここに現れる係数 $K_{\alpha\beta\gamma,\alpha'\beta'\gamma'}$ は 6 階の正値テンソルである．係数 $\boldsymbol{K}$ は $\boldsymbol{\nabla Q}$ には依存しないが，$\boldsymbol{Q}$ には依存してもよい．この係数の形は無秩序相，秩序相とで異なるので，以下それぞれの場合を議論する．

### 5.4.2 無秩序相における秩序パラメータの空間勾配効果

無秩序相では，$\boldsymbol{Q}$ の値そのものが小さいので，係数 $\boldsymbol{K}$ は $\boldsymbol{Q}$ によらないとしてよい．すると，$f_{\text{el}}$ は $\boldsymbol{\nabla Q}$ の 2 次形式から構成されるスカラー量でなくてはならない．$Q_{\alpha\beta}=Q_{\beta\alpha}$，$Q_{\alpha\alpha}=0$ であることを考慮すると，$f_{\text{el}}$ に許されるのは次の形しかないことがわかる:

$$f_{\text{el}} = \frac{1}{2}K_1\nabla_\alpha Q_{\beta\gamma}\nabla_\alpha Q_{\beta\gamma}+\frac{1}{2}K_2\nabla_\alpha Q_{\alpha\gamma}\nabla_\beta Q_{\beta\gamma}. \tag{5.47}$$

ここで $K_1,K_2$ は正の定数である[*5]．無秩序状態では $\boldsymbol{Q}$ の 3 次以上の項は無視できるので，系の自由エネルギーは次のように書くことができる:

---

[*5] これ以外に $\nabla_\alpha Q_{\beta\gamma}\nabla_\beta Q_{\alpha\gamma}$ なども考えられるが，部分積分を用いると，この項は (5.47)の第 2 項と同じとなる．

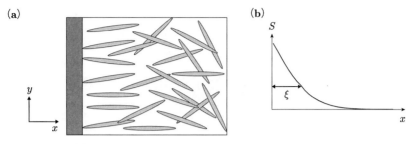

図 **5.6** (a)基板による液晶分子の配向化.(b)表面効果によって作られた秩序パラメータの減衰と相関長.

$$F_{\text{tot}} = \int d\boldsymbol{r} \left[ \frac{1}{2} A(T-T_c) Q_{\alpha\beta} Q_{\alpha\beta} + \frac{1}{2} K_1 \nabla_\alpha Q_{\beta\gamma} \nabla_\alpha Q_{\beta\gamma} \right. $$
$$\left. + \frac{1}{2} K_2 \nabla_\alpha Q_{\alpha\gamma} \nabla_\beta Q_{\beta\gamma} \right]. \tag{5.48}$$

(5.48)の応用例として,基板近くの分子の配向を考えよう.基板の近くでは,基板との相互作用で分子は基板に平行(あるいは垂直)になろうとする.図5.6に示すように,$x=0$ に基板があり,この位置で分子は $x$ 方向に配向しているとする.対称性により,$Q_{\alpha\beta}(x)$ は次のような形をもつと仮定することができる:

$$Q_{xx} = \frac{2}{3} S, \quad Q_{yy} = Q_{zz} = -\frac{1}{3} S, \quad Q_{xy} = Q_{yz} = Q_{zx} = 0. \tag{5.49}$$

これを(5.48)に代入して,式を整理すると

$$F = \int d\boldsymbol{r} \left[ \frac{1}{3} A(T-T_c) S^2 + \frac{1}{3} K_1 \left( \frac{dS}{dx} \right)^2 + \frac{2}{9} K_2 \left( \frac{dS}{dx} \right)^2 \right]$$
$$= \frac{1}{3} A(T-T_c) \int d\boldsymbol{r} \left[ S^2 + \xi^2 \left( \frac{dS}{dx} \right)^2 \right]. \tag{5.50}$$

ここで,

$$\xi = \sqrt{\frac{3K_1 + 2K_2}{3A(T-T_c)}} \tag{5.51}$$

である．(5.50) の $S$ についての変分を $0$ と置くと，次の式が得られる：

$$\xi^2 \frac{d^2 S}{dx^2} = S. \tag{5.52}$$

基板の界面 ($x=0$) では，基板の影響により $S=S_0$ であるとしてこの方程式を解くと

$$S = S_0 e^{-x/\xi}. \tag{5.53}$$

したがって，基板の影響は，長さ $\xi$ の範囲にまで及ぶこととなる．$\xi$ は**相関長** (correlation length) と呼ばれ，無秩序相のなかのある分子が周囲に及ぼす影響の範囲を表す．無秩序相のある分子が $z$ 方向を向いたとき，その分子から距離 $\xi$ 以内にある分子は $z$ 方向に偏った分布をもつ．言い換えれば，無秩序相においても，距離 $\xi$ の範囲にある分子は，同じ方向を向こうとする．(5.51) から明らかなように $T \to T_c$ で $\xi$ は発散する．転移点の近くで無秩序相が磁場に対して大きな応答を示すのはこのためである．

### 5.4.3 秩序相における秩序パラメータの空間勾配効果

5.3.4 節で示したように，秩序相において，スカラー秩序パラメータ $S$ は平衡値 $S_{\mathrm{eq}}$ から大きく変化することはない．しかし，配向ベクトル $\boldsymbol{n}$ は大きく変化してもよい．$S$ は分子に内在する要因（分子間相互作用と温度）によって決められているが，$\boldsymbol{n}$ を決める内在的な要因は何もないからである．$\boldsymbol{n}$ は外場や，試料の境界条件などの弱い力によって決まっている．したがって，秩序相の秩序パラメータが空間変化をする場合，その形は次のように書くことができる：

$$\boldsymbol{Q}(\boldsymbol{r}) = S_{\mathrm{eq}} \left( \boldsymbol{n}(\boldsymbol{r}) \boldsymbol{n}(\boldsymbol{r}) - \frac{1}{3} \boldsymbol{I} \right). \tag{5.54}$$

(5.54) を (5.46) に代入すると，自由エネルギーは $\boldsymbol{\nabla} \boldsymbol{n}$ の 2 次形式で書くことができる．このときの係数 $\boldsymbol{K}$ は $\boldsymbol{n}$ に依存してもよい．前節と同様の議論を繰り返し，可能な 2 次形式を求めると次の形になることがわかる：

$$f_{\mathrm{el}} = \frac{1}{2} K_1 (\boldsymbol{\nabla} \cdot \boldsymbol{n})^2 + \frac{1}{2} K_2 (\boldsymbol{n} \cdot \boldsymbol{\nabla} \times \boldsymbol{n})^2 + \frac{1}{2} K_3 (\boldsymbol{n} \times \boldsymbol{\nabla} \times \boldsymbol{n})^2. \tag{5.55}$$

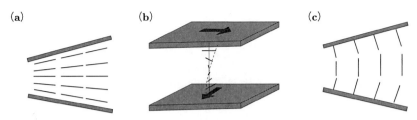

**図 5.7** フランク弾性の表式(5.55)の各項に対応する配向ベクトルの空間変化. (a)広がり(splay), $\nabla \cdot \boldsymbol{n} \neq 0$. (b)ねじれ(twist), $\nabla \times \boldsymbol{n} \neq 0$, (c)曲がり(bend), $\boldsymbol{n} \times (\nabla \times \boldsymbol{n}) \neq 0$.

ここで，$K_1, K_2, K_3$ は $[J/m]$ の単位をもつ定数で，**フランク弾性定数**(Frank elastic constant)と呼ばれる[*6]．それぞれは，図5.7に示すような変形(広がり，ねじれ，曲がり)が起きたときのエネルギーを表している．

外場がある場合には，(5.55)にさらに外場の影響を表す項が付け加わる．(5.41)により，磁場によるエネルギーは次のように書ける：

$$f_{\mathrm{H}} = -\frac{1}{2}\Delta\chi(\boldsymbol{H}\cdot\boldsymbol{n})^2 + \boldsymbol{n} \text{ に無関係な項}. \tag{5.56}$$

ここで，$\Delta\chi = \alpha_d n S_{\mathrm{eq}}$ である($n$は単位体積中の液晶分子の数)．

境界の効果は，境界条件として考えることができる．基板の表面に特別な処理を施すことで，これと接する液晶分子を特定の方向に向かせることができる．

### 5.4.4 フレデリクス転移

(5.55)の応用例として，図5.8に示した問題を考えよう．2枚の平行な基板の間に液晶をはさむ．基板に垂直に$z$軸をとる．基板との界面で，液晶は$x$軸方向を向いているものとする．図5.8に示すように，$z$軸方向に磁場を加えると，磁場は液晶に$z$軸方向を向かせようとするが，基板は液晶に$x$軸方向を向かせようとしている．このような状況で，液晶の向きはどのようになるであろうか？

問題の対称性によって，$\boldsymbol{n}$は$x$-$z$面内にあり，その向きは$z$座標にしか依

---

[*6] (5.55)に現れる定数 $K_1, K_2$ は(5.50)に現れる定数 $K_1, K_2$ とは異なったものである．

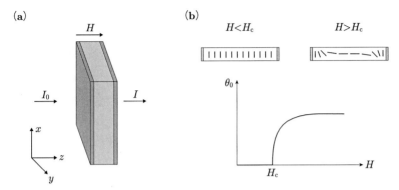

**図 5.8** フレデリクス転移. (a)液晶に磁場 $H$ を加えることにより, 液晶を通過する光の強さを制御する. (b)配向ベクトルの空間変化, $H<H_c$ では配向ベクトルは $x$ 軸を向いたままであるが, $H>H_c$ では, 磁場の方向を向くようになる.

存しないと仮定することができる. したがって, $\bm{n}$ の各成分は次のように与えられるとしてよい:

$$n_x(z) = \cos\theta(z), \qquad n_y(z) = 0, \qquad n_z(z) = \sin\theta(z). \tag{5.57}$$

このとき

$$\bm{\nabla}\cdot\bm{n} = \frac{\partial n_z}{\partial z} = \cos\theta \frac{d\theta}{dz}, \tag{5.58}$$

$$\bm{\nabla}\times\bm{n} = \left(0, \frac{\partial n_x}{\partial z}, 0\right) = \left(0, -\sin\theta \frac{d\theta}{dz}, 0\right) \tag{5.59}$$

となる. これらを, (5.55), (5.56)に代入して計算を進めると, 次の式が得られる:

$$\begin{aligned}F_{\text{tot}} &= \int dz (f_{\text{el}} + f_H) \\ &= \int dz \left[\frac{1}{2}K_1 \cos^2\theta \left(\frac{d\theta}{dz}\right)^2 + \frac{1}{2}K_3 \sin^2\theta \left(\frac{d\theta}{dz}\right)^2 - \frac{1}{2}\Delta\chi H^2 \sin^2\theta\right].\end{aligned} \tag{5.60}$$

基板の影響により $\theta$ は次の境界条件を満たさなくてはならない:

$$\theta(0) = \theta(L) = 0. \tag{5.61}$$

この条件を考慮して，(5.60)を最小にする関数としてつぎのようなものを考える：

$$\theta(z) = \theta_0 \sin\left(\frac{\pi z}{L}\right). \tag{5.62}$$

(5.62)を(5.60)に代入すると，$F_{\text{tot}}$ を $\theta_0$ の関数として表すことができる．この計算を解析的に行なうために $\theta_0 \ll 1$ であると仮定し，(5.60)を $\theta_0$ の最低次まで計算すると，次のようになる：

$$F_{\text{tot}} = \frac{1}{4}\left[\frac{K_1\pi^2}{L} - \Delta\chi H^2 L\right]\theta_0^2 = \frac{1}{4}\Delta\chi L(H_c^2 - H^2)\theta_0^2. \tag{5.63}$$

ここで

$$H_c = \sqrt{\frac{K_1\pi^2}{\Delta\chi L^2}}. \tag{5.64}$$

したがって $H<H_c$ であれば，エネルギー最低の状態は $\theta_0=0$ の状態である．言い換えれば，$H<H_c$ であれば，磁場をかけても液晶の向きはまったく変化しない．磁場の効果が現れるのは $H_c$ より高い磁場を与えた場合だけである．

図 5.8(b)に，$\theta_0$ を磁場の関数として与えた．$H=H_c$ における分岐は 2 次相転移のときと同じである．これは自由エネルギー $A$ を $\theta_0$ の関数としてみたとき，これが偶関数であることによる．$H_c$ 近傍では，$\theta_0$ の磁場依存性は次のようになる：

$$\theta_0 \propto (H-H_c)^{1/2}. \tag{5.65}$$

この転移を**フレデリクス転移**(Fredericks transition)という．

フレデリクス転移が起きると，液晶の向きが変わるので，液晶の光学軸の方向が変化し，薄膜をとおる光の強度が変化する．この原理を利用してさまざまな光学デバイスが作られている．

## 付録5-1　剛体棒状分子の液晶相転移

オンサガー(Onsager)は，剛直な棒状分子を溶質とする溶液は，ある濃度以上で，ネマチック液晶を形成することを理論的に予言した[*7]．直径 $D$，長さ $L$ の細長い剛体棒状分子の溶液を考える．溶液の中の $\bm{u}$ と $\bm{u}'$ という方向を向いている二つの分子1, 2に着目しよう．分子は重なることができないので，分子2の重心は，分子1の周りのある領域(図5.9参照)の中に入ることができない．この領域の体積(排除体積) $v_{\mathrm{ex}}$ は $\bm{u}$ と $\bm{u}'$ のなす角 $\varTheta$ の関数である．図5.9に説明するように $v_{\mathrm{ex}}$ は

$$v_{\mathrm{ex}}(\bm{u},\bm{u}') = 2DL^2 \sin\varTheta = 2DL^2|\bm{u}\times\bm{u}'| \tag{5.66}$$

で与えられる(ここで $D/L$ の高次の項は省略した)．(5.66)で示されるように，排除体積は，$\varTheta$ が小さいほど小さい．よって，分子1, 2が溶液の中を動き回るとき，それらのなす角が小さければ小さいほど，重心が動きうる範囲が

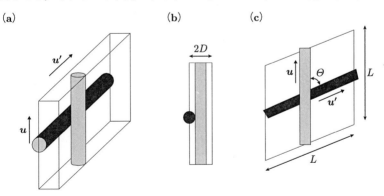

図 5.9　棒状分子の排除体積．$\bm{u}$ の方向を向いた棒状分子が置かれているとき $\bm{u}'$ の方向を向いた棒状分子の重心はここに示す平行6面体状の領域から排除される．(a)平行6面体の3次元図．(b) $\bm{u}'$ の方向を見た図．(c) $\bm{u}\times\bm{u}'$ の方向を見た図．

---

[*7] ここに示す計算では，溶質である棒状分子のみに着目し，溶媒のことは考えていない．溶媒は溶質に比べてずっと小さな分子からできており，連続体とみなすことができるなら，溶媒分子の自由度は考えなくてよい．

広くなるので,エントロピー的に有利である.言い換えれば,排除体積の効果により,二つの棒の間には,平行になろうとする力が働く.

さて,体積 $V$ の溶液の中に,$N$ 個の棒状分子があるとしよう.ある分子に着目したときこの分子が $\boldsymbol{u}$ の方向を向く確率 $\psi(\boldsymbol{u})$ を計算してみよう.分子が重ならない限り,すべての状態は等しい確率で実現されるので,$\psi(\boldsymbol{u})$ は,分子を任意の位置においたとき他のどの分子とも重ならない確率に比例する.着目する分子と分子 $j$ とが重ならない確率は $1-v_{\mathrm{ex}}(\boldsymbol{u},\boldsymbol{u}_j)/V$ で与えられるので,$\psi(\boldsymbol{u})$ は次のように与えられる:

$$\psi(\boldsymbol{u}) \propto \prod_{j=1}^{N}\left(1-\frac{v_{\mathrm{ex}}(\boldsymbol{u},\boldsymbol{u}_j)}{V}\right) = \exp\left[-\sum_{j=1}^{N}\frac{v_{\mathrm{ex}}(\boldsymbol{u},\boldsymbol{u}_j)}{V}\right]. \quad (5.67)$$

指数関数の中の和は,分子の数密度 $n=N/V$ を用いて次のように書ける:

$$\sum_{j=1}^{N}\frac{v_{\mathrm{ex}}(\boldsymbol{u},\boldsymbol{u}_j)}{V} = n\langle v_{\mathrm{ex}}(\boldsymbol{u},\boldsymbol{u}')\rangle = n\int d\boldsymbol{u}' v_{\mathrm{ex}}(\boldsymbol{u},\boldsymbol{u}')\psi(\boldsymbol{u}'). \quad (5.68)$$

ここで,周りの分子の向きの分布も $\psi(\boldsymbol{u})$ で与えられることを用いた.よって,

$$\psi(\boldsymbol{u}) \propto \exp\left[-n\langle v_{\mathrm{ex}}(\boldsymbol{u},\boldsymbol{u}')\rangle\right]. \quad (5.69)$$

平均場ポテンシャル $w_{\mathrm{mf}}(\boldsymbol{u})$ を

$$\begin{aligned} w_{\mathrm{mf}}(\boldsymbol{u}) &= nk_{\mathrm{B}}T\langle v_{\mathrm{ex}}(\boldsymbol{u},\boldsymbol{u}')\rangle \\ &= 2nDL^2 k_{\mathrm{B}}T\int d\boldsymbol{u}'|\boldsymbol{u}\times\boldsymbol{u}'|\psi(\boldsymbol{u}') \end{aligned} \quad (5.70)$$

と定義する.(5.69)は(5.11)と同じ形の積分方程式で表すことができる.これら二つの積分方程式は類似した性質をもっている.分子間の相互作用ポテンシャル $-(\boldsymbol{u}\cdot\boldsymbol{u}')^2$,$|\boldsymbol{u}\times\boldsymbol{u}'|$ はいずれも $\boldsymbol{u}$ と $\boldsymbol{u}$ のなす角の減少関数であり,二つの分子を平行にさせようとする相互作用を表している.(5.12)において,相互作用を特徴づけるパラメータ $\beta U$ に代わって,(5.69)では,粒子濃度 $nDL^2$ が現れている.よって,パラメータ $nDL^2$ がある値より大きくなると液晶相に対応した解が現れることが期待される.

詳しい解析によると,$nDL^2>5.1$ のところで,等方相が不安定となる.したがって転移点 $T_{\mathrm{c}}$ に対応するのは数密度 $n_c=5.1/DL^2$ である.棒状粒子の体

積分率 $\phi$ は数密度 $n$ と $\phi=\pi n D^2 L/4$ によって関係付けられるが,転移が起こる濃度 $n_c$ における体積分率 $\phi_c$ は次のようになる:

$$\phi_c = \frac{5.1\pi}{4}\frac{D}{L} \simeq 4\frac{D}{L}. \tag{5.71}$$

細長い分子については,$\phi_c$ は非常に小さくなる.(5.69)を導くにあたっては,分子配置の相関を無視したが,これは $\phi \ll 1$ の場合には許される近似である.オンサガーの理論は,$L \gg D$ の極限では,厳密に正しい理論である.

溶液においては,5.2.3 節に紹介した均一系と違い,液晶相が表れると同時に相分離が起こる.すなわち,ある濃度以上では,体積分率 $\phi_A$ の液晶相と体積分率 $\phi_B$ の等方相が共存する.$\phi_A, \phi_B$ はともに $D/L$ の程度である.

## 付録5-2　ネマチック液晶の秩序パラメータ

(5.34)で定義されるテンソル $\boldsymbol{Q}$ は対称テンソル($Q_{\alpha\beta}=Q_{\beta\alpha}$ を満たすテンソル)であるので,対角化することができる.$\boldsymbol{Q}$ の三つの主軸の方向を単位ベクトル $\boldsymbol{n}_i (i=1,2,3)$ で表し,主値の値を $S_i$ とすると,定義より

$$\boldsymbol{Q} = \sum_i S_i \boldsymbol{n}_i \boldsymbol{n}_i. \tag{5.72}$$

$\boldsymbol{Q}$ のトレースは 0 ($\mathrm{Tr}\boldsymbol{Q}=0$)であるので,

$$\sum_i S_i = 0 \tag{5.73}$$

である.一軸対称性のネマチック液晶の場合には $S_2=S_3$ である.したがって,この場合 $S_1=(2/3)S$,$S_2=S_3=-S/3$ とおくことができる.よって

$$\boldsymbol{Q} = \frac{1}{3}S[2\boldsymbol{n}_1\boldsymbol{n}_1-(\boldsymbol{n}_2\boldsymbol{n}_2+\boldsymbol{n}_3\boldsymbol{n}_3)]. \tag{5.74}$$

一方,$\boldsymbol{n}_i$ は互いに直行する単位ベクトルであるから

$$\boldsymbol{n}_1\boldsymbol{n}_1+\boldsymbol{n}_2\boldsymbol{n}_2+\boldsymbol{n}_3\boldsymbol{n}_3 = \boldsymbol{I} \tag{5.75}$$

が成り立つ($\boldsymbol{I}$ は単位テンソル).(5.74)と(5.75)より

$$\bm{Q} = S\left(\bm{nn} - \frac{1}{3}\bm{I}\right). \tag{5.76}$$

ここで $\bm{n}_1 = \bm{n}$ とした.

# 6 界面活性剤

## 6.1 はじめに

**界面**(interface)とは二つの物質の境界面のことである．物質の表面は空気と物質の界面である．ソフトマターにおいて界面は重要な役割を果たしている．それは，ソフトマターには，コロイド分散系のように界面が物性に大きな影響を与えるものが多いからである．また，ソフトマターで問題となる力は小さいので，界面由来の力(界面張力)が，平衡形状や運動を決める上で大きな役割を果たすからである．

**界面活性剤**(surfactant)は，界面に作用して，界面の性質を変える物質である．台所の洗剤は界面活性剤の代表例である．油に汚れた皿に洗剤を加えると，洗剤の分子は，水と油の界面に入り込み，その界面を広げようとする．そのため，油は小さな油滴となって皿から離れ，水の中に分散していく．これが洗剤の洗浄作用である．界面活性剤がこのような作用をもつのは，界面活性剤分子が，親水性の部分と疎水性の部分の両方をもつという特異な構造をもっているからである．このような構造をもった分子は，水の中でも，油の中でも居心地が悪いので，水と油の界面に集まろうとする．そのために界面の面積を広げようとするのである．

水の中に界面活性剤を溶かすと，界面活性剤の疎水性の部分は水を嫌って，水と接触しないような構造を自発的に作る．界面活性剤が作る構造には，球状，棒状，板状などさまざまな形がある．この性質を用いて，nm スケールの規則的な構造をもつ材料が作られている．

本章では，界面現象の基本について述べたあと，界面に及ぼす界面活性剤の効果，および界面活性剤のつくる自己組織構造について解説する．

## 6.2 界面の熱力学

### 6.2.1 界面自由エネルギー

二つの相の界面にある分子は,相の内部(バルク)にある分子に比べてエネルギー的に不利な状況に置かれている.例えば,水と油の界面を考えてみよう.水と油がほとんど混じり合わないのは,水分子と油分子が接触するとエネルギーが高くなるからである(格子モデルでいえば,(2.35)の $\Delta\varepsilon$ が大きな正の値をとるからである).水分子と油分子は,互いに避けあって接触しないようにしているが,界面に存在する分子は,接触せざるを得ない.そのような不利な状況にある分子を減らそうと界面の面積はできるだけ小さくなろうとする.この力が水と油の界面張力を与えている.

2相が共存している系の全自由エネルギーには,それぞれの相のバルクの自由エネルギーの他に,界面由来の自由エネルギーも寄与する.図6.1(a)のように相Ⅰと相Ⅱが共存しているとき,系全体の自由エネルギーは次のように書くことができる:

$$G = G_{\mathrm{I}} + G_{\mathrm{II}} + G_{\mathrm{A}}. \tag{6.1}$$

ここで,$G_{\mathrm{I}}, G_{\mathrm{II}}, G_{\mathrm{A}}$ はそれぞれ相Ⅰのバルクの自由エネルギー,相Ⅱのバルクの自由エネルギー,および相Ⅰと Ⅱ の界面の自由エネルギーを表している.$G_{\mathrm{I}}, G_{\mathrm{II}}$ はそれぞれの相の体積 $V_{\mathrm{I}}, V_{\mathrm{II}}$ に比例する部分を表し,$G_{\mathrm{A}}$ は界面の面積 $A$ に比例する部分を表している.$G_{\mathrm{A}}$ を**界面自由エネルギー**(interfacial free energy)と呼ぶ.

平衡状態において,二つの相が共存しているとき,系の環境は温度 $T$ とそれぞれの相にある分子の化学ポテンシャル $\mu_i$ によって決まってしまう[*1].相Ⅰの自由エネルギー $G_{\mathrm{I}}$(グランドカノニカル分布に対応する自由エネルギー)は,これらの変数と,相Ⅰの体積 $V_{\mathrm{I}}$ の関数として次のように書くことができ

---

[*1] 系は平衡状態にあるので,二つの相の温度と化学ポテンシャルは等しい.したがって,$T$ や $\mu_i$ がどちらの相のものかをいう必要はない.

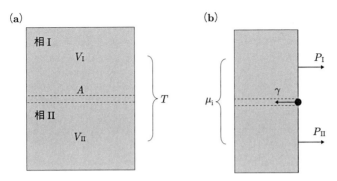

**図 6.1** (a) 2 相共存状態における熱力学量．温度が $T$，分子の化学ポテンシャルが $\mu_i$ である 2 相が共存しているとき，全系の自由エネルギーは $T, \mu_i$，およびそれぞれの相の体積 $V_\mathrm{I}, V_\mathrm{II}$ と界面の面積 $A$ とで表すことができる．(b) 圧力と界面張力．圧力は流体内の面を通して働きあう単位面積あたりの力．界面張力は，界面上の線を通して働きあう単位長さあたりの力．圧力も界面張力もともに，$T$ と $\mu_i$ を与えれば決まる．

る[*2]．

$$G_\mathrm{I} = G_\mathrm{I}(T, \mu_i, V_\mathrm{I}) \tag{6.2}$$

体積を $\alpha$ 倍にすると自由エネルギーは $\alpha$ 倍になるという，熱力学のスケーリング則を用いると，$G_\mathrm{I}(T, \mu_i, V_\mathrm{I})$ は次の関数形をもたなくてはならないことがわかる：

$$G_\mathrm{I} = V_\mathrm{I} g_\mathrm{I}(T, \mu_i). \tag{6.3}$$

$g_\mathrm{I}$ は相 I の単位体積あたりの自由エネルギーを表す．

同様の議論をすると，界面の自由エネルギー $G_\mathrm{A}$ は次の形に書くことができる：

$$G_\mathrm{A} = A g_\mathrm{A}(T, \mu_i). \tag{6.4}$$

$g_\mathrm{A}$ は界面の単位面積あたりの自由エネルギーである．

---

[*2] $G_\mathrm{I}(T, \mu_i, V_\mathrm{I})$ はグランドカノニカル分布に対応する自由エネルギーであり $G_\mathrm{I} = F_\mathrm{I} - \sum_i N_{\mathrm{I}i} \mu_i$ で定義される．ここで $F_\mathrm{I}$ は相 I のヘルムホルツ自由エネルギー，$N_{\mathrm{I}i}$ は相 I にある $i$ 種分子の数である．$G_\mathrm{I}$ はギブスの自由エネルギーではないことに注意．

### 6.2.2 界面張力

**界面張力**(interfacial tension)とは，界面という2次元領域の圧力に相当するものである．この意味を述べる前に，圧力とはなんであったかを思い出しておこう．バルクの流体の中に閉じた領域を考えよう．領域の内側の流体は領域の境界面に対して，外向きの力を及ぼしている．境界面の単位面積あたりに働く力が流体の圧力である．この定義から，流体の体積を $\Delta V$ だけ変えるとき，流体に対してなす仕事は

$$\Delta W = -P\Delta V \tag{6.5}$$

であることが導かれる．

界面張力も同様に定義することができる．界面上に閉じた2次元領域を考えよう．領域の内側の部分はできるだけ面積を小さくしようとして，領域の境界線を内側に引っ張っている．境界線の単位長さあたりに働くこの力が界面張力である．圧力と同様に，界面の面積を $\Delta A$ だけ変化させるときの仕事は

$$\Delta W = \gamma \Delta A \tag{6.6}$$

で与えられる．圧力と界面張力では，符号が反対になっている．圧力は，3次元領域の体積を広げようと働くのに対し，界面張力は，2次元領域の面積を縮めようと働くからである．圧力の単位は $N/m^2 = J/m^3$ であるが，界面張力の単位は $N/m = J/m^2$ である．

液体と空気の間の界面張力は，**表面張力**(surface tenstion)と呼ばれている．表面張力は，水玉をつくる力であり，身近な現象と深く関わっている．以下，表面張力を例にとりながら話を進めるが，この話は，界面張力一般について成り立つことである．

表面張力は図 6.2(a) に示したような装置で測ることができる．コの字型をした枠のうえに針をおき，枠と針でできた四角形の部分に液体の膜を張る．すると，液体の表面張力により，針は内側に引っ張られる．この力とつりあう力 $f$ を加えて，針を外側に $dx$ だけ動かしたとすると，液体の表面積は $dA = 2\ell dx$ だけ変化する（因子2は液体の表面が上下にあることによる）．このとき系になす仕事は $fdx$ であるので，$\gamma dA = fdx$ より

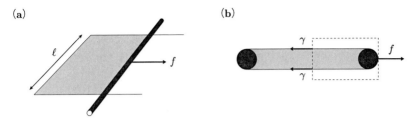

**図 6.2** (a)表面張力の測定法. (b)左図における力のつりあい. 点線で囲んだ部分に働く力のつりあいから $f=2\gamma\ell$ が得られる.

$$f = 2\gamma\ell. \tag{6.7}$$

この式は,図 6.2(b)に示すように力のつりあいからも導くことができる.

圧力は,液体の体積を変えるときの仕事として定義されるが,図 6.1(a)に示したような状況では圧力は単位体積あたりの自由エネルギー(グランドカノニカル自由エネルギー) $g_\mathrm{I}$ の符号を反転させたものであることがわかる:

$$G_\mathrm{I} = -V_\mathrm{I} P_\mathrm{I}(T, \mu_i). \tag{6.8}$$

これは次のように示すことができる.グランドカノニカル自由エネルギー $G_\mathrm{I}$ の全微分は

$$dG_\mathrm{I} = -S_\mathrm{I} dT - P_\mathrm{I} dV_\mathrm{I} - \sum_i N_{\mathrm{I}i} d\mu_i \tag{6.9}$$

で与えられる.ここで $S_\mathrm{I}$ は相 I のエントロピー, $N_{\mathrm{I}i}$ は,相 I にある $i$ 種分子の数である.(6.3)を用いて左辺を書き換えると

$$V_\mathrm{I}\left(\frac{\partial g_\mathrm{I}}{\partial T}dT + \frac{\partial g_\mathrm{I}}{\partial \mu_i}d\mu_i\right) + g_\mathrm{I} dV_\mathrm{I} = -S_\mathrm{I} dT - P_\mathrm{I} dV_\mathrm{I} - \sum_i N_{\mathrm{I}i} d\mu_i. \tag{6.10}$$

この式は任意の $dT, d\mu_i, dV_\mathrm{I}$ について成り立たなくてはいけないので,次の式が成立する:

$$g_\mathrm{I} = -P_\mathrm{I}, \tag{6.11}$$

$$\left(\frac{\partial g_\mathrm{I}}{\partial T}\right)_{\mu_i} = -\frac{S_\mathrm{I}}{V_\mathrm{I}}, \tag{6.12}$$

$$\left(\frac{\partial g_\text{I}}{\partial \mu_i}\right)_T = -\frac{N_{\text{I}i}}{V_\text{I}}, \tag{6.13}$$

(6.11)を用いると(6.12), (6.13)は，次のように書ける：

$$\left(\frac{\partial P}{\partial T}\right)_{\mu_i} = \frac{S}{V}, \qquad \left(\frac{\partial P}{\partial \mu_i}\right)_T = \frac{N_i}{V}. \tag{6.14}$$

ここで，相を区別する添え字 I を省いた．(6.14)より導かれる次の関係式

$$VdP = SdT + \sum_i N_i d\mu_i \tag{6.15}$$

は熱力学でギブス‐デュエムの式(Gibbs–Duhem equation)と呼ばれているものである．

界面自由エネルギー $G_\text{A}$ についても同様の議論を展開することができる．$G_\text{A}$ の微分は

$$dG_\text{A} = -S_\text{A}dT + \gamma dA - \sum_i N_{\text{A}i} d\mu_i \tag{6.16}$$

で与えられる．ここで，$S_\text{A}$ は界面のエントロピー，$N_{\text{A}i}$ は界面にある分子数である．(6.4)を(6.16)に代入し，上と同様の議論を用いると

$$g_\text{A} = \gamma, \tag{6.17}$$

$$\left(\frac{\partial \gamma}{\partial T}\right)_{\mu_i} = -\frac{S_\text{A}}{A}, \tag{6.18}$$

$$\left(\frac{\partial \gamma}{\partial \mu_i}\right)_T = -\frac{N_{\text{A}i}}{A} \tag{6.19}$$

が得られる．これより，

$$G_\text{A} = A\gamma \tag{6.20}$$

が得られる．(6.20)より，界面張力は，単位面積あたりの界面自由エネルギーに等しいことがわかる．(6.17)-(6.19)をまとめて

$$Ad\gamma = -S_\text{A}dT - \sum_i N_{\text{A}i} d\mu_i \tag{6.21}$$

と書くことができる．(6.21)は界面に対するギブス‐デュエムの関係式である．

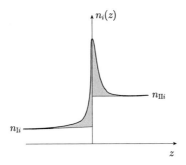

**図 6.3** 界面過剰量 $\Gamma_i$ の定義.界面から $z$ だけ離れたところの $i$ 成分の分子の数密度を $n_i(z)$ とすると界面過剰量 $\Gamma_i$ は図のアミかけした部分の面積で表される.ここで $n_{\mathrm{I}i}$, $n_{\mathrm{II}i}$ はバルクにおける $i$ 成分の分子の数密度.

界面に存在する単位面積あたりの $i$ 種分子の数は

$$\Gamma_i = \frac{N_{\mathrm{A}i}}{A} \tag{6.22}$$

で表される.$\Gamma_i$ は,**界面過剰量**(surface excess concentration)と呼ばれる.$\Gamma_i$ の物理的な意味を図 6.3 に示す.界面に分子種 $i$ が引き寄せられる場合には,界面近くの $i$ の密度プロファイルは図 6.3 のようになる.ここで,界面に垂直に $z$ 軸をとり位置 $z$ における分子種 $i$ の密度 $n_i(z)$ を描いた.$n_i(z)$ は $z \to -\infty$ で相 I のバルクの密度 $n_{\mathrm{I}i}$ に,$z \to \infty$ で相 II のバルクの密度 $n_{\mathrm{II}i}$ に漸近する.$\Gamma_i$ は図のアミかけした部分の面積で与えられる.式で表せば

$$\Gamma_i = \int_{-\infty}^{0} dz(n_i(z) - n_{\mathrm{I}i}) + \int_{0}^{\infty} dz(n_i(z) - n_{\mathrm{II}i}) \tag{6.23}$$

である[*3].

界面活性剤のように,分子が界面を好むものであれば $\Gamma_i$ は正である.これを**正吸着**(positive adsorption)という.これに対し,分子が界面を避けるものであれば,$\Gamma_i < 0$ となる.この場合は**負吸着**(negative adsorption)と呼ばれる.

---

[*3] (6.23)の積分値は界面の位置($z=0$ の点)をどこに選ぶかに依存する.通常は溶媒成分(あるいは主要成分)の界面吸着量が $0$ となるところを選ぶ.

### 6.2.3 ラプラス圧

通常,液体の自由エネルギーは,体積だけに依存し,液体の形に依存しないとされる.しかし,表面張力を考慮すると,自由エネルギーは液体の形に依存するようになる.表面があることは,自由エネルギー的に不利なので,液体はできるだけ表面積を小さくしようとする.その結果,液体は球形をとる.球形をとったとしても,液体はなおも表面積を小さくしようとしているので,液体内部の圧力は,外部の圧力に比べて高くなっている.表面張力によってできる液体の内部と外部の圧力差を**ラプラス圧**(Laplace pressure)という.

ラプラス圧を求めるために図6.4(a)のように,半径$r$の球形の液滴(相II)が圧力$P$の相Iの中に置かれていたとしよう.系全体の自由エネルギーは(6.1)のように書ける.バルクの自由エネルギー密度はバルクの圧力で与えられ,界面の自由エネルギー密度は界面張力$\gamma$と等しいことを考慮すると,(6.1)は次のようになる:

$$G_{\mathrm{tot}} = -\left(V_{\mathrm{tot}} - \frac{4\pi}{3}r^3\right)P_{\mathrm{I}} - \frac{4\pi}{3}r^3 P_{\mathrm{II}} + 4\pi r^2 \gamma. \tag{6.24}$$

ここで,$P_{\mathrm{I}}$, $P_{\mathrm{II}}$は相I, IIの圧力である.平衡状態では$\partial G_{\mathrm{tot}}/\partial r = 0$が成り立たなくてはならないので[*4]

$$P_{\mathrm{II}} - P_{\mathrm{I}} = \frac{2\gamma}{r}. \tag{6.25}$$

よってラプラス圧$\Delta P = P_{\mathrm{II}} - P_{\mathrm{I}}$は次の式で与えられる:

$$\Delta P = \frac{2\gamma}{r}. \tag{6.26}$$

ラプラス圧の表式(6.26)は,力のつりあいからも導くこともできる.図6.4(b)に示すように半球の部分に働く力のつりあいを考えよう.半球は左側から圧力$\pi r^2(P+\Delta P)$と表面張力による力$(-2\pi r\gamma)$を受けている.また右側の

---

[*4] (6.25)は,自由エネルギーの極大に対応している.したがって,(6.25)が成り立っている状態は,力学的な力がつりあった状態ではあるが,熱力学的に安定な状態ではない.実際,球の半径が(6.26)で与えられるものより少しでも小さくなれば,相Iの分子は相IIに移動し,球の半径はますます小さくなる.しかし,分子の相間の移動(蒸発や凝集などの過程)は,流体の運動に比べてずっとゆっくり起こるので,力学的な平衡条件として(6.26)を用いることになんら問題はない.

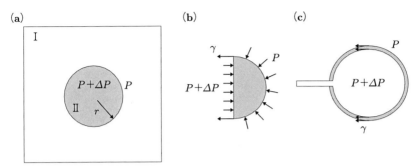

**図 6.4** ラプラス圧．(a)球形液体の内圧と外圧の差．(b)力のつりあいによるラプラス圧の導出．(c)シャボン玉の内圧と外圧の差．

表面にかかる圧力の $x$ 成分の総和は，$\pi r^2 P$ となる．これらのつりあいから (6.26) が得られる．

重力などの外力が働いている場合には，液滴の形は球ではなくなるが，そのような場合でも，表面近くの微小領域の力のつりあいを考えることにより，内外の圧力差について次の公式を導くことができる．（導出は付録 6-1 に示す）：

$$\Delta P = 2\gamma H. \tag{6.27}$$

ここで，$H$ は，考えている表面上の点の平均曲率を表す．**平均曲率**(mean curvature)は次のように定義される．表面を表す方程式を $C(\boldsymbol{r})=0$ とすると，表面に垂直な単位ベクトル $\boldsymbol{n}$ は

$$\boldsymbol{n}(\boldsymbol{r}) = \frac{\boldsymbol{\nabla} C}{|\boldsymbol{\nabla} C|} \tag{6.28}$$

で与えられる．平均曲率 $H$ は

$$H = \frac{1}{2} \boldsymbol{\nabla} \cdot \boldsymbol{n} \tag{6.29}$$

で定義される．半径 $r$ の球の平均曲率は $1/r$ である．

ストローの先のシャボン玉を吹いて膨らませたあと，口を離すとストローから空気が流れ出てシャボン玉が小さくなる．この現象はラプラス圧によって起こる．図 6.4(c) に示すように，半径 $r$ のシャボン玉が平衡にあれば，シャ

ボン玉の内部の空気の圧力は,外側の圧力に比べて $4\gamma/r$ だけ高くなっている(この圧力が(6.26)で与えられるものの2倍になっているのは,シャボン玉の膜の内側と外側の両方の表面張力が内外の圧力差に寄与しているためである).そのため,口を離すとストローから空気がもれるのである.

## 6.3 固体基板上の液滴

### 6.3.1 完全濡れと不完全濡れ

　界面自由エネルギーは液体と液体の界面だけでなく,液体と固体,固体と固体の界面に対しても考えることができる.とくに,液体と固体の界面は,日常生活においても重要である.きれいに洗浄したガラス板の上に水をたらすと,水はガラス板の上を広がってゆく.一方,プラスチックフィルムの上に水をたらすと,水は水玉をつくり,広がっていかない.この違いは,界面自由エネルギーの違いである.水とガラスの親和性はよい(水とガラスの界面自由エネルギーが小さい)ので,水はガラスの表面を濡らそうとする.しかし,水とプラスチックの親和性は悪いので,水はプラスチックの表面を濡らそうとはしない.

　一般に,固体表面上にたらした液滴の振る舞いは,液体,固体,および空気の三つの相の間の界面自由エネルギーによって決まっている.液体と空気の界面自由エネルギーを(すなわち表面張力を) $\gamma$,液体と固体の界面自由エネルギーを $\gamma_{SL}$,固体と空気の界面自由エネルギーを $\gamma_{SV}$ とする[*5].液体が固体表面を濡らすかどうかは,これらの界面自由エネルギーの大小で決まっている.

　乾いた固体の表面を液体が濡らすと,それまで固体と空気が接触していた表面の部分に固体と液体の界面と液体と空気の界面があらたにできる.濡らす前の固体表面の自由エネルギーは $\gamma_{SV}$ であるが,濡らした後の自由エネルギーは $\gamma+\gamma_{SL}$ である.この自由エネルギーの差を $S$ としよう:

$$S = \gamma_{SV} - (\gamma + \gamma_{SL}). \tag{6.30}$$

---

　[*5]　S, L, V はそれぞれ Solid, Liquid, Vapor の頭文字を表す.

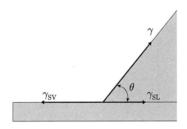

図 6.5　接触角 $\theta$ と接触線に働く界面張力.

$S>0$ であれば，液体が固体表面を濡らすことによって自由エネルギーが減少するので，液体は固体を濡らしつつ表面上を広がっていく．これを**完全濡れ**(complete wetting)という．一方，$S<0$ であれば，液体は，固体表面の一部を濡らすだけで平衡に達する．これを**不完全濡れ**(partial wetting)という．$S$ は，液体が固体表面を濡れ広がろうとする強さを表すパラメータであり，**拡張係数**(spreading coefficient)と呼ばれている．

### 6.3.2　接触角

不完全濡れの場合には，固体表面上に液体の玉(液滴)ができる．このとき，液体と固体の接触する境界の線を**接触線**(contact line)，または**トリプルライン**(triple line)[*6]という．

接触線において，固体・液体界面と液体表面のなす角を**接触角**(contact angle)という(図 6.5 参照)．熱平衡状態の接触角 $\theta$ は，三つの相の間の界面張力で決まる．図 6.5 に示すように，固体表面上を接触線が自由に動くことができるとき，接触線に働く界面張力の表面方向の成分はつりあっていなくてはならない．この条件より次の式が導かれる：

$$\gamma_{\mathrm{SV}} = \gamma_{\mathrm{SL}} + \gamma \cos \theta. \qquad (6.31)$$

これを**ヤング–デュプレの式**(Young-Dupre equation)という．(6.30)，(6.31)より，不完全濡れの拡張係数は接触角を用いて次のように表すことができる：

---

[*6]　液体，固体，空気の 3 相の境界で決まる線という意味である．

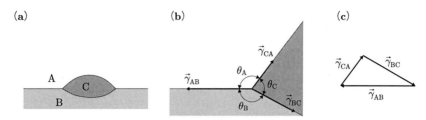

図 **6.6** (a)水面上に置かれた油滴の形状．(b) 3 種の流体 A, B, C の間の接触角と界面張力の定義．(c)接触線における力のつりあい条件とノイマン 3 角形．

$$S = -\gamma(1-\cos\theta). \tag{6.32}$$

接触角は，固体と液体の親和性の目安を与える．接触角が小さな液体は，固体に対して親和性がよく，濡れ性がよいといわれる．液体の親和性が十分に大きいと，完全濡れが起こり，接触角は 0 度となる．

(6.31)は，基板表面が変形しないという前提で導かれたものである．もし，基板が非常に柔らかであったり，流体である場合には，表面張力の影響で，基板表面は変形する．たとえば，水の上に，油を落とすと，図 6.6(a)のように，油は，表面に浮かんで油滴となる．ここで，A, B, C はそれぞれ，空気，水，油の相に対応する．このときの接触線近傍の様子を図 6.6(b)に示した．界面張力のつりあいの条件は，図 6.6(c)に示すように，向きまで考えた界面張力のつりあいが成り立つことである：

$$\vec{\gamma}_{AB}+\vec{\gamma}_{BC}+\vec{\gamma}_{CA} = 0. \tag{6.33}$$

これは，3 つのベクトル $\vec{\gamma}_{AB}, \vec{\gamma}_{BC}, \vec{\gamma}_{CA}$ が 3 角形の辺を構成することと同じである．この条件を**ノイマン条件**(Neumann condition)という．この条件を用いると，3 相が共存している状態の接触角(図 6.6(b)の $\theta_A, \theta_B, \theta_C$)を相の間の界面張力 $\gamma_{AB}, \gamma_{BC}, \gamma_{CA}$ で表すことができる．

$\gamma_{AB}, \gamma_{BC}, \gamma_{CA}$ の大きさによっては 3 角形が構成できない場合がある．たとえば $\gamma_{AB} > \gamma_{BC} + \gamma_{CA}$ が成り立つ場合には，A と B の界面張力が大きすぎて 3 角形が構成できない．この場合には，A と B が直接接触しないような配置を

図 6.7　固体表面上の液滴の平衡形状．(a)小さな液滴の場合：接触角 $\theta$ で表面と接する球形をとる．(b)大きな液滴の場合：幅 $r_c$ の周辺部を除いて平らな膜となる．

とって(たとえば A と B の間に C の薄い膜ができるような配置をとって)平衡が達成される．

### 6.3.3　毛管長

6.2.3 節で，表面エネルギーを最小にするため，液滴は球形をとると述べた．しかし，重力の効果がある場合には話が違ってくる．半径 $r$ の液滴を考えよう．液滴の密度を $\rho$ とすると，重力により液滴内部には $\rho g r$ 程度の圧力差が生じる．もしこの圧力差が，ラプラス圧 $\gamma/r$ に比べて大きければ，重力の効果により，液滴の形状は球から外れる．逆に重力による圧力差 $\rho g r$ がラプラス圧 $\gamma/r$ より小さければ，液滴は球形をとる．両者を分ける長さ

$$r_c = \sqrt{\frac{\gamma}{\rho g}} \tag{6.34}$$

は**毛管長**(capillary length)と呼ばれる．固体表面上におかれた液滴は，サイズが毛管長より小さければ球状(曲率一定の面)となるが，サイズが毛管長より大きくなれば，水平な表面をもつ膜状になる(図 6.7 参照)．

水の場合，毛管長は 2 mm 程度である．したがってスポイトから押し出された水の形状は球形であるが，コップからこぼれそうになっている水の表面は(コップの縁近くの 2 mm 程度の領域を除けば)ほとんど平らになる．

水平な基板上に置かれた液滴の平衡形状を考えてみよう．簡単のため，2 次元で考える．図 6.7 のように水平面に $x$ 軸を，これに垂直な方向に $y$ 軸をとり，液滴の形状は $y=h(x)$ で記述されるものとする．表面上の点 $x, h(x)$ における法線ベクトルは

$$(n_x, n_y) = \left( \frac{-h'}{\sqrt{1+h'^2}}, \frac{1}{\sqrt{1+h'^2}} \right) \tag{6.35}$$

で与えられる(ここで, $h'=\partial h/\partial x$). よって, 液滴の平均曲率は(6.29)より

$$2H = \frac{\partial n_x}{\partial x} = -\frac{\partial}{\partial x}\left( \frac{h'}{\sqrt{1+h'^2}} \right). \tag{6.36}$$

一方, 液滴底面の圧力を $p_0$ とすると, 高さ $h$ の位置における液滴内部の圧力は $p_0-\rho gh$ で与えられる. 大気圧を 0 とすれば, 高さ $h$ の位置の液滴の内外の圧力差は $p_0-\rho gh$ で与えられる. これがラプラス圧 $2\gamma H$ に等しくなくてはならないから

$$-\gamma \frac{\partial}{\partial x}\left( \frac{h'}{\sqrt{1+h'^2}} \right) = p_0-\rho gh. \tag{6.37}$$

二つの接触線の $x$ 座標を $0, L$ とすると, $h(0)=h(L)=0$ であり, $h(x)$ の傾きは接触角 $\theta$ を用いて表すことができる:

$$x = 0 \text{ で} \quad h(x) = 0, \quad h' = \tan\theta, \tag{6.38}$$

$$x = L \text{ で} \quad h(x) = 0, \quad h' = -\tan\theta. \tag{6.39}$$

また液滴の体積を $V$ とすると次の式が満たされなくてはいけない:

$$\int_0^L dx\, h = V. \tag{6.40}$$

(6.37)-(6.40)より, $h(x), L, p_0$ が決まる.

上に導いた式は, 自由エネルギーの最小条件から導出することもできる. 界面自由エネルギーは次のように書ける:

$$G_\mathrm{A} = \int_0^L dx\, \gamma\sqrt{1+h'^2} + (\gamma_\mathrm{SL}-\gamma_\mathrm{SV})L. \tag{6.41}$$

右辺の第1項は液体の表面エネルギーを表し, 第2項は, 基板の表面エネルギーを表す. 一方, 重力によるエネルギーは次のように書くことができる:

$$G_\mathrm{g} = \frac{1}{2}\rho g \int_0^L dx\, h^2. \tag{6.42}$$

平衡状態は $G_\mathrm{A}+G_\mathrm{g}$ を拘束条件(6.40)のもとで最小にすることで求められる. 拘束条件(6.40)をラグランジュの未定乗数法で考慮すると最小にすべき自由エ

ネルギーは

$$G_{\text{tot}} = \int_0^L dx\gamma\sqrt{1+h'^2}+(\gamma_{\text{SL}}-\gamma_{\text{SV}})L+\frac{1}{2}\rho g\int_0^L dxh^2-p_0\int_0^L dxh(x). \tag{6.43}$$

(6.43)を $h, L$ について最小にすると，(6.37)-(6.39)が得られる．

体積が十分大きな場合には，液滴は一定の厚さの膜となる．このときの界面自由エネルギー $G_A$ は $(\gamma+\gamma_{\text{SL}}-\gamma_{\text{SV}})L$ であり，重力のエネルギー $G_g$ は $(1/2)\rho gh^2L$ で与えられる．この和を $hL=$ 一定 という条件のもとで最小化すると，液膜の厚みは

$$h = \sqrt{\frac{2(\gamma+\gamma_{\text{SL}}-\gamma_{\text{SV}})}{\rho g}} = \sqrt{\frac{2\gamma(1-\cos\theta)}{\rho g}} = 2r_c\sin\left(\frac{\theta}{2}\right) \tag{6.44}$$

となる．ここで，(6.32)，(6.34)を用いた．

(6.44)からわかるように，接触角が小さいほど，液膜は薄くなる．とくに，$\theta=0$ の完全濡れの場合に液膜の厚さは 0 となる．実際には液体の表面と固体の表面の間には，ファン・デル・ワールス相互作用による斥力が働いているので，液膜の厚さは完全に 0 とはならない．

## 6.4 界面活性剤

### 6.4.1 界面活性剤分子

界面活性剤の分子は，図 1.5(a)に示すように親水基と疎水基をもっている．このような分子は，水のなかでも油のなかでも，不幸な状況にある．水の中では，疎水基が水と接触しなくてはならないし，油の中では，親水基が油と接触しなくてはならないからである．

水と油の混合物に，このような界面活性剤を加えると界面活性剤分子は，水と油の界面に集まり，界面の面積を広げようとする．界面活性剤が界面に集まろうとする力が強いときには，油は，小さな油滴となって水のなかに分散してゆく．このように界面活性剤は，界面の性質を大きく変える作用がある．

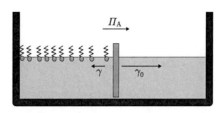

図 6.8　界面活性剤添加による界面張力の変化の測定装置.

### 6.4.2　表面圧

液体に界面活性剤を加えると，液体の表面張力は減少する．このことは，図 6.8 に示した装置で見ることができる．液体の入った平たい容器に仕切りをいれ，仕切りの一方に界面活性剤をたらす．界面活性剤が加えられたほうの液体の表面張力は減少するので，仕切りは外向きに力をうける．このとき，仕切りが受ける単位長さあたりの力 $\Pi_A$ を**表面圧**(surface pressure)という．表面圧 $\Pi_A$ は，もとの液体の界面張力 $\gamma_0$ と界面活性剤の入った液体の界面張力 $\gamma$ との差である：

$$\Pi_A = \gamma_0 - \gamma. \tag{6.45}$$

表面圧は，表面に吸着した界面活性剤が外側に広がろうとする圧力であると見ることもできる．浸透圧が，バルクにある溶質分子が外側に広がろうとする力であるとするなら，表面圧は，界面にある溶質分子が外側に広がろうとする力であるということができる．表面圧の単位は表面張力と同じで $N/m = J/m^2$ である．

上の例のように仕切りの左右で界面活性剤濃度に差があれば，仕切りには力が働く．仕切りがなくとも，液体の表面上で表面張力が不均一であれば，液面に平行な力が働き，液体の流れが起きる．たとえば，水の上に液体洗剤をたらすと洗剤が広がるにつれ，水の流動が起こっているのを見ることができる．表面張力の不均一が原因で液体の流動が起きる現象は**マランゴニ効果**(Marangoni effect)と呼ばれる．

### 6.4.3 界面吸着と界面張力

界面活性剤でなくとも,液体の界面に吸着しやすい物質を加えると,一般に,液体の界面張力は下がる.このことはギブス(Gibbs)によって示された.

界面に関するギブス–デュエムの式(6.21)を考えよう.添え字 $i$ のなかで界面活性剤を a で表し,界面活性剤の化学ポテンシャルを $\mu_a$ とする.(6.21)より

$$\left(\frac{\partial \gamma}{\partial \mu_a}\right)_T = -\frac{N_{Aa}}{A} = -\Gamma_a. \tag{6.46}$$

ここで,$\Gamma_a = N_{Aa}/A$ は界面に吸着している界面活性剤の単位面積あたりの数を表す.

界面活性剤の化学ポテンシャル $\mu_a$ はバルク液体中の界面活性剤の数密度(単位体積中の数)$n_a$ を使って表すことができる.一般に液体中の界面活性剤分子はいろいろな大きさのミセルをつくって存在しているが,ミセルをつくらず単独で存在しているものもある.単独で存在している分子は分子分散していると言われる.界面活性剤濃度が非常に小さな場合には,すべての界面活性剤は液体中に分子分散している.このような場合には $\mu_a$ は次のように表すことができる:

$$\mu_a(T, n_a) = \mu_a^0(T) + k_B T \ln n_a. \tag{6.47}$$

この場合には(6.46)より次式が導びかれる:

$$\left(\frac{\partial \gamma}{\partial n_a}\right)_T = \left(\frac{\partial \gamma}{\partial \mu_a}\right)_T \left(\frac{\partial \mu_a}{\partial n_a}\right)_T = -k_B T \frac{\Gamma_a}{n_a}. \tag{6.48}$$

この式を**ギブスの吸着式**(Gibbs' adsorption equation)という.(6.48)によれば界面に正吸着する物質($\Gamma_a > 0$ である物質)を加えれば,界面張力は下がる.逆に,負吸着する物質を加えれば,界面張力は上がる.

界面活性剤の界面吸着量 $\Gamma_a$ は,界面活性剤濃度が非常に低くない限り,ほぼ一定であることが知られている.この様子は**ラングミュアの吸着式**(Langmuir's adsorption equation)で表すことができる:

$$\Gamma_a = \frac{n_a \Gamma_s}{n_s + n_a}. \tag{6.49}$$

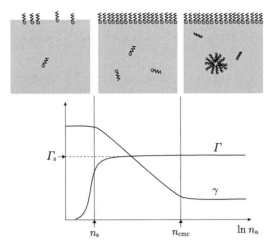

図 **6.9** 液体に界面活性剤を加えたときの，界面活性剤の数密度 $n_a$ と，液体の表面張力 $\gamma$，および表面への界面活性剤吸着量 $\Gamma$ の関係.

ここで $\Gamma_s$ は飽和吸着量であり，$n_s$ は飽和吸着が起きるときの界面活性剤濃度である．界面活性剤は表面を好むので，$n_s$ は一般に非常に小さい．(6.48) と (6.49) より

$$\frac{\partial \gamma}{\partial n_a} = -k_B T \frac{\Gamma_s}{n_s + n_a}. \tag{6.50}$$

これを積分すると

$$\gamma = \gamma_0 - \Gamma_s k_B T \ln\left(1 + \frac{n_a}{n_s}\right) \tag{6.51}$$

となる．図 6.9 にバルク中の界面活性剤濃度 $n_a$ と表面張力 $\gamma$ の関係を示してある．通常，$n_a \gg n_s$ であるので，表面張力は加えた界面活性剤の濃度の対数に比例して減少する．しかし，ある濃度 $n_{cmc}$ のところから，界面活性剤の濃度を上げても表面張力は減少せず一定値をとるようになる．このようなことが起こるのは液体中にミセルが作られるからである．ミセルが作られるようになると，液体に界面活性剤を加えても，加えられた界面活性剤はミセルの中に取り込まれてしまうので，分子分散している界面活性剤の濃度は変わらなくなる．そのため，界面活性剤の化学ポテンシャル $\mu_a$ が変化しなくなり，表面張力 $\gamma$ が一定となるのである (つまり，ミセルが作られるようになると

(6.48)の $\partial\mu_a/\partial n_a$ が 0 となるので，$\partial\gamma/\partial n_a$ が 0 となる)．界面活性剤がミセルを形成しはじめるときの濃度を**臨界ミセル濃度**(critical micelle concentration, cmc)という．ミセルについては次節で詳しく議論する．

## 6.5 界面活性剤溶液の自己組織構造

### 6.5.1 ミセル

図 6.9 に示したように，液体中の界面活性剤は，臨界ミセル濃度以上で分子が寄り集まりミセルを作る．ミセルには，図 1.6 に示すような球状，棒状，板状などさまざまな形のものがある．界面活性剤がどのような形のミセルをつくるかは，界面活性剤分子の構造による．大まかに言えば，水中でミセルを作ったとき，親水基がミセルの表面で大きな面積を占めるような分子は球状のミセルを形成しやすい．親水基が表面で占める面積が小さな分子は棒状，あるいは板状のミセルを作る．

溶液中に $N_a$ 個の界面活性剤を溶かすと，界面活性剤の一部は表面に吸着し，残りは液中に存在する．液中の界面活性剤の数密度を $n_a$ とすると $N_a = A\Gamma_a + V n_a$ ($V$, $A$ は溶液の体積と表面積)であるが，通常，表面に吸着している分子の数は無視することができるので，$n_a = N_a/V$ としてよい[*7]．

液中のミセルにはいろいろな大きさのものがある．ミセルの大きさを，その中に含まれる界面活性剤分子の数 $m$ で表すことにしよう．単位体積中に存在する大きさ $m$ のミセルの数を $n_m$ とする．

通常，$n_m$ は，溶媒分子の数密度 $n_{sol}$ に比べて圧倒的に小さいので，$n_{cmc}$ より高い濃度の界面活性剤溶液は，いろいろな大きさのミセルを溶質とする希薄溶液とみなすことができる．大きさ $m$ のミセルのモル分率 $x_m$ は

$$x_m = \frac{n_m}{n_{sol}} \qquad (6.52)$$

で与えられる．大きさ $m$ のミセルの化学ポテンシャルは $x_m$ を用いて次のように表すことができる：

---

[*7] 加えた物質が液体にほとんど溶けない場合や，$V$ の著しく小さい微小液滴の場合には，界面に存在する分子の量を無視することはできない．

$$\mu_m = \mu_m^0(T) + k_{\rm B}T \ln x_m. \tag{6.53}$$

大きさ $n$ のミセルと,大きさ $m$ のミセルが合体すると,大きさ $n+m$ のミセルができる.また大きさ $n+m$ のミセルが分裂して,大きさ $n$ と $m$ のミセルに分かれることもある.このような反応が平衡にあるときには,$\mu_n + \mu_m = \mu_{n+m}$ が成り立つ.これより $\mu_m = m\mu_1$ と書くことができる.すなわち,平衡状態では,ミセルの大きさによらず,1分子あたりの化学ポテンシャルはすべて分子分散している界面活性剤分子の化学ポテンシャル $\mu_1$ に等しくなる.$\mu_1$ は(6.47)に現れる界面活性剤の化学ポテンシャル $\mu_{\rm a}$ と同じものである.

(6.53)を用いるとミセルの平衡条件 $\mu_m = m\mu_1$ は次のようになる.

$$\mu_m^0 + k_{\rm B}T \ln x_m = m(\mu_1^0 + k_{\rm B}T \ln x_1). \tag{6.54}$$

よって

$$x_m = e^{-\beta m g_m}(x_1)^m. \tag{6.55}$$

ここで $g_m$ は次の式で定義される:

$$g_m = \frac{1}{m}(\mu_m^0 - m\mu_1^0). \tag{6.56}$$

$g_m$ は大きさ $m$ のミセルを形成するのに必要な(1分子あたりの)自由エネルギーを表している.

溶液中に存在する界面活性剤のモル分率を $x_{\rm a} = n_{\rm a}/n_{\rm sol}$ で定義すると $x_m$ は

$$\sum_m m x_m = x_{\rm a} \tag{6.57}$$

を満たす.(6.55)を用いると,$x_1$ についての次の方程式が得られる:

$$\sum_m m e^{-\beta m g_m}(x_1)^m = x_{\rm a}. \tag{6.58}$$

したがって,$g_m$ がわかっていれば,界面活性剤のモル分率 $x_{\rm a}$ が与えられたとき,分子分散している界面活性剤のモル分率 $x_1$ が(6.58)から計算できる.これより,界面活性剤の化学ポテンシャル $\mu_{\rm a}$ が求められる.

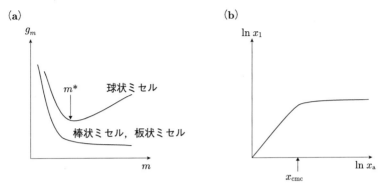

図 6.10 (a)会合数 $m$ をもつミセルの 1 分子あたりのミセル形成自由エネルギー $g_m$. (b)溶液中の界面活性剤のモル分率 $x_a$ と分子分散している界面活性剤のモル分率 $x_1$.

### 6.5.2 臨界ミセル濃度

ミセルを形成したほうが自由エネルギーが小さくなるので，$g_m$ は一般に負の値をとる．$g_m$ が $m$ にどのように依存するかはミセルの形状によって異なる．ミセルが球状である場合には，界面活性剤は半径方向に並ぶので，ミセルの半径を界面活性剤の全長より長くすることはできない．よって，球状ミセルの大きさにはある最適値があり，$g_m$ は，ある $m^*$ のところに最小値をもつ．

一方，ミセルが棒状，または，板状である場合には，ミセルはいくらでも大きくなることができる．棒や板状のミセルについては，ミセル形成のエネルギーは $m$ に比例する部分と，そうでない部分からなる．棒状ミセルの形成エネルギーは棒の長さに比例する部分と，棒の端の部分のエネルギーの和で与えられるので，$g_m$ は次のように与えられると考えることができる：

$$g_m = -\varepsilon_b + \frac{1}{m}\varepsilon_e. \tag{6.59}$$

同様の考察によりに，円盤状のミセルの場合には $g_m = -\varepsilon_b + \varepsilon_e/m^{1/2}$ で与えられると考えることができる．いずれの場合でも，$g_m$ は図 6.10(a)に示すように $m$ とともに単調に減少し一定値に近づく．

いずれの形状のミセルにおいても，(6.58)を解いて $x_1$ を $x_a$ の関数として表すと，図 6.10(b)のようになる．すなわち $x_a$ がある値 $x_{cmc}$ を超えるまで

は，$x_1$ は，$x_a$ とともに増加するが，$x_a$ がある値 $x_{cmc}$ を超えると $x_1$ はほぼ一定となる．このようになる理由は次のとおりである．棒状ミセルの場合には，(6.58) の左辺の各項は $m$ が大きいとき $m(e^{\beta\varepsilon_b}x_1)^m$ となるので，$x_1 e^{\beta\varepsilon_b}$ が 1 を超えると左辺の和は発散してしまう．そのため，$x_a$ を大きくしても，$x_1$ は，$e^{-\beta\varepsilon_b}$ を超えることができない．球状ミセルの場合には，左辺の $(x_1)^m$ の係数はある $m^*$ のところにピークをもつ．$m^*$ は数十から百程度の大きな値なので，左辺の和を $x_1$ の関数として表したとき $x_1 e^{-\beta g_{m^*}}$ が 1 を超えたところで関数の値が急激に大きくなる．いずれの場合でも，$x_a$ と $x_1$ の関係は図 6.10(b) に示したものとなる．

したがって，臨界ミセル濃度は，棒状ミセルや板状ミセルの場合には，$e^{-\beta\varepsilon_b}$ で与えられ，球状ミセルの場合には $e^{\beta g_{m^*}}$ で与えられる[*8]．

臨界ミセル濃度より高い濃度においては，さまざまなサイズをもったミセルが存在している．サイズの分布は，(6.55) で与えられる．球状ミセルは，$m^*$ という特徴的な大きさをもち，そのサイズ分布は $m^*$ 付近に鋭いピークをもつ．一方，棒状または板状ミセルは，特徴的な大きさをもたず，そのサイズ分布は，非常に広くなる．

### 6.5.3 界面活性剤の濃厚溶液

界面活性剤濃度を臨界ミセル濃度より高くすると，さらに複雑な自己組織構造ができる．例えば，棒状ミセルや，板状ミセルでは，ある濃度以上ではミセルの向きがそろい，液晶状態となる．一般に溶液系において，溶質の濃度によって液晶に転移する系は**ライオトロピック液晶**(lyotropic liquid crystal) と呼ばれている．界面活性剤の溶液はその典型例である．これらについては巻末の文献 [6] を参照されたい．

---

[*8] 上の例でわかるように，「臨界ミセル濃度」といっても，この濃度において，相転移のような急激な変化がおきているわけではない．臨界ミセル濃度はその濃度を境にして，大きなミセルが見られるようになるという濃度のめやすである．臨界ミセル濃度は，どのような実験に基づいて決めるかによって違いがあり，数倍の誤差はあると思ったほうがよい．

## 付録 6-1　ラプラス圧

図 6.11 に示すように,平衡状態にある液滴の表面上の点 A を考える.液滴の内部をとおり,液滴の接平面と平行な面を S とする.表面の法線方向に $z$ 軸をとり,面 S 上に $x, y$ 座標をとる.表面の形状は $z = h(x, y)$ で与えられるものとする.

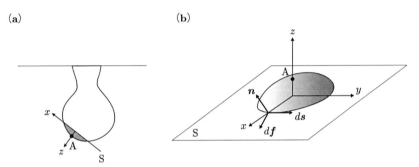

**図 6.11** 一般形状の液滴についてのラプラス圧の導出.(a)液滴の表面上の点 A の近傍のレンズ状部分を考える.S は A における接平面に平行な面.(b)レンズ状部分に働く力のつりあいからラプラス圧の公式を導く.

面 S と液滴表面の間に挟まれた薄いレンズ状の領域に働く力のつりあいを考えよう.点 A の近傍で液体内部の圧力が外側より $\Delta P$ だけ高いとすると,レンズ状の領域には $z$ 軸の正の向きに

$$\int dx dy \Delta P = A_0 \Delta P \tag{6.60}$$

の力がかかる($A_0$ はレンズの底面積).この力は,表面張力による下向きの力とつりあっていなくてはいけない.

表面張力による力を求めるために,面 S と液滴表面の交線上の線分 $d\boldsymbol{s} = (dx, dy)$ を考える.この線分に対して,面より下にある液滴表面は,面より上の部分に対して $d\boldsymbol{f} = \gamma d\boldsymbol{s} \times \boldsymbol{n}$ という大きさの表面張力を与えている(ここで $\boldsymbol{n}$ は法線方向の単位ベクトル).したがってレンズ状領域の液体全体に対して,面より下の部分が及ぼしている表面張力の $z$ 成分は次の式で与えられる:

$$F_z = \int df_z = \gamma \oint (d\boldsymbol{s} \times \boldsymbol{n})_z = \gamma \oint (dx\, n_y - dy\, n_x). \tag{6.61}$$

考えているレンズ状の領域を薄くとれば，$|\partial h/\partial x| \ll 1$, $|\partial h/\partial y| \ll 1$ である．したがって $n_x = -\partial h/\partial x$, $n_y = -\partial h/\partial y$ とおけるので，

$$F_z = -\gamma \oint \left( dx \frac{\partial h}{\partial y} - dy \frac{\partial h}{\partial x} \right). \tag{6.62}$$

グリーンの定理を用いると

$$F_z = \gamma \int dxdy \left( \frac{\partial^2 h}{\partial x^2} + \frac{\partial^2 h}{\partial y^2} \right) = -2\gamma H A_0. \tag{6.63}$$

ここで液体の平均曲率 $H$ は

$$H = -\frac{1}{2} \left( \frac{\partial^2 h}{\partial x^2} + \frac{\partial^2 h}{\partial y^2} \right) \tag{6.64}$$

で与えられることを用いた．(6.60)と(6.63)が等しいことから(6.27)が成立することがわかる．

# 7 ブラウン運動と熱ゆらぎ

## 7.1 はじめに

これまでの章では，ソフトマターの平衡状態で見られる現象について述べてきたが，これからの章ではソフトマターの非平衡状態で見られる現象について述べていく．とくに，ソフトマターにおける物質の移動(拡散，浸透，流動)などの現象を議論していく．本章と次の章では，その基礎となる考え方について説明をする．

ソフトマターの構成要素は，たくさんの原子を含む巨大なものである．そのため，ソフトマターの運動を記述するには，原子スケールとマクロなスケールの中間スケール(メソスケール)の取り扱いが必要となる．

本章ではメソスケール理論の代表であるブラウン運動の理論について述べる．アインシュタイン(A. Einstein)によって創始されたこの理論は，マクロ世界を記述する方程式に，ミクロ世界の特徴である熱運動の効果を取り入れ，分子の世界とマクロの世界をスムーズにつないでいる．ここで用いられている考え方は，メソスケールを扱う理論を構築するときの手本ともいうべきものになっている．

アインシュタインの理論の重要な点は，粒子のブラウン運動が，外力に対する粒子の応答と関係していることを示したことである．このような関係は，熱平衡状態のゆらぎと応答の間に一般的に成り立ち，揺動散逸定理と呼ばれている．この定理から導かれる応答関数の対称性は，次の章で述べる変分原理の基礎となっており，ソフトマターのダイナミクスを議論する上での共通基盤を与えている．

## 7.2 並進のブラウン運動

### 7.2.1 微粒子のランダムな運動

流体中に浮遊する微粒子を顕微鏡で観察すると，ランダムに運動しているのが見える．球形粒子であれば，図 7.1(a)に示すように，粒子の重心が時刻とともにランダムに動いているのを見ることができる．また，棒状粒子であれば，粒子の重心が移動すると同時に，粒子の向きもランダムに変わっているのを見ることができる．このような運動は，その発見者ブラウン(R. Brown)の名前をとって**ブラウン運動**(Brownian motion)と呼ばれている．

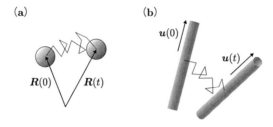

図 **7.1** (a)球形粒子のブラウン運動．(b)棒状粒子のブラウン運動．

ブラウン運動は，分子の世界で起こっている熱運動の現れである．統計力学によれば，質量 $m$ の粒子は，温度 $T$ の平衡状態において，$\sqrt{k_BT/m}$ 程度の大きさの速度をもっている．質量 $m=1$ g の巨視的な粒子では，この速度は 1 nm/s の程度となって，観測にかからないほど小さい．一方，分子(例えば窒素分子)では，この速度は 300 m/s にも達する．巨視的な粒子と分子の間にあるコロイド粒子では，この速度のゆらぎがブラウン運動として観測される．ブラウン運動をしている粒子を**ブラウン粒子**(Brownian particle)という．

### 7.2.2 時間相関関数

粒子がブラウン運動しているとき，その位置，向き，速度などの物理量は時間とともにランダムに変動している．このような変動を特徴づけるために，異なる時刻における物理量の相関を考えよう．

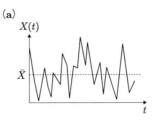

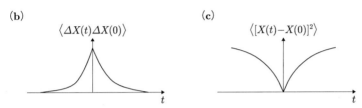

**図 7.2** (a)時間とともにランダムに変動する物理量 $X(t)$ の観測値の例．(b)時刻 0 と時刻 $t$ における $X$ のゆらぎ $\Delta X(t)=X(t)-\bar{X}$ の相関．(c)時間 $t$ だけたったときの $X$ の変化分 $X(t)-X(0)$ の 2 乗平均 $\langle(X(t)-X(0))^2\rangle$．

図 7.2(a)に示すような時間とともにランダムに変動する物理量 $X(t)$ を考える．同一の条件で多数の観測を行なったときの平均を $\langle...\rangle$ で表す．系が定常状態にあるとき，$X(t)$ の平均 $\langle X(t)\rangle$ は時間によらないのでこれを $\bar{X}$ と書く：

$$\bar{X} = \langle X(t)\rangle. \tag{7.1}$$

時刻 $t$ における $X(t)$ の平均値からのずれを

$$\Delta X(t) = X(t)-\bar{X} \tag{7.2}$$

とし，異なる時刻 $t_1, t_2$ における $\Delta X(t)$ の相関 $\langle \Delta X(t_1)\Delta X(t_2)\rangle$ を考えよう．系が定常であるので，$\langle \Delta X(t_1)\Delta X(t_2)\rangle$ は時間差 $t_1-t_2$ にしかよらない：

$$\langle \Delta X(t_1)\Delta X(t_2)\rangle = \langle \Delta X(t_1-t_2)\Delta X(0)\rangle = \langle \Delta X(0)\Delta X(t_2-t_1)\rangle. \tag{7.3}$$

$\langle \Delta X(t)\Delta X(0)\rangle$ を時間 $t$ の関数とみて，これを**時間相関関数**(time correlation function)という．(7.3)より，$\langle \Delta X(t)\Delta X(0)\rangle$ は $t$ の偶関数であることがただ

ちに導かれる.

粒子の重心位置のように,$\bar{X}$ を定義しにくい物理量については,平均値からのずれの相関 $\langle \Delta X(t) \Delta X(0) \rangle$ を考えるより,時間が $t$ だけたったときの $X(t)$ の変化分の2乗平均

$$\langle (X(t)-X(0))^2 \rangle \tag{7.4}$$

を考えるほうが便利である.$\langle (X(t)-X(0))^2 \rangle$ も $t$ の偶関数である.

(7.2),(7.3)を用いると

$$\langle (X(t)-X(0))^2 \rangle = \langle (\Delta X(t)-\Delta X(0))^2 \rangle = 2\langle \Delta X(0)^2 \rangle - 2\langle \Delta X(t) \Delta X(0) \rangle \tag{7.5}$$

の関係がある.したがって $\langle \Delta X(0)^2 \rangle$ が有限の物理量について考えるときは,$\langle \Delta X(t) \Delta X(0) \rangle$ と $\langle (X(t)-X(0))^2 \rangle$ のどちらを用いても良い.

### 7.2.3 速度の時間相関関数と拡散定数

さて半径 $a$ の球形粒子のブラウン運動を考えることにする.時刻 $t$ における粒子の重心の座標を $X(t)$ とする.粒子の速度を $V(t)=\dot{X}(t)$ とすると,時間 $t$ の間の粒子の変位は次のように表される:

$$X(t)-X(0) = \int_0^t dt_1 V(t_1). \tag{7.6}$$

変位の2乗平均は次のように書ける:

$$\langle (X(t)-X(0))^2 \rangle = \left\langle \int_0^t dt_1 \int_0^t dt_2 V(t_1)V(t_2) \right\rangle = \int_0^t dt_1 \int_0^t dt_2 \langle V(t_1)V(t_2) \rangle. \tag{7.7}$$

$\langle V(t_1)V(t_2) \rangle$ が $t_1-t_2$ の偶関数であることを用いると,(7.7)の右辺は次のように書き換えられる:

$$\begin{aligned}\langle (X(t)-X(0))^2 \rangle &= \int_0^t dt_1 \int_0^t dt_2 \langle V(t_1-t_2)V(0) \rangle \\ &= 2\int_0^t dt_1 \int_0^{t_1} dt' \langle V(t')V(0) \rangle \end{aligned} \tag{7.8}$$

速度の時間相関関数 $\langle V(t)V(0)\rangle$ は $t=0$ のとき,平衡状態における速度の 2 乗平均 $\langle V^2\rangle=k_BT/m$ に等しくなる(ここで $m$ は粒子の質量).$t$ が大きくなると $\langle V(t)V(0)\rangle$ は減少し,ついには 0 となる.$\langle V(t)V(0)\rangle$ の緩和を特徴づける時間を**速度相関時間**(velocity correlation time)とよび $\tau_v$ で表すと速度相関関数はおおむね次のように書ける:

$$\langle V(t)V(0)\rangle \approx \frac{k_BT}{m}e^{-|t|/\tau_v}. \tag{7.9}$$

$\tau_v$ は次のような議論から見積もることができる.粒子が溶媒中を速度 $V$ で運動すれば,それには $-\zeta V$ という粘性抵抗力が働く.ここで $\zeta$ は粘性抵抗係数である.$\zeta$ は,球の半径 $a$ と溶媒の粘度 $\eta$ を用いて

$$\zeta = 6\pi\eta a \tag{7.10}$$

と表される.したがって,粒子の運動方程式は次のようになる:

$$m\frac{dV}{dt} = -\zeta V. \tag{7.11}$$

(7.11)によれば,速度は緩和時間 $m/\zeta$ で減衰するので $\tau_v$ は

$$\tau_v \simeq \frac{m}{\zeta} \tag{7.12}$$

で見積もることができる.球の密度を $\rho$ とすれば,$m \simeq \rho a^3$ であるので $\tau_v$ は $\rho a^2/\eta$ の程度である.$a=0.1\ \mu\mathrm{m}$ では $\tau_v \simeq 10^{-8}\ \mathrm{s}$ となり,これはソフトマターで通常問題にする時間($\geq 10^{-5}\ \mathrm{s}$)に比べて非常に短い.

そこで以下 $\tau_v \to 0$ の極限で考えることにする.この極限では速度相関関数は

$$\langle V(t)V(0)\rangle = 2D\delta(t) \tag{7.13}$$

と書くことができる.ここで $D$ は**拡散定数**(diffusion constant)[*1]と呼ばれる

---

[*1] ここで定義される拡散定数は,厳密には**自己拡散定数**(self diffusion constant)と呼ばれるものである.(7.14)が示すように,自己拡散定数は着目した粒子が媒質のなかで動くときの変位の 2 乗平均から求めることができる.拡散方程式の中に現れる通常の拡散定数と自己拡散定数との違いは第 9 章で説明する.

定数である．(7.8)と(7.13)より

$$\langle (X(t)-X(0))^2 \rangle = 2Dt \tag{7.14}$$

の関係がある．

上の議論において，$\tau_v \to 0$ の極限を考えたが，一様な媒質中のブラウン運動においては，$t$ が大きなところで $\langle (X(t)-X(0))^2 \rangle$ は常に $t$ に比例する．なぜなら，(7.8)において，$t'$ についての積分は，$t_1$ が $\tau_v$ より大きなところで一定値に収束するからである．積分の収束値が拡散定数と等しくなることは(7.14)より直ちにわかる．よって，拡散定数 $D$ は一般に次の式で与えられる：

$$D = \int_0^\infty dt \langle V(t)V(0) \rangle. \tag{7.15}$$

### 7.2.4 ランジュヴァン方程式

これまでは，外力の影響を受けていない自由粒子のブラウン運動を考えてきた．ここからは，あるポテンシャル場の中におかれている粒子のブラウン運動を考えよう．例えば，重力場の中では，粒子は沈降しつつブラウン運動している．位置 $X$ にある粒子のポテンシャルエネルギーを $U(X)$ とすると，粒子に働く力は

$$F(X) = -\frac{\partial U}{\partial X} \tag{7.16}$$

と表される．この力によって粒子がある速度 $V$ で運動すると，粒子は流体から速度に比例した粘性抵抗力 $-\zeta V$ を受ける．$\tau_v \to 0$ の極限では，ポテンシャル力と，粘性抵抗力は常につりあっているので，粒子の速度は次のように与えられる：

$$V = -\frac{1}{\zeta}\frac{\partial U}{\partial X}. \tag{7.17}$$

(7.17)は粒子の平均速度を表している．ブラウン運動の影響を考慮すると，粒子の速度は，この速度のまわりでゆらいでいる．速度のゆらぎを考慮すると粒子位置の時間変化を記述する方程式は次のようになる：

$$\frac{dX}{dt} = -\frac{1}{\zeta}\frac{\partial U}{\partial X} + V_r(t). \tag{7.18}$$

ここで, $V_r(t)$ は速度のゆらぎを表す項である.

速度のゆらぎは, 周りの流体分子の熱運動によるものであるから, $V_r(t)$ の統計的な性質は, 粒子に他から力が働いているかどうかとは無関係なはずである[*2]. したがって, $V_r(t)$ は, 自由粒子の速度のゆらぎと同じであると考えることができる. すると (7.13) より $V_r(t)$ は次の式を満たす：

$$\langle V_r(t) \rangle = 0, \qquad \langle V_r(t) V_r(t') \rangle = 2D\delta(t-t'). \tag{7.19}$$

(7.18) のように確率的な要素を含んだ時間発展方程式を**ランジュヴァン方程式**(Langevin equation) という. ランジュヴァン方程式は, ブラウン運動を, 最も直截的に表す方程式である. ランジュヴァン方程式を利用したブラウン運動の解析例は 7.2.6 節に示す.

### 7.2.5 スモルコフスキー方程式

粒子のブラウン運動は, 個々の粒子の振る舞いだけでなく, 粒子集団の振る舞いに対しても影響を与える. 図 7.3 に示すような, 希薄な粒子分散系の沈降を考えよう. 粒子の速度が, (7.17) で与えられるとすると, 粒子は, 容器の底に到達してそこで静止する. しかし, 粒子サイズが小さくなると, 粒子はすべて容器の底に沈むわけではない. 微小な粒子においては, 図 7.3 に示すようなある濃度分布が実現したところで, 微粒子の分布は平衡に達する. たとえば, タンパク質分子のような半径数 nm の粒子では, 粒子は沈降することなく溶液中にほとんど均一に分布する.

平衡状態の濃度分布は統計力学で与えられる. 位置 $x$ における粒子の数密度 (単位体積中の粒子数) を $n(x)$ とすると, 位置 $x$ にある粒子の化学ポテンシャルは

---

[*2] この議論は, ポテンシャル力によって流体の性質が大きく乱されることがないことを前提にしている. 例えば, 粒子運動に伴う発熱により, 流体の温度が変化するような強い力が加えられたときには, ここでの議論を使うことはできない.

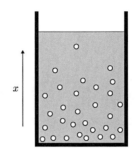

図 7.3 重力場のもとでの粒子の沈降.

$$\mu(x) = \mu_0 + k_B T \ln n(x) + U(x) \tag{7.20}$$

で与えられる．熱平衡状態では，粒子の化学ポテンシャル $\mu(x)$ は一定でなくてはならないので，

$$n_{\mathrm{eq}}(x) = n_0 \exp\left(-\frac{U(x)}{k_B T}\right) \tag{7.21}$$

となる．すなわち，粒子の分布はボルツマン分布で与えられる．

　粒子がすべて容器の底に沈まないのは，粒子のブラウン運動のためである．ブラウン運動によって，粒子が動き回っているために，底から離れたところにも粒子が存在するのである．

　(7.20)を用いて，粒子のブラウン運動の効果をマクロな運動法則のなかに取り入れることができる．時刻 $t$，場所 $x$ における粒子の数密度を $n(x,t)$ とする．粒子数の保存則は次のように書くことができる：

$$\frac{\partial n}{\partial t} = -\frac{\partial n\bar{V}}{\partial x}. \tag{7.22}$$

ここで $n\bar{V}$ は位置 $x$ におかれた単位面積の面を単位時間に通過する粒子の平均の数を表す．$\bar{V}$ が(7.17)で与えられるすると(7.22)の平衡解が(7.21)でなくてはならないという統計力学の要請と矛盾してしまう．この矛盾を解消するために，粒子に働く力はポテンシャルの勾配 $-\partial U/\partial x$ で与えられるのではなく，化学ポテンシャルの勾配 $-\partial \mu/\partial x$ で与えられると考えることにする．すなわち

$$\bar{V} = -\frac{1}{\zeta}\frac{\partial \mu}{\partial x} = -\frac{1}{\zeta}\frac{\partial}{\partial x}(k_{\mathrm{B}}T\ln n + U). \tag{7.23}$$

平衡分布(7.21)に対して，$\bar{V}$ は 0 となるので，(7.23)はたしかに，統計力学の要請を満たしている．

(7.22)を用いると $n(x,t)$ の時間変化は次のようになる：

$$\frac{\partial n}{\partial t} = \frac{k_{\mathrm{B}}T}{\zeta}\frac{\partial}{\partial x}\left(\frac{\partial n}{\partial x} + \frac{n}{k_{\mathrm{B}}T}\frac{\partial U}{\partial x}\right). \tag{7.24}$$

この式はポテンシャル場 $U(x)$ の中におかれた粒子の拡散を表している．

(7.24)において $U=0$ とすると，通常の拡散方程式が得られる：

$$\frac{\partial n}{\partial t} = D\frac{\partial^2 n}{\partial x^2}. \tag{7.25}$$

ここで拡散定数 $D$ は次の式で与えられる：

$$D = \frac{k_{\mathrm{B}}T}{\zeta}. \tag{7.26}$$

拡散方程式(7.25)によれば，粒子の変位の2乗平均が(7.14)で与えられることは容易に示すことができる．したがって，(7.26)で定義された拡散定数は，(7.14)の拡散定数と同じものである．言い換えれば，拡散定数は(7.26)によって，粒子の摩擦定数と関係している[*3]．拡散定数が粒子の摩擦定数と関係づけられることは，アインシュタインが発見したことであり，(7.26)は**アインシュタインの関係式**(Einstein's relation)と呼ばれている．

希薄溶液では，粒子は独立に運動するので，粒子の濃度分布を考える代わりに，粒子位置の確率分布を考えても同様の議論をすることができる．同じ初期条件から出発した粒子の多数の軌跡を考え，粒子が時刻 $t$ において位置 $x$ にある確率を $\psi(x,t)$ とする．$\psi(x,t)$ は $n(x,t)$ と同じ式を満たす：

$$\frac{\partial \psi}{\partial t} = D\frac{\partial}{\partial x}\left(\frac{\partial \psi}{\partial x} + \frac{\psi}{k_{\mathrm{B}}T}\frac{\partial U}{\partial x}\right). \tag{7.27}$$

分布関数の時間発展を表すこの式は**スモルコフスキー方程式**(Smoluchowski equation)と呼ばれている．

---

[*3] この関係は希薄な粒子分散系についてのみ成り立つ式である．粒子濃度が高くなったときの(7.26)の拡張については，第9章で議論する．

ここで,拡散方程式やスモルコフスキー方程式に現れる $-k_\mathrm{B}T\partial\ln n/\partial x$ や $-k_\mathrm{B}T\partial\ln\psi/\partial x$ という力は,粒子のランダムな運動の効果を表している.粒子がランダムに動くと,粒子は平均的には,濃度の高い方から低い方に流れる.この効果を表現しているのが $-k_\mathrm{B}T\partial\ln\psi/\partial x$ という力である.第9章で示すように,この力は浸透圧と同等なものである.

### 7.2.6 調和振動子の例

上に導いた方程式を用いて,調和ポテンシャルの中を運動する粒子のブラウン運動の様子を調べてみよう.ポテンシャル $U(X)$ が次のように与えられるとする:

$$U(X) = \frac{1}{2}kX^2. \tag{7.28}$$

最初に $t=0$ で位置 $X_0$ にあった粒子の,時刻 $t$ ($t>0$) での平均位置 $\langle X(t)\rangle$ を求めてみよう.

ポテンシャル(7.28)に対し,ランジュヴァン方程式(7.18)は次のようになる:

$$\frac{dX}{dt} = -\frac{k}{\zeta}X + V_\mathrm{r}(t) = -\frac{X}{\tau} + V_\mathrm{r}(t). \tag{7.29}$$

ここで

$$\tau = \frac{\zeta}{k} \tag{7.30}$$

である.$X(0)=X_0$ という初期条件の下で,(7.29)を解くと次のようになる:

$$X(t) = X_0 e^{-t/\tau} + \int_0^t dt_1 e^{-(t-t_1)/\tau} V_\mathrm{r}(t_1). \tag{7.31}$$

(7.31)の両辺の平均をとり,(7.19)を用いると $\langle X(t)\rangle$ が次のように求められる.

$$\langle X(t)\rangle = X_0 e^{-t/\tau}. \tag{7.32}$$

同じ結果はスモルコフスキー方程式から出発しても得ることができる.$\psi(x,t)$ についてのスモルコフスキー方程式は次のようになる:

$$\frac{\partial \psi}{\partial t} = D \frac{\partial}{\partial x}\left(\frac{\partial \psi}{\partial x} + \frac{kx}{k_{\rm B}T}\psi\right). \tag{7.33}$$

時刻 $t$ における粒子の平均位置は

$$\langle X(t) \rangle = \int_{-\infty}^{\infty} dx\, x\psi(x,t) \tag{7.34}$$

で与えられる．(7.33)の両辺に $x$ をかけ，$x$ について $-\infty$ から $\infty$ まで積分をすると

$$\frac{\partial \langle X(t) \rangle}{\partial t} = \int_{-\infty}^{\infty} dx\, x D \frac{\partial}{\partial x}\left(\frac{\partial \psi}{\partial x} + \frac{kx}{k_{\rm B}T}\psi\right). \tag{7.35}$$

部分積分を用いて右辺を変形すると

$$\frac{\partial \langle X(t) \rangle}{\partial t} = -D\int_{-\infty}^{\infty} dx\left(\frac{\partial \psi}{\partial x} + \frac{kx}{k_{\rm B}T}\psi\right) = -\frac{Dk}{k_{\rm B}T}\int_{-\infty}^{\infty} dx\, x\psi = -\frac{1}{\tau}\langle X(t) \rangle. \tag{7.36}$$

初期条件 $\langle X(0) \rangle = X_0$ のもとでこの方程式を解くと (7.32) と同じ結果が得られる．

次に，粒子位置の時間相関関数 $\langle X(t)X(0) \rangle$ を求めてみよう（今の場合，平衡状態における粒子の平均位置 $\bar{X}$ は 0 である）．時刻 $t=0$ において位置 $X_0$ にあった粒子の，時刻 $t\ (t>0)$ での平均位置は (7.32) で与えられる．したがって $X(t)X(0)$ の平均は次のように計算できる：

$$\langle X(t)X(0) \rangle = \langle X_0^2 \rangle e^{-t/\tau}. \tag{7.37}$$

$X_0$ の分布は平衡状態の分布関数 $\exp(-\beta U(X_0)) = \exp(-kX_0^2/2k_{\rm B}T)$ で与えられるので，$\langle X_0^2 \rangle = k_{\rm B}T/k$ である．よって

$$\langle X(t)X(0) \rangle = \frac{k_{\rm B}T}{k} e^{-|t|/\tau}. \tag{7.38}$$

ここで，$\langle X(t)X(0) \rangle$ が $t$ の偶関数であることを用いて $t$ を $|t|$ で置き換えた．

(7.5) を用いると，粒子が時間 $t$ の間に動いた距離の 2 乗平均 $\langle (X(t)-X(0))^2 \rangle$ も計算できる：

$$\langle (X(t)-X(0))^2 \rangle = 2[\langle X(0)^2 \rangle - \langle X(t)X(0) \rangle] = \frac{2k_{\rm B}T}{k}(1-e^{-|t|/\tau}). \tag{7.39}$$

(7.39)によれば，$\langle (X(t)-X(0))^2 \rangle$ は $t\to\infty$ において，ある有限の値 $2k_\mathrm{B}T/k$ に近づく．これは，粒子が調和ポテンシャルによって拘束されているからである．ポテンシャルの強さ $k$ を 0 にする極限を考えれば，$\tau$ は無限大となるので (7.39) は次のようになる：

$$\langle (X(t)-X(0))^2 \rangle = \frac{2k_\mathrm{B}T|t|}{k\tau} = 2D|t|. \tag{7.40}$$

これは，自由粒子の拡散の結果(7.14)と一致している．

後の目的のため，粒子速度の時間相関関数 $\langle V(t)V(0) \rangle$ を計算しておこう．(7.8)の両辺を $t$ で 2 度微分すると

$$\langle V(t)V(0) \rangle = \frac{1}{2} \frac{\partial^2}{\partial t^2} \langle (X(t)-X(0))^2 \rangle. \tag{7.41}$$

$\langle (X(t)-X(0))^2 \rangle$ は(7.39)で与えられる．この勾配が $t=0$ で不連続になることに注意して(7.41)の右辺を計算すると次のようになる[*4]：

$$\langle V(t)V(0) \rangle = 2D\delta(t) - \frac{D}{\tau} e^{-|t|/\tau}. \tag{7.43}$$

速度の時間相関関数は，$t=0$ の鋭いピークに続いて，緩和時間 $\tau$ でゆっくり減衰する負の相関をもつ．$t=0$ の鋭いピークは，ランジュヴァン方程式のランダムな速度の相関(7.13)を反映したものである．緩和時間 $\tau$ でゆっくり減衰する部分は，バネの復元力の効果を表している．

## 7.3 回転のブラウン運動

### 7.3.1 外場による棒状粒子の回転

前節では，並進運動に対する熱運動の効果を考えたが，この節では，回転運動に対する熱運動の効果を考える．例として図 7.1(b) に示す長い棒状の粒子

---

[*4] この計算は次のようにする．$\Theta(t)$ を $t>0$ で 1，$t<0$ で 0 となる階段関数と定義すると

$$\frac{d}{dt} e^{-|t|/\tau} = -\frac{1}{\tau} e^{-t/\tau} \Theta(t) + \frac{1}{\tau} e^{t/\tau} \Theta(-t). \tag{7.42}$$

これと $\frac{d}{dt} \Theta(t) = \delta(t)$ を用いて(7.41)の右辺を計算すると(7.43)が得られる．

を考えることにする．棒状の粒子は回転と同時に並進もしているが，この二つの運動は独立であるので，ここでは回転運動だけを取り出して考えることにする．

回転のブラウン運動を記述するために，棒の長軸方向の単位ベクトルを $\boldsymbol{u}$ とし，その分布関数 $\psi(\boldsymbol{u},t)$ の時間発展を考えよう[*5]．粒子が角速度 $\boldsymbol{\omega}$ で回転しているときには $\boldsymbol{u}$ の時間変化 $\dot{\boldsymbol{u}}$ は $\boldsymbol{\omega}\times\boldsymbol{u}$ で与えられるので[*6]，粒子数の保存は次のように書くことができる：

$$\frac{\partial \psi}{\partial t} = -\frac{\partial}{\partial \boldsymbol{u}}\cdot(\boldsymbol{\omega}\times\boldsymbol{u}\psi) = -\left(\boldsymbol{u}\times\frac{\partial}{\partial \boldsymbol{u}}\right)\cdot(\boldsymbol{\omega}\psi). \tag{7.44}$$

ここで，回転の微分演算子を次のように定義すると，

$$\mathcal{R} = \boldsymbol{u}\times\frac{\partial}{\partial \boldsymbol{u}}. \tag{7.45}$$

保存則は次のように書ける：

$$\frac{\partial \psi}{\partial t} = -\mathcal{R}\cdot(\boldsymbol{\omega}\psi). \tag{7.46}$$

演算子 $\mathcal{R}$ は並進運動のナブラ演算子 $\boldsymbol{\nabla}$ に相当するものである．以下にみるように，回転運動のスモルコフスキー方程式は，並進運動における $\boldsymbol{\nabla}$ を $\mathcal{R}$ で置きかえたもので与えられる[*7]．

並進運動の場合と同様，角速度 $\boldsymbol{\omega}$ は，粒子に働いている外力と関係づけることができる．棒状粒子が静止した流体中を角速度 $\boldsymbol{\omega}$ で回転していたとしよう．すると棒には，流体の粘性によるトルク $\boldsymbol{T}_H$ が働く．回転速度が小さな場合は，粘性によるトルク $\boldsymbol{T}_H$ は $\boldsymbol{\omega}$ に比例し，次のように書くことができる：

$$\boldsymbol{T}_H = -\zeta_\mathrm{r}\boldsymbol{\omega}. \tag{7.47}$$

---

[*5] $\boldsymbol{u}$ の分布関数の定義については 88 頁参照．

[*6] 棒は細いので，棒の長軸周りの回転は無視することができる．したがって，ここでは，角速度ベクトル $\boldsymbol{\omega}$ は $\boldsymbol{u}$ に垂直であると仮定している．

[*7] 演算子 $\mathcal{R}$ は量子力学の角運動量演算子と関係している．量子力学の角運動量演算子は粒子の座標を $\boldsymbol{r}$ として，$\hat{\boldsymbol{L}}=-i\hbar\boldsymbol{r}\times\partial/\partial\boldsymbol{r}$ で与えられる．$\boldsymbol{u}$ を $\boldsymbol{r}$ 方向の単位ベクトルとすれば，$\hat{\boldsymbol{L}}=-i\hbar\mathcal{R}$ と書ける．

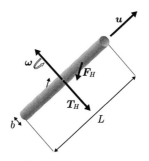

**図 7.4** 粘性流体中を回転する棒状粒子の回転角速度 $\boldsymbol{\omega}$ と粘性トルク $\boldsymbol{T}_H$.

$\zeta_r$ は**回転の摩擦定数**(rotational friction constant)と呼ばれる. $\zeta_r$ は, 次章 8.2.3 節に述べる方法によって, 流体力学的に計算できるが, ここでは簡単な見積もりを行なう.

棒の長さを $L$, 直径を $b$ とする. 図 7.4 に示すように棒が角速度 $\omega$ で回転していたとすると, 棒の片側は, 速度 $V \simeq \omega L$ で流体中を動く. するとこの部分には流体から抵抗力 $F_H \simeq -\eta L V \simeq -\eta \omega L^2$ が働く. 反対側には, 同じ大きさの粘性抵抗力が逆向きに働く. よって, 流体の粘性によるトルクは次のように与えられる:

$$T_H \simeq L F_H \simeq -\eta L^3 \omega. \qquad (7.48)$$

したがって回転の摩擦定数 $\zeta_r$ は $\eta L^3$ の程度である. 詳しい計算によると[*8],

$$\zeta_r = \frac{\pi \eta L^3}{3(\ln(L/b) - 0.8)}. \qquad (7.49)$$

ここで $b$ は棒の断面の直径である.

一方, 外力のポテンシャル $U(\boldsymbol{u})$ によって, 粒子にはトルク $\boldsymbol{T}$ が働く, このトルクは, 次のように計算することができる. 粒子を回転ベクトル $\delta\boldsymbol{\phi}$ だけ回転させると, 粒子に対して $-\boldsymbol{T}\cdot\delta\boldsymbol{\phi}$ だけの仕事をする. この仕事は粒子のポテンシャルエネルギーの変化 $U(\boldsymbol{u}+\delta\boldsymbol{u}) - U(\boldsymbol{u})$ に等しい. ここで $\delta\boldsymbol{u} = \delta\boldsymbol{\phi} \times \boldsymbol{u}$ であるので,

---

[*8] 巻末文献 [14] 参照.

$$-\boldsymbol{T}\cdot\delta\boldsymbol{\phi}=U(\boldsymbol{u}+\delta\boldsymbol{\phi}\times\boldsymbol{u})-U(\boldsymbol{u})=(\delta\boldsymbol{\phi}\times\boldsymbol{u})\cdot\frac{\partial U}{\partial \boldsymbol{u}}=\delta\boldsymbol{\phi}\cdot\left(\boldsymbol{u}\times\frac{\partial U}{\partial \boldsymbol{u}}\right)=\delta\boldsymbol{\phi}\cdot\mathcal{R}U. \tag{7.50}$$

よって，粒子に働くトルクは次のように与えられる：

$$\boldsymbol{T}=-\mathcal{R}U. \tag{7.51}$$

(7.47), (7.51)とトルクのつりあいの式 $\boldsymbol{T}+\boldsymbol{T}_H=0$ より，外場 $U$ のもとでの粒子の回転速度が次のように求まる：

$$\boldsymbol{\omega}=-\frac{1}{\zeta_\mathrm{r}}\mathcal{R}U. \tag{7.52}$$

これは，並進運動の(7.17)式に対応する式である．

### 7.3.2 回転拡散方程式

棒状粒子の向きは，熱運動の影響で，時々刻々変わっている．その結果，$\boldsymbol{u}$ は単位球面上を，ランダムに運動している．このような熱運動の効果は，7.2.5節と同様の方法で考慮することができる．すなわち，$\boldsymbol{\omega}$ は，(7.52)で与えられるのではなく，次の式で与えられると考えればよい：

$$\boldsymbol{\omega}=-\frac{1}{\zeta_\mathrm{r}}\mathcal{R}(k_\mathrm{B}T\ln\psi+U). \tag{7.53}$$

(7.46)と(7.53)より，$\psi(\boldsymbol{u},t)$ の時間発展方程式が次のようになる：

$$\frac{\partial \psi}{\partial t}=D_\mathrm{r}\mathcal{R}\cdot\left(\mathcal{R}\psi+\frac{\psi}{k_\mathrm{B}T}\mathcal{R}U\right). \tag{7.54}$$

ここで

$$D_\mathrm{r}=\frac{k_\mathrm{B}T}{\zeta_\mathrm{r}} \tag{7.55}$$

は**回転の拡散定数**(rotational diffusion constant)と呼ばれる．

回転拡散の特徴を見るため，外場のない状態($U=0$ の状態)を考え，$t=0$ で粒子が $\boldsymbol{u}_0$ の方向を向いていたとする．時間が経過するにつれ回転のブラウン運動により $\boldsymbol{u}$ は $\boldsymbol{u}_0$ から離れていく．時刻 $t$ での $\boldsymbol{u}$ の平均

$$\langle \boldsymbol{u}(t) \rangle = \int d\boldsymbol{u}\, \psi(\boldsymbol{u}, t)\boldsymbol{u} \tag{7.56}$$

がどうなるかを考えよう．

$\psi(\boldsymbol{u}, t)$ の時間発展方程式は

$$\frac{\partial \psi}{\partial t} = D_{\mathrm{r}} \mathcal{R}^2 \psi \tag{7.57}$$

で与えられる．(7.57)の両辺に $\boldsymbol{u}$ を掛けて $\boldsymbol{u}$ について単位球面上で積分をすると

$$\frac{\partial}{\partial t}\langle \boldsymbol{u}(t) \rangle = \int d\boldsymbol{u}\, \boldsymbol{u} \frac{\partial \psi}{\partial t} = D_{\mathrm{r}} \int d\boldsymbol{u}\, \boldsymbol{u} \mathcal{R}^2 \psi \tag{7.58}$$

演算子 $\mathcal{R}$ は，$\nabla$ 演算子と同様，部分積分の公式を満たす．すなわち任意の関数 $\psi(\boldsymbol{u})$, $\phi(\boldsymbol{u})$ について次の式が成り立つ：

$$\int d\boldsymbol{u}\, \psi(\boldsymbol{u})[\mathcal{R}\phi(\boldsymbol{u})] = -\int d\boldsymbol{u}\, [\mathcal{R}\psi(\boldsymbol{u})]\phi(\boldsymbol{u}). \tag{7.59}$$

この公式を 2 度用いると (7.58) の右辺は

$$\frac{\partial}{\partial t}\langle \boldsymbol{u}(t) \rangle = D_{\mathrm{r}} \int d\boldsymbol{u}\, \underline{(\mathcal{R}^2 \boldsymbol{u})} \psi. \tag{7.60}$$

下線部を計算するために，次の公式を用いる：

$$\mathcal{R}_\alpha u_\beta = -e_{\alpha\beta\gamma} u_\gamma. \tag{7.61}$$

ここで $\alpha, \beta, \gamma$ はベクトルの成分を示す $x, y, z$ を示し，$e_{\alpha\beta\gamma}$ は次のように定義される**レヴィ - チヴィタの記号**(Levi-Civita's notation)である：

$$e_{\alpha\beta\gamma} = \begin{cases} 1 & (\alpha, \beta, \gamma) \text{ が } (x, y, z) \text{ の偶置換の場合} \\ -1 & (\alpha, \beta, \gamma) \text{ が } (x, y, z) \text{ の奇置換の場合} \\ 0 & \text{それ以外の場合．} \end{cases} \tag{7.62}$$

また，(7.61)では，第 4 章の 4.2.2 節に述べた和についてのアインシュタインの規約を用いている．

(7.61)を用いて計算を進めると，最終的に次の結果が得られる：

$$\mathcal{R}^2 u_\alpha = -2u_\alpha. \tag{7.63}$$

したがって (7.60) は

$$\frac{\partial}{\partial t}\langle \boldsymbol{u}(t)\rangle = -2D_{\mathrm{r}}\langle \boldsymbol{u}(t)\rangle. \tag{7.64}$$

初期条件 $\langle \boldsymbol{u}(0)\rangle = \boldsymbol{u}_0$ のもとで式 (7.64) を解くと

$$\langle \boldsymbol{u}(t)\rangle = \boldsymbol{u}_0 \exp(-2D_{\mathrm{r}}t). \tag{7.65}$$

よって，$\boldsymbol{u}(t)$ の時間相関関数は次のようになる：

$$\langle \boldsymbol{u}(t)\boldsymbol{u}(0)\rangle = \langle \boldsymbol{u}_0^2\rangle \exp(-2D_{\mathrm{r}}t) = \exp(-2D_{\mathrm{r}}t). \tag{7.66}$$

この式から，時間 $t$ の間の $\boldsymbol{u}(t)$ の変位の 2 乗平均 $\langle (\boldsymbol{u}(t)-\boldsymbol{u}(0))^2\rangle$ が，次のように計算できる：

$$\begin{aligned}\langle (\boldsymbol{u}(t)-\boldsymbol{u}(0))^2\rangle &= \langle \boldsymbol{u}(t)^2+\boldsymbol{u}(0)^2-2\boldsymbol{u}(t)\cdot\boldsymbol{u}(0)\rangle = 2-2\langle \boldsymbol{u}(t)\cdot\boldsymbol{u}(0)\rangle \\ &= 2[1-\exp(-2D_{\mathrm{r}}t)]. \end{aligned} \tag{7.67}$$

とくに，$tD_{\mathrm{r}} \ll 1$ の時には

$$\langle (\boldsymbol{u}(t)-\boldsymbol{u}_0)^2\rangle = 4D_{\mathrm{r}}t. \tag{7.68}$$

これは，2 次元平面状を拡散定数 $D_{\mathrm{r}}$ で動く点の平均 2 乗変位に等しい．

### 7.3.3 磁気緩和

回転拡散方程式の応用として，磁気モーメントをもっているコロイド粒子の磁場に対する応答を調べてみよう．鉄やコバルトを含む磁性微粒子は，永久磁気モーメントをもっている．そこで，軸方向 $\boldsymbol{u}$ に大きさ $\mu_{\mathrm{m}}$ の永久磁気モーメントをもつ棒状粒子からなるコロイド溶液を考えよう．粒子の磁気モーメントは $\mu_{\mathrm{m}}\boldsymbol{u}$ であり，粒子を含む溶液の単位体積あたりの磁気モーメントは

$$\boldsymbol{M} = n\mu_{\mathrm{m}}\langle \boldsymbol{u}\rangle \tag{7.69}$$

である．ここで $n$ は粒子の数密度である．

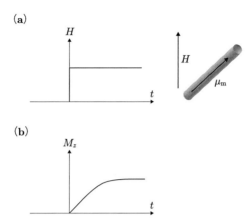

**図 7.5** 磁気モーメント $\mu_m$ をもつ棒状粒子のコロイド溶液に(a)のような磁場 $H$ を加えると，(b)のような磁化 $M_z$ の時間変化が見られる．

磁場がないときは粒子の向きは等方的であるので，$M$ は 0 である．磁場をかけると，粒子は磁気モーメントを磁場の方向をそろえようと回転をするので，$M$ は 0 でなくなる．図 7.5(a) に示すように，時刻 $t=0$ で大きさ $H$ の磁場を $z$ 軸方向にかけたとしよう．このときの磁気モーメントの $z$ 成分 $M_z$ の時間変化を求めてみよう．

磁場 $H$ の下での，粒子のポテンシャルエネルギーは次のようになる：

$$U(\bm{u}) = -\mu_m \bm{H}\cdot\bm{u}. \tag{7.70}$$

これより，磁場によるトルク $\bm{T}$ は次のようになる：

$$\bm{T} = -\mathcal{R}U = \mu_m \bm{u}\times\bm{H}. \tag{7.71}$$

したがって，$\bm{u}$ の分布の時間発展は次のようになる：

$$\frac{\partial \psi}{\partial t} = D_r \mathcal{R}\cdot(\mathcal{R}\psi - \beta\mu_m \bm{u}\times\bm{H}\psi). \tag{7.72}$$

前節と同じように両辺に $\bm{u}$ をかけ，$\bm{u}$ について積分をする．部分積分の公式 (7.59) を用いると

$$\frac{\partial \langle \bm{u} \rangle}{\partial t} = D_\mathrm{r} \int d\bm{u}\, \psi \left[ (\mathcal{R}^2 \bm{u}) + \beta \mu_\mathrm{m}(\mathcal{R}\bm{u}) \cdot (\bm{u} \times \bm{H}) \right]$$
$$= -2D_\mathrm{r} \left[ \langle \bm{u} \rangle - \frac{\mu_\mathrm{m}}{2k_\mathrm{B}T} \langle \bm{H} - \bm{u}\bm{u} \cdot \bm{H} \rangle \right]. \tag{7.73}$$

磁場 $\bm{H}$ が $z$ 軸方向を向いているとすると,この方程式の $z$ 成分は次のようになる:

$$\frac{\partial \langle u_z \rangle}{\partial t} = -2D_\mathrm{r} \left[ \langle u_z \rangle - \frac{\mu_\mathrm{m} H}{2k_\mathrm{B}T} \langle 1 - u_z^2 \rangle \right]. \tag{7.74}$$

磁場が弱く,$H\mu_\mathrm{m} \ll k_\mathrm{B}T$ が成り立つとしよう.このとき,$H$ について 1 次の項だけを考え,2 次以上の項は無視することができる.(7.74)の最後の項には $H$ がかかっているので,平均 $\langle 1-u_z^2 \rangle$ は,磁場がないときの平均 $\langle 1-u_z^2 \rangle_0$ で置き換えることができる.磁場がないときには $\bm{u}$ の分布は等方的であるので,$\langle u_z^2 \rangle_0 = 1/3$ である.よって,(7.74)は次のようになる:

$$\frac{\partial \langle u_z \rangle}{\partial t} = -2D_\mathrm{r} \left[ \langle u_z \rangle - \frac{\mu_\mathrm{m} H}{3k_\mathrm{B}T} \right]. \tag{7.75}$$

$t=0$ で $\langle u_z \rangle = 0$ であるとしてこの方程式を解くと

$$\langle u_z \rangle = \frac{\mu_\mathrm{m} H}{3k_\mathrm{B}T} \left[ 1 - \exp(-2D_\mathrm{r}t) \right]. \tag{7.76}$$

よって磁気モーメントは次のようになる:

$$M_z(t) = \frac{n\mu_\mathrm{m}^2 H}{3k_\mathrm{B}T} \left[ 1 - \exp(-2D_\mathrm{r}t) \right]. \tag{7.77}$$

この時間依存性を図 7.5(b) に示した.磁気モーメント $M_z(t)$ は緩和時間 $1/2D_\mathrm{r}$ で,平衡値 $n\mu_\mathrm{m}^2 H/3k_\mathrm{B}T$ に漸近してゆく.

## 7.4　ゆらぎと外場に対する応答

アインシュタインの関係式(7.26), (7.55)は,ブラウン運動による粒子の位置や速度のゆらぎは,粒子に力を加えたときの応答と関係していることを示している.このような関係式は,実は,一般に成り立っている.すなわち,平衡状態における物理量のゆらぎと,外場を加えたときの系の応答との間にはあ

る関係がある．これを**揺動散逸定理**(fluctuation-dissipation theorem)という．これについて述べる前に，応答を特徴付ける関数である応答関数と，熱ゆらぎを特徴付ける関数である時間相関関数について説明をしておく．

### 7.4.1 応答関数

平衡状態にある系に対して，外場 $h$ を加え，系を平衡状態からわずかに乱したとしよう．外場の効果は，系のハミルトニアンに外場ポテンシャルの項を付け加えることで表すことができる．この項は，一般に次のように表される：

$$U_h = -Xh. \tag{7.78}$$

このとき，物理量 $X$ は外場 $h$ に**共役**(conjugate)であるという．例えば，$h$ が粒子に加わる重力であるなら，$X$ は粒子の重心座標であり．$h$ が外部磁場 $H_z$ であるなら $X$ は系の磁化 $M_z$ である．

$X(t)$ の時間微分 $\dot{X}(t)$ を $V(t)$ で表し，以下これを速度と呼ぶことにする．外場がなければ，$X(t)$ の平均は時間によらないので，$V(t)$ の平均は 0 であるが，外場を加えると $V(t)$ の平均は 0 でなくなる．

外場の大きさが小さい場合には，外場と応答の間には，重ね合わせの原理が成り立つ．**重ね合わせの原理**(principle of superposition)とは次のような性質である．

> 外場 $h^{(1)}(t), h^{(2)}(t)$ を加えたときの応答(たとえば速度の平均)をそれぞれ $V^{(1)}(t)$, $V^{(2)}(t)$ とすると，外場 $h^{(1)}(t)+h^{(2)}(t)$ を加えたときの応答は $V^{(1)}(t)+V^{(2)}(t)$ で与えられる．

外場と応答の間に重ね合わせの原理が成立するとき，応答は**線形応答**(linear response)であるという．線形応答を示す系については任意の時間依存をもつ外場に対する応答は，応答関数とよばれるある関数を用いて表すことができる．

$t<0$ で平衡状態にあった系に対して，$t=0$ で階段関数的に変化する外場を加えたとしよう．外場の時間変化は次のように表される：

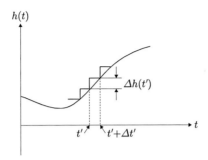

図 **7.6** 時間に依存する任意の外場 $h(t)$ は階段関数的な外場 $\Delta h(t')$ の重ね合わせで実現できる.

$$h(t) = h\Theta(t). \tag{7.79}$$

外場 $h(t)$ を与えたときの $V(t)$ の平均を $\langle V(t)\rangle_h$ と書く.階段的な外場に対しては重ね合わせの原理により,$\langle V(t)\rangle_h$ は外場の大きさ $h$ に比例しなくてはならないので,次のように書くことができる:

$$\langle V(t)\rangle_h = \alpha(t)h. \tag{7.80}$$

$\alpha(t)$ のことを**応答関数**(response function)と呼ぶ.

さて,階段関数でなく一般の時間依存性を持った外場 $h(t)$ を加えたときの応答を考えよう.図 7.6 に示すように,任意の時間依存の外場 $h(t)$ は,階段的な外場の重ね合わせと見ることができる:

$$h(t) = \sum_{t'} \Delta h(t')\Theta(t-t'). \tag{7.81}$$

ここで $\Delta h(t')=h(t'+\Delta t')-h(t')$ は時刻 $t'$ に加えられた階段的外場の大きさを表す.この外場は,時刻 $t$ において応答 $\alpha(t-t')\Delta h(t')$ をもたらす.これらを重ね合わせることにより,時刻 $t$ における応答が計算できる:

$$\langle V(t)\rangle_h = \sum_{t'} \alpha(t-t')\Delta h(t'). \tag{7.82}$$

$\Delta h(t')=(dh(t')/dt')\Delta t'$ とおき,$t'$ についての和を積分に置き換えると,

$$\langle V(t)\rangle_h = \int_{-\infty}^t dt' \alpha(t-t')\frac{dh(t')}{dt'}. \tag{7.83}$$

時間に依存する任意の外場 $h(t)$ についての系の応答は，階段的外場に対する応答 $\alpha(t)$ を用いて(7.83)から計算することができる．

系に複数の外場が加わった場合も同様に考えることができる．外場ポテンシャルは次のように表される：

$$U_h = -\sum_i X_i h_i. \tag{7.84}$$

階段的な外場 $h_i(t)=h_i\Theta(t)$ を加えたときの速度の応答は次のように書くことができる：

$$\langle V_i(t)\rangle_h = \sum_j \alpha_{ij}(t) h_j. \tag{7.85}$$

$\alpha_{ij}(t)$ のことを応答関数と呼ぶ．

外場に対する応答は，$X_i$ の変化 $\langle X_i(t)-X_i(0)\rangle_h$ によっても表すことができる．応答関数 $\beta_{ij}(t)$ を次のように定義する：

$$\langle X_i(t)-X_i(0)\rangle_h = \sum_j \beta_{ij}(t) h_j. \tag{7.86}$$

$\langle V_i(t)\rangle_h = \langle \dot{X}_i(t)\rangle_h$ であるから，$\beta_{ij}(t)$ と $\alpha_{ij}(t)$ は次の式で結ばれている：

$$\beta_{ij}(t) = \int_0^t dt' \alpha_{ij}(t'), \quad \alpha_{ij}(t) = \frac{d\beta_{ij}(t)}{dt}. \tag{7.87}$$

複数の外場がある場合には，(7.83)の関係は次のようになる：

$$\langle V_i(t)\rangle_h = \sum_j \int_{-\infty}^t dt' \alpha_{ij}(t-t')\frac{dh_j(t')}{dt'}. \tag{7.88}$$

したがって，線形応答関係が成り立つとき，任意の外場に対する応答は $\alpha_{ij}(t)$ または $\beta_{ij}(t)$ から計算することができる．

### 7.4.2 時間相関関数

外場が加わっていないときの平衡状態についての平均を $\langle ...\rangle_0$ で表すことにする．上に述べたように $V_i(t)$ の平均 $\langle V_i(t)\rangle_0$ は 0 であるが，その相関 $\langle V_i(t)V_j(0)\rangle_0$ は 0 ではない．

平衡状態において，時間相関関数 $\langle V_i(t)V_j(0)\rangle_0$ は，一般に $t$ の偶関数であることが知られている[*9]：

$$\langle V_i(t)V_j(0)\rangle_0 = \langle V_i(-t)V_j(0)\rangle_0. \tag{7.89}$$

この関係式は $i=j$ の場合には，(7.3)により自明であるが $i\neq j$ の場合には，自明ではない．(7.89)が成り立つ理由は，平衡状態に関する時間反転対称性にある．

一般に，平衡状態にある力学系をビデオにとり，ビデオを逆回しにして見たときに見える事象は，もとの系で起こる事象と統計的に同じ確率で起こる．これを平衡状態に関する**時間反転対称性**(time reversal symmetry)という．この性質は，平衡状態の分布関数が時間反転をしても変わらないということと，力学法則そのものが時間反転対称性をもっているということから導くことができる．(7.89)は，時間反転対称性より自明であるといえるが，統計力学の基礎方程式であるリウヴィル方程式から出発して計算で示すこともできる(付録7-1参照)．

(7.89)の関係を用いると，(7.8)を導くのと同様にして，変位の相関を速度相関関数で表すことができる：

$$\langle [X_i(t)-X_i(0)][X_j(t)-X_j(0)]\rangle_0 = 2\int_0^t dt_1 \int_0^{t_1} dt_2 \langle V_i(t_2)V_j(0)\rangle_0. \tag{7.90}$$

この式の両辺を $t$ で2階微分すると，速度相関関数を変位の相関で表すことができる：

$$\langle V_i(t)V_j(0)\rangle_0 = \frac{1}{2}\frac{d^2}{dt^2}\langle [X_i(t)-X_i(0)][X_j(t)-X_j(0)]\rangle_0. \tag{7.91}$$

---

[*9] ここでは，$X_i$ は，時間を反転しても符号を変えない変数であると仮定している．一般に時間を反転してみたとき，物理量の値は，まったく変わらないか，符号を反転させるかのどちらかである．例えば，時間反転によって，粒子の座標 $X$ は変わらないが，速度 $V$ は符号を変える．したがって時間相関関数 $\langle X(t)X(0)\rangle$ や，$\langle V(t)V(0)\rangle$ は $t$ の偶関数であるが，$\langle V(t)X(0)\rangle$ は $t$ の奇関数となる．物理量 $X_i$ が時間反転によって符号を変えるか，変えないかを $-1$ または $1$ をとる変数 $\varepsilon_i$ で表すと，(7.89)は一般には $\langle V_i(t)V_j(0)\rangle_0 = \varepsilon_i\varepsilon_j\langle V_i(-t)V_j(0)\rangle_0$ となる．また，時間を反転させると磁場の向きも反転するので，磁場 $\boldsymbol{B}$ のもとでの平衡状態についての平均を $\langle ...\rangle_B$ で表すなら，(7.89)は正しくは $\langle V_i(t)V_j(0)\rangle_B = \varepsilon_i\varepsilon_j\langle V_i(-t)V_j(0)\rangle_{-B}$ となる．

### 7.4.3 揺動散逸定理

外場に対する物理量の応答を特徴づける応答関数 $\alpha_{ij}(t)$ と外場がないときの物理量の熱ゆらぎを特徴づける時間相関関数 $\langle V_i(t)V_j(0)\rangle_0$ の間には，一般に次のような関係がある：

$$\alpha_{ij}(t) = \frac{1}{k_\mathrm{B}T}\int_0^t dt' \langle V_i(t')V_j(0)\rangle_0. \tag{7.92}$$

この関係は，古典統計にしたがう系について，一般的に証明することのできる関係式であり，**揺動散逸定理**と呼ばれる(証明は付録7-1参照)．

(7.92)は，速度 $V_i(t)=\dot{X}_i(t)$ に関するゆらぎと応答の関係であるが，(7.87)と(7.90)を用いると，変位 $X_i(t)$ についてのゆらぎと応答の関係を導くことができる：

$$\beta_{ij}(t) = \frac{1}{2k_\mathrm{B}T}\langle [X_i(t)-X_i(0)][X_j(t)-X_j(0)]\rangle_0. \tag{7.93}$$

揺動散逸定理は，アインシュタインの関係式の一般化になっている．実際，アインシュタインの関係式(7.26)は，揺動散逸定理から直ちに導くことができる．自由粒子に $t=0$ で一定の力 $F$ を加えたとすると，粒子は一定速度 $F/\zeta$ で動きはじめる．したがって，変位の応答関数は

$$\beta(t) = \frac{t}{\zeta} \tag{7.94}$$

で与えられる．一方，外力がないときの粒子の変位のゆらぎは(7.14)で与えられる．(7.14)と(7.94)を(7.93)に代入すると，アインシュタインの関係式(7.26)が得られる．

揺動散逸定理は，統計力学の基本原理から証明される一般的な定理である．これに対して，スモルコフスキー方程式やランジュヴァン方程式は，ブラウン運動に対する現象論的なモデル方程式である．これらのモデルが合理性をもつためには，揺動散逸定理を満たしていることが必要である．実際，これまで扱った例について揺動散逸定理が成り立っていることを確かめることができる．次に二つの例を示す．

## 7.4 ゆらぎと外場に対する応答 — 163

**調和ポテンシャルの中を運動する粒子**

揺動散逸定理を用いて調和ポテンシャルの中を運動するブラウン粒子について時間相関関数を計算してみよう．そのために，粒子の重心に外力 $F$ が働いているとしよう．$F$ と粒子座標 $X$ は互いに共役の関係にある．

外力のもとでは，ランジュヴァン方程式(7.18)は次のようになる：

$$\frac{dX}{dt} = \frac{1}{\zeta}(-kX+F)+V_\mathrm{r}(t). \tag{7.95}$$

両辺の平均をとると

$$\frac{d}{dt}\langle X(t)\rangle_F = \frac{1}{\zeta}(-k\langle X(t)\rangle_F + F). \tag{7.96}$$

これより，

$$\langle X(t)-X(0)\rangle_F = \frac{F}{k}(1-e^{-t/\tau}). \tag{7.97}$$

よって，応答関数 $\beta(t)$ は次のようになる：

$$\beta(t) = \frac{1}{k}(1-e^{-t/\tau}). \tag{7.98}$$

一方，粒子変位の2乗平均は(7.39)で与えられる．(7.39)と(7.98)を比較すると，(7.93)の関係が確かに成り立っていることがわかる．

**磁性粒子分散系の磁場応答**

磁気モーメント $\mu_\mathrm{m}$ をもった棒状粒子の分散系を考える．外部磁場 $H$ に共役な物理量は磁化 $M_z$ である．$H$ に対する磁化の応答は(7.77)によって与えられている．よって，応答関数 $\beta(t)$ は次のようになる：

$$\beta(t) = \frac{n\mu_\mathrm{m}^2}{3k_\mathrm{B}T}[1-e^{-2D_\mathrm{r}t}]. \tag{7.99}$$

一方，磁化 $M_z(t)$ の時間相関関数は個々の粒子の向きの時間相関関数から次のように計算できる：

$$\begin{aligned}\langle (M_z(t)-M_z(0))^2\rangle_0 &= n\mu_\mathrm{m}^2\langle (u_z(t)-u_z(0))^2\rangle_0 \\ &= \frac{1}{3}n\mu_\mathrm{m}^2\langle (\boldsymbol{u}(t)-\boldsymbol{u}(0))^2\rangle_0. \end{aligned} \tag{7.100}$$

(7.67)を用いると,揺動散逸定理(7.93)が確かに成り立っていることがわかる.

### 7.4.4 応答関数の対称性

揺動散逸定理の重要な帰結の一つは応答関数 $\alpha_{ij}(t)$, $\beta_{ij}(t)$ が, $i$ と $j$ の入れ替えについて対称となるということである:

$$\alpha_{ij}(t) = \alpha_{ji}(t), \qquad \beta_{ij}(t) = \beta_{ji}(t) \tag{7.101}$$

これらの関係は次のようにして証明される.相関関数の定常性(7.3)を用いると

$$\langle V_i(t)V_j(0)\rangle_0 = \langle V_i(0)V_j(-t)\rangle_0 = \langle V_j(-t)V_i(0)\rangle_0. \tag{7.102}$$

さらに相関関数の時間反転対称性(7.89)を用いると

$$\langle V_i(t)V_j(0)\rangle_0 = \langle V_j(t)V_i(0)\rangle_0. \tag{7.103}$$

これと揺動散逸定理(7.92),(7.93)により応答関数の対称性(7.101)が成り立っていることがわかる.(7.101)は,**オンサガーの相反定理**(Onsager's reciprocity theorem)と呼ばれている.

(7.101)の関係は,自明なことではない.このことを示す例として物質の導電率を考えてみよう.単位体積の物質に外部電場 $\boldsymbol{E}$ をかけたとしよう.物質中にある粒子 $i$ の電荷を $q_i$, 座標を $\boldsymbol{r}_i$ とすると,外部電場 $\boldsymbol{E}$ によるポテンシャルは次のようになる:

$$U_{\boldsymbol{E}} = -\sum_i q_i \boldsymbol{E}\cdot\boldsymbol{r}_i = -\boldsymbol{P}\cdot\boldsymbol{E}. \tag{7.104}$$

ここで,

$$\boldsymbol{P} = \sum_i q_i \boldsymbol{r}_i \tag{7.105}$$

は,物質の分極を表す.(7.104)より,外部電場 $\boldsymbol{E}$ に共役な量は物質の分極 $\boldsymbol{P}$ であることがわかる.$\boldsymbol{P}$ の時間微分

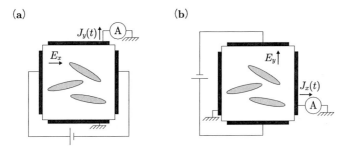

図 **7.7** 異方性物質の導電率についての相反定理.

$$\dot{\boldsymbol{P}} = \sum_i q_i \dot{\boldsymbol{r}}_i = \boldsymbol{J} \tag{7.106}$$

は電流密度を与える．よって，応答関数の定義式(7.85)に対応するのは，系に時刻 $t=0$ で一定の電場 $\boldsymbol{E}$ を加えた時の電流応答である．電場ベクトルや電流ベクトルの各成分を $E_\alpha, J_\alpha$ $(\alpha=x,y,z)$ で表すと，(7.85)は次のようになる：

$$J_\alpha(t) = \sigma_{\alpha\beta}(t) E_\beta \qquad (\alpha, \beta = x, y, z). \tag{7.107}$$

ここで応答関数 $\alpha_{ij}(t)$ を $\sigma_{\alpha\beta}(t)$ と書いた．応答関数 $\sigma_{\alpha\beta}(t)$ は物質の導電率テンソルと関係している．物質が導体であれば $\sigma_{\alpha\beta}(t)$ は $t$ の大きなところで一定値に近づき，これが物質の導電率を与える．物質が絶縁体であれば，$\sigma_{\alpha\beta}(t)$ は $t$ の大きなところで0に近づき，$\sigma_{\alpha\beta}(t)$ を0から無限大まで積分したものは物質の誘電率テンソルを与える．どちらの場合でも，(7.101)は，$\sigma_{\alpha\beta}(t)$ が対称テンソルであることを意味している：

$$\sigma_{\alpha\beta}(t) = \sigma_{\beta\alpha}(t). \tag{7.108}$$

図7.7に示すような不均一な構造をもつ異方的な材料を考えよう．時刻 $t=0$ で図7.7(a)のように $x$ 方向に電場 $E_x$ を加えたとしよう．異方性物質では，この電場によって $y$ 方向に電流 $J_y(t)$ が流れる．また(b)のように $y$ 方向に電場 $E_y$ を加えると $x$ 方向に電流 $J_x(t)$ が流れる．式(7.108)によれば，このとき $J_y(t)/E_x = J_x(t)/E_y$ が成り立つ．この関係は，物質が導電性であろうと絶縁性であろうと，均一材料であっても複合材料であっても成立する．

応答関数の対称性は，次の章で述べる変分原理の根拠になっているという点でも重要である．

## 付録 7-1　揺動散逸定理の証明

力学系の状態は，一般化座標 $(q_1,...,q_f)$ と一般化運動量 $(p_1,...,p_f)$ で表すことができる．これら $2f$ 個の変数をまとめて $\Gamma$ と表す．系のハミルトン関数は $H(\Gamma)$ と書ける．力学状態の時間発展は，次のハミルトンの運動方程式によって与えられる：

$$\frac{dq_a}{dt} = \frac{\partial H}{\partial p_a}, \qquad \frac{dp_a}{dt} = -\frac{\partial H}{\partial q_a}. \tag{7.109}$$

物理量 $X_i$ は $\Gamma$ の関数として $X_i(\Gamma)$ と表すことができる．その時間微分 $V_i = \dot{X}_i$ は $\Gamma$ の関数として次のように表される：

$$\begin{aligned}
V_i(\Gamma) &= \sum_a \left( \frac{\partial X_i}{\partial q_a} \dot{q}_a + \frac{\partial X_i}{\partial p_a} \dot{p}_a \right) \\
&= \sum_a \left( \frac{\partial H}{\partial p_a} \frac{\partial X_i}{\partial q_a} - \frac{\partial H}{\partial q_a} \frac{\partial X_i}{\partial p_a} \right) \\
&= \hat{L} X_i.
\end{aligned} \tag{7.110}$$

ここで $\hat{L}$ は

$$\hat{L} = \sum_a \left( \frac{\partial H}{\partial p_a} \frac{\partial}{\partial q_a} - \frac{\partial H}{\partial q_a} \frac{\partial}{\partial p_a} \right) \tag{7.111}$$

で定義されるリウヴィル演算子(Liouville operator)である．

系が力学状態 $\Gamma$ にある確率を $\psi(\Gamma,t)$ としよう．$\psi(\Gamma,t)$ の時間発展は次のようになる：

$$\frac{\partial \psi}{\partial t} = -\sum_a \left[ \frac{\partial}{\partial p_a}(\dot{p}_a \psi) + \frac{\partial}{\partial q_a}(\dot{q}_a \psi) \right]. \tag{7.112}$$

(7.109)を用いると次のリウヴィル方程式が得られる：

$$\frac{\partial \psi}{\partial t} = -\hat{L}\psi. \tag{7.113}$$

平衡状態にあった系に対し $t=0$ で一定の外場 $h_i$ を加えたとしよう．外場の

ないときのハミルトン関数を $H_0(\Gamma)$ とすれば，外場のもとでのハミルトン関数は次のようになる：

$$H(\Gamma) = H_0(\Gamma) - \sum_i h_i X_i(\Gamma). \tag{7.114}$$

ここで $X_i(\Gamma)$ は外場 $h_i$ に共役な物理量である．外場 $h_i$ は外から与えたパラメータであり，$\Gamma$ に依存しない量である．$\psi(\Gamma, t)$ の時間発展方程式は

$$\frac{\partial \psi}{\partial t} = -(\hat{L}_0 + \hat{L}_h)\psi \tag{7.115}$$

と書くことができる．ここで，$\hat{L}_0, \hat{L}_h$ は次の式で定義される：

$$\hat{L}_0 = \sum_a \left( \frac{\partial H_0}{\partial p_a} \frac{\partial}{\partial q_a} - \frac{\partial H_0}{\partial q_a} \frac{\partial}{\partial p_a} \right), \tag{7.116}$$

$$\hat{L}_h = -\sum_a \sum_i h_i \left( \frac{\partial X_i}{\partial p_a} \frac{\partial}{\partial q_a} - \frac{\partial X_i}{\partial q_a} \frac{\partial}{\partial p_a} \right). \tag{7.117}$$

(7.115) を解くために，外場 $h_i$ が小さいと仮定し，$h_i$ の 1 次の項だけを残すことにしよう．外場のないときの平衡状態の分布関数 $\psi_0(\Gamma)$ は次のように書ける：

$$\psi_0(\Gamma) = C e^{-\beta H_0(\Gamma)}. \tag{7.118}$$

外場が加えられたときの分布関数 $\psi$ を次のように書く：

$$\psi(\Gamma, t) = \psi_0(\Gamma) + \psi_h(\Gamma, t). \tag{7.119}$$

$\psi_h$ は外場についての 1 次の項である．(7.119) を (7.115) に代入し，外場についての 2 次以上の項を省略すると

$$\frac{\partial \psi_h}{\partial t} = -\hat{L}_0 \psi_h - \hat{L}_h \psi_0. \tag{7.120}$$

(7.120) の解は次のようになる：

$$\psi_h = -\int_0^t dt' e^{-(t-t')\hat{L}_0} \hat{L}_h \psi_0. \tag{7.121}$$

時刻 $t$ における $V_i$ の平均値は次の式から計算される：

$$\langle V_i(t)\rangle_h = \int d\Gamma V_i(\Gamma)(\psi_0(\Gamma)+\psi_h(\Gamma,t)). \tag{7.122}$$

右辺の第1項は平衡状態における速度の平均であるから0である．第2項について (7.121) を用いると

$$\langle V_i(t)\rangle_h = -\int_0^t dt' \int d\Gamma V_i(\Gamma)e^{-(t-t')\hat{L}_0}\hat{L}_h\psi_0(\Gamma). \tag{7.123}$$

(7.118) を用いると

$$\begin{aligned}\hat{L}_h\psi_0 &= -\beta\psi_0(\hat{L}_hH_0)\\ &= -\beta\psi_0\sum_{a,j}h_j\left(-\frac{\partial X_j}{\partial p_a}\frac{\partial H_0}{\partial q_a}+\frac{\partial X_j}{\partial q_a}\frac{\partial H_0}{\partial p_a}\right)\\ &= -\beta\psi_0\sum_j h_j V_j(\Gamma).\end{aligned} \tag{7.124}$$

よって，(7.123) は

$$\langle V_i(t)\rangle_h = \beta\sum_j h_j \int_0^t dt' \int d\Gamma V_i(\Gamma)e^{-(t-t')\hat{L}_0}V_j(\Gamma)\psi_0(\Gamma). \tag{7.125}$$

一方，平衡状態における $V_i$ の時間相関関数は，次のように表すことができる：

$$\langle V_i(t)V_j(0)\rangle_0 = \int d\Gamma V_i(\Gamma)e^{-t\hat{L}_0}V_j(\Gamma)\psi_0(\Gamma). \tag{7.126}$$

これは次のようにしてわかる．時刻 $t=0$ で系が状態 $\Gamma_0$ にあったとしよう．時刻0の分布関数は，$\psi(\Gamma,0)=\delta(\Gamma-\Gamma_0)$ であり，時刻 $t$ での分布関数は

$$\psi(\Gamma,t) = e^{-t\hat{L}_0}\psi(\Gamma,0) = e^{-t\hat{L}_0}\delta(\Gamma-\Gamma_0) \tag{7.127}$$

である．このとき時刻0における $V_j$ の値は $V_j(\Gamma_0)$ であり，時刻 $t$ における $V_i$ の値は $V_i(\Gamma)$ である．時刻 $t=0$ で系が状態 $\Gamma_0$ にある確率は $\psi_0(\Gamma_0)$ であるから，時間相関関数は次の式で計算することができる：

$$\langle V_i(t)V_j(0)\rangle_0 = \int d\Gamma \int d\Gamma_0 V_i(\Gamma)e^{-t\hat{L}_0}V_j(\Gamma_0)\delta(\Gamma-\Gamma_0)\psi_0(\Gamma_0). \tag{7.128}$$

この式で $\Gamma_0$ についての積分を実行すると，(7.126) が得られる．

(7.126) を用いると，(7.125) は次のようになる：

$$\langle V_i(t)\rangle_h = \beta \sum_j h_j \int_0^t dt' \langle V_i(t-t')V_j(0)\rangle_0$$
$$= \beta \sum_j h_j \int_0^t dt' \langle V_i(t')V_j(0)\rangle_0. \qquad (7.129)$$

(7.129)と速度の応答関数 $\alpha_{ij}(t)$ の定義と比べると(7.92)が得られる．

相関関数の時間反転対称性(7.89)は次のようにして証明される．相関関数の表式(7.126)において，次のような積分変数の変換を行なう：

$$q_a \to q_a, \qquad p_a \to -p_a. \qquad (7.130)$$

このような変数変換を $\Gamma \to -\Gamma$ と表すことにする．すると(7.126)は次のように書ける：

$$\langle V_i(t)V_j(0)\rangle_0 = \int d\Gamma V_i(-\Gamma) e^{-t\hat{L}'_0} V_j(-\Gamma) \psi_0(-\Gamma). \qquad (7.131)$$

ここで，$\hat{L}'_0$ は次の式で与えられる：

$$\hat{L}'_0 = \sum_a \left( -\frac{\partial H(-\Gamma)}{\partial p_a}\frac{\partial}{\partial q_a} + \frac{\partial H(-\Gamma)}{\partial q_a}\frac{\partial}{\partial p_a}\right). \qquad (7.132)$$

ハミルトン関数は時間反転変換に対して不変である($H(-\Gamma)=H(\Gamma)$)ので，

$$\hat{L}'_0 = -\hat{L}_0. \qquad (7.133)$$

すなわち，リウヴィル演算子は，時間反転操作に対して符号を変える．$V_i(-\Gamma)=-V_i(\Gamma)$, $V_j(-\Gamma)=-V_j(\Gamma)$ および $\psi_0(-\Gamma)=\psi_0(\Gamma)$ を用いると，(7.131)は次の式を与える：

$$\langle V_i(t)V_j(0)\rangle_0 = \int d\Gamma V_i(\Gamma) e^{t\hat{L}_0} V_j(\Gamma)\psi_0(\Gamma) = \langle V_i(-t)V_j(0)\rangle_0. \qquad (7.134)$$

これで(7.89)が証明された．

# 8 非平衡ソフトマターの変分原理

## 8.1 はじめに

本章では，ソフトマターの非平衡状態の時間発展法則に関する変分原理について述べる．この原理は粘性流体中の微粒子運動についての変分原理を拡張したものであるが，非平衡現象一般を議論するときに用いることができる．この原理の基礎となっているのは，オンサガーの相反定理であるので，本書では，この原理のことをオンサガーの変分原理と呼ぶことにする．

オンサガーの変分原理は，ソフトマターの運動を議論するときに，きわめて有用な原理である．実際，ソフトマターの非平衡現象は，ほとんどこの原理に基づいて定式化することができる．その意味で，オンサガーの変分原理は非平衡状態にあるソフトマターの時間発展法則に共通する基本原理であるということができる．

本章では，最初に，遅い流れの流体力学で知られている変分原理を説明する．この変分原理は，流体力学のストークス方程式と等価であるが，変分原理で定式化することによって，いくつかの関係が見やすくなるという利点がある．続いて，オンサガーの相反定理をもとに，一般的な非平衡過程の変分原理について述べる．変分原理の応用については，本章で簡単な例を示すが，より広範な応用例は次章以後で示す．本章の最後では，再び流体力学に戻り，微粒子運動における流体力学的な相互作用について議論する．

## 8.2 ストークス流体力学

### 8.2.1 流体の粘性

粘性流体の流れは，ナヴィエ-ストークス方程式(Navier Stokes equation)によって記述することができる．しかし，ソフトマターで問題となる流れにおいては，流体の粘性が支配的であるので，ストークス方程式と呼ばれる簡単化した方程式を基礎方程式とすることができる．この方程式について述べる前に，流体の粘性について復習をしておく．

流体の粘性とは，流体が流れるとき，速度をできるだけ均一にしようとする性質のことである．例えば，図 8.1 に示すように，2 枚の平行平板で流体をはさみ，下の板を固定したまま，上の板を速度 $V$ で動かすと，図に示すような $x$ 軸方向の流れが生じる．いま考えている状況では，速度場 $v_x$ は $y$ だけの関数である．このとき，流体の速度が一定でなければ，速度の大きい部分は速度の小さい部分を加速しようと力を及ぼす．この力はずり応力 $\sigma_{xy}$ で表すことができる．

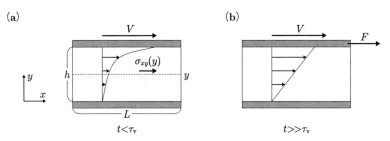

**図 8.1** 2 枚の平板の間に流体をいれ，下の板を固定し，上の板を一定速度 $V$ で動かしはじめたときの流体の速度分布．(a)定常になるまえの速度分布．(b)定常状態の速度分布．

$\sigma_{xy}$ は次のように定義される．図 8.1 の点線で示されるような $y$ 軸に垂直な面を流体の中に考える．面の上の部分は面の下の部分を加速しようと力を及ぼしている．単位面積あたりに働くこの力の $x$ 成分が $\sigma_{xy}$ である．流体が同じ速度で流れているときには $\sigma_{xy}$ は 0 であるが，流体の速度が場所によって異なるとき，すなわち速度勾配 $\partial v_x/\partial y$ がある場合には，$\sigma_{xy}$ は 0 でなくなる．

低分子の流体では，$\sigma_{xy}$ は速度勾配に比例しており，次のように書くことができる：

$$\sigma_{xy} = \eta \frac{\partial v_x}{\partial y}. \tag{8.1}$$

ここに現れる比例定数 $\eta$ を**粘度**(viscosity)という．

図 8.1(a) の状態において，速度場の時間発展方程式を考えてみよう．流体の中に高さ $y+\Delta y/2$ と $y-\Delta y/2$ の位置にある二つの面を考え，その間にある流体部分についての運動方程式を立ててみよう．面は一辺 $L$ の長さをもった正方形であるとすれば，この部分の質量は $\rho L^2 \Delta y$ である ($\rho$ は流体の密度)．考えている流体部分に対して，高さ $y+\Delta y/2$ の面より上の部分は $L^2 \sigma_{xy}(y+\Delta y/2)$ の力を及ぼし，高さ $y-\Delta y/2$ の面より下の部分は $-L^2 \sigma_{xy}(y-\Delta y/2)$ の力を及ぼしている．よって，運動方程式は次のようになる：

$$\rho L^2 \Delta y \frac{\partial v_x}{\partial t} = L^2 \sigma_{xy}(y+\Delta y/2) - L^2 \sigma_{xy}(y-\Delta y/2) = L^2 \Delta y \frac{\partial}{\partial y}\sigma_{xy}. \tag{8.2}$$

よって

$$\rho \frac{\partial v_x}{\partial t} = \frac{\partial \sigma_{xy}}{\partial y}. \tag{8.3}$$

(8.1) を用いると，$v_x$ の時間発展方程式は次のように求められる：

$$\rho \frac{\partial v_x}{\partial t} = \eta \frac{\partial^2 v_x}{\partial y^2}. \tag{8.4}$$

これは拡散方程式と同じ形をしている．拡散定数に相当する $\eta/\rho$ は**動粘性率**(kinematic viscosity)と呼ばれる．動粘性率は，流体の一部が加速されたとき，その影響がどのくらいの速さで伝わるかを表している．たとえば，$t=0$ で上の板を一定速度 $V$ で動かしはじめると，粘性により流体は徐々に加速され，最終的には図 8.1(b) に示すような定常的な速度分布をもつようになる．定常状態に達するまでの時間は $\tau_v \simeq h^2 \rho/\eta$ と見積もることができる (ここで $h$ は板の間の距離)．$\tau_v$ は (7.12) に現れた速度の緩和時間に相等する．第 7 章で見たように，速度の緩和時間 $\tau_v$ はソフトマターで問題となる時間に比べて十分に短いので，以下の議論では，$\tau_v \to 0$ の極限を考え，流体の流れは常に定常

状態にあると仮定して話を進める．

定常状態における流体の流れは

$$\eta \frac{\partial^2 v_x}{\partial y^2} = 0 \tag{8.5}$$

を満たし，その解は

$$v_x(y) = \frac{y}{h} V \tag{8.6}$$

となる．このとき上面にかかる力 $F$ は $\eta(V/h)L^2$ となるので，この力を測定することにより流体の粘度 $\eta$ を求めることができる．

上の議論では，重力などの外力の効果を考えていない．外力の効果により，単位体積あたり $f_x(y)$ の力が働いているとすると，定常状態を決める方程式は次のようになる：

$$\eta \frac{\partial^2 v_x}{\partial y^2} + f_x = 0. \tag{8.7}$$

これは，次に述べるストークス方程式の特別な場合となっている．

### 8.2.2 ストークス方程式

ストークス方程式はナヴィエ–ストークス方程式に対して，次の二つの仮定をおくことによって得られる．

(i) 流体の流れは，与えられた境界条件のもとで常に定常状態にある．言い換えれば慣性の効果は無視でき，流体の中では，力は常につりあっている．流体の応力テンソルを $\sigma_{\alpha\beta}$ とすると[*1]，力のつりあいの条件は次のように書くことができる：

$$\frac{\partial \sigma_{\alpha\beta}}{\partial r_\beta} + f_\alpha = 0. \tag{8.8}$$

または，ベクトル表記で

---

[*1] $\sigma_{\alpha\beta}(\alpha,\beta=x,y,z)$ は，$\beta$ に垂直な面を通して，面の上の部分($\beta$ 座標が大きい部分)が面の下の部分($\beta$ 座標が小さい部分)に対しておよぼす単位面積あたりの力の $\alpha$ 成分を表す．応力の意味については第 10 章でもう一度述べる．

$$\nabla \cdot \boldsymbol{\sigma} + \boldsymbol{f} = 0. \tag{8.9}$$

ここで，応力テンソル $\sigma_{\alpha\beta}$ は次の式で与えられる：

$$\sigma_{\alpha\beta} = \eta\left(\frac{\partial v_\alpha}{\partial r_\beta} + \frac{\partial v_\beta}{\partial r_\alpha}\right) - p\delta_{\alpha\beta}. \tag{8.10}$$

ここで $p$ は流体の圧力を表す．

(ii) 流体は非圧縮である．すなわち

$$\frac{\partial v_\alpha}{\partial r_\alpha} = 0. \tag{8.11}$$

または，ベクトル表記で

$$\nabla \cdot \boldsymbol{v} = 0. \tag{8.12}$$

(8.10)を(8.8)に代入し，(8.11)を用いると

$$\eta \nabla^2 \boldsymbol{v} = \nabla p - \boldsymbol{f} \tag{8.13}$$

が得られる．(8.12)と(8.13)は流体の速度 $\boldsymbol{v}$ と圧力 $p$ を決める基礎方程式であり**ストークス方程式**(Stokes equation)と呼ばれる．ストークス方程式に従う流れを**ストークス流**(Stokesian flow)という．

### 8.2.3 流体中の粒子運動

ストークス方程式を基にして，粘性流体中の粒子の運動について調べてみよう．粘性流体中の粒子に力を加えると，粒子はある速度で動きはじめる．前章で見たように，球あるいは棒の形状をした粒子の場合は，粒子に働く力と粒子の速度，(あるいは粒子に働くトルクと粒子の回転速度)の関係は簡単であった．しかし，一般の形状の粒子の場合には，この関係はそう簡単ではなくなる．

図 8.2(a)に示すように，一般の形状をした剛体粒子のある点に力 $\boldsymbol{F}$ を加えると，粒子は並進と同時に回転をはじめる．また，図 8.2(b)のように，たくさんの粒子がある場合には，ある粒子に力を加えると，その周りに流れが誘起され，他の粒子も動きはじめる．

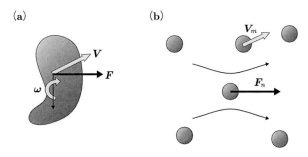

**図 8.2** 粘性流体中の粒子に力を加えたとき，力と速度の関係は一般に複雑になる．例えば，(a)のように剛体粒子の中のある点に力 $F$ を加えると粒子は，並進速度 $V$ とともに回転速度 $\omega$ をもつようになる．また，(b)のようにたくさんの粒子がある場合，粒子 $n$ に力 $F_n$ を加えるとその粒子の周りに流れが誘起されるので，他の粒子も動きだす．

そこで一般に，たくさんの粒子からなる粒子系を考え，粒子に力を加えたとき，どのような運動が起こるのかを考えてみよう．粒子系の状態(粒子の位置や向き)を表す変数を $X_i$ ($i=1,2,\ldots,f$) とする(ここで $f$ は粒子系の自由度である)．たとえば，一つの剛体粒子であるなら，$f=6$ で，粒子の状態は，重心位置を表す三つの座標と，粒子の向きを表す三つのオイラー角で指定することができる．

粒子に力を加えたとき，粒子がどれだけの速度で動くかを考える代わりに，粒子がある速度で運動したときに，流体からどれだけの抵抗力を受けるかを考えよう．粒子系の状態を表す変数 $X_i$ が速度 $V_i = \dot{X}_i$ で変化したとすると，粒子表面の位置 $r$ における速度 $v(r)$ が決まる．$v(r)$ は $V_i$ の 1 次関数であるので，次のように書くことができる：

$$v(r) = \sum_i G_i(r;X) V_i. \tag{8.14}$$

ここで，$G_i(r;X)$ は粒子の形状で決まる関数である．$G_i(r;X)$ の引数 $X$ は粒子の状態を表す変数 $X_1, X_2, \ldots, X_f$ をまとめて表したものである．$v(r)$ は，粒子表面の流体速度に等しいので，この境界条件を用いてストークス方程式を解くことができる．すると，粒子表面の位置 $r$ において，流体が粒子に及ぼす単位面積あたりの力 $f_\mathrm{H}(r;X)$ を計算することができる．

$$f_H(r;X) = \sigma \cdot n \tag{8.15}$$

ここで，$\sigma$ は粒子と接している部分の流体の応力であり，$n$ は粒子表面の法線ベクトルである．

粒子を動かして $X_i$ を $\delta X_i$ だけ変化させたとしよう．このとき，粒子表面の点 $r$ は，$\sum_i G_i(r;X)\delta X_i$ だけ動く．したがって，粒子が流体に対してなす仕事は，次のように表すことができる：

$$\int dS \sum_i -f_H(r;X) \cdot G_i(r;X)\delta X_i = -\sum F_{Hi}\delta X_i. \tag{8.16}$$

ここで $dS$ は粒子表面についての積分を表す．(8.16)の右辺に現れる力

$$F_{Hi} = \int dS f_H(r;X) \cdot G_i(r;X) \tag{8.17}$$

を $X_i$ に**共役な粘性力**(viscous drag conjugate)と呼ぶ．ストークス方程式は $v$ についての線形方程式であり，$v$ についての境界条件は $V_i$ の1次関数であるので，粘性力 $F_{Hi}$ は，$V_i$ の1次結合で表すことができる：

$$F_{Hi} = -\sum_j \zeta_{ij}(X)V_j. \tag{8.18}$$

ここで $\zeta_{ij}(X)$ は抵抗係数に相当するものであり，**抵抗行列**(friction matrix)と呼ばれる．

粒子に働く外力は，ポテンシャル $U(X)$ から導かれるものとしよう．すると，$X_i$ に共役な力は，$-\partial U/\partial X_i$ で与えられるので，粒子に働く力のつりあいは，次のように書くことができる：

$$\sum_j \zeta_{ij}V_j = -\frac{\partial U}{\partial X_i}. \tag{8.19}$$

これを $V_i$ について解くと

$$V_i = -\sum_j \mu_{ij}\frac{\partial U}{\partial X_j}. \tag{8.20}$$

ここで $\mu_{ij}$ は $\zeta_{ij}$ の逆行列を表す：

$$\sum_j \zeta_{ij}\mu_{jk} = \delta_{ik}. \tag{8.21}$$

$\mu_{ij}$ は**移動度行列**(mobility matrix)と呼ばれる．(8.20)は，(7.17)や(7.52)の関係を一般化したものである．

(8.20)は流体中の粒子配置の時間変化を記述する微分方程式

$$\frac{dX_i}{dt} = -\sum_j \mu_{ij}(X)\frac{\partial U}{\partial X_j} \tag{8.22}$$

を与えている．

## 8.3　ストークス流体力学における変分原理

### 8.3.1　ローレンツの相反定理

前節で定義した抵抗行列 $\zeta_{ij}$ や移動度行列 $\mu_{ij}$ は，正値対称行列となっていることが，ストークス方程式を用いて証明することができる(付録8-1参照)．すなわち

$$\zeta_{ij}(X) = \zeta_{ji}(X), \qquad \mu_{ij}(X) = \mu_{ji}(X). \tag{8.23}$$

また任意の実数 $x_i$ に対して

$$\sum_{i,j} \zeta_{ij}(X)x_i x_j \geq 0, \qquad \sum_{i,j} \mu_{ij}(X)x_i x_j \geq 0. \tag{8.24}$$

が成り立つ．

(8.23)は流体力学において**ローレンツの相反定理**(Lorentz's reciprocity theorem)と呼ばれている．第7章で述べたオンサガーの相反定理と同様，ローレンツの相反定理も自明なことがらではない．例えば，図8.3のように棒状粒子の中心に力 $\boldsymbol{F}$ を加えたとしよう．このとき，棒の中心の速度 $\boldsymbol{V}$ は一般に $\boldsymbol{F}$ と平行ではない．$\boldsymbol{V}$ と $\boldsymbol{F}$ の関係を

$$V_\alpha = \mu_{\alpha\beta} F_\beta, \qquad (\alpha, \beta = x, y, z) \tag{8.25}$$

と書くと，相反定理によって $\mu_{\alpha\beta} = \mu_{\beta\alpha}$ の関係が成り立つ．

棒状粒子の場合，図8.3に説明するように，$\mu_{\alpha\beta} = \mu_{\beta\alpha}$ の関係は粒子の対称性だけから証明することができる．しかし図8.2(a)に示す一般形状粒子の場合には，$\mu_{\alpha\beta}$ の対称性は自明ではない．

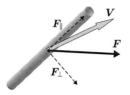

**図 8.3** 棒状粒子の中心に加えられた力 $F$ と,中心の速度 $V$ の関係.力 $F$ を棒に平行な力 $F_\parallel = uu \cdot F$ とそれに垂直な方向の力 $F_\perp = F - uu \cdot F$ に分け,それぞれの力によって誘起される速度を重ね合わせることにより $V$ を求めることができる.棒状粒子が軸方向に動くときの摩擦定数を $\zeta_\parallel$,軸に垂直な方向に動くときの摩擦定数を $\zeta_\perp$ とすると,$V = (uu \cdot F)/\zeta_\parallel + (F - uu \cdot F)/\zeta_\perp$ となる.よって移動度テンソルは $\mu_{\alpha\beta} = u_\alpha u_\beta/\zeta_\parallel + (\delta_{\alpha\beta} - u_\alpha u_\beta)/\zeta_\perp$ となり,対称テンソルとなっている.

### 8.3.2 流体中の粒子運動についての変分原理

流体力学の相反定理を用いると,流体中の粒子の速度を与える(8.19)を変分原理の形式で表すことができる.粒子が速度 $V_i$ で動いたときに流体に対して単位時間になす仕事は $\sum_i -F_{\mathrm{H}i}V_i$ で与えられる.(8.18)を用いると,これは次のように書くことができる:

$$W(V;X) = \sum_{i,j} \zeta_{ij}(X) V_i V_j. \tag{8.26}$$

$W$ はエネルギー散逸関数(energy dissipation function)と呼ばれる.なぜなら,粒子が粘性流体に対してなした仕事は,流体の中で熱として散逸されてしまうからである.

一方,粒子が速度 $V_i$ で動いたとき,単位時間あたりのポテンシャルエネルギーの変化は次のように表される:

$$\dot{U}(V;X) = \sum_i \frac{\partial U}{\partial X_i} V_i. \tag{8.27}$$

$W$ と $\dot{U}$ から作られる次のような $V_i$ の 2 次関数を考える:

$$R(V;X) = \frac{1}{2}W(V;X) + \dot{U}(V;X) = \frac{1}{2}\sum_{i,j} \zeta_{ij}(X) V_i V_j + \sum_i \frac{\partial U}{\partial X_i} V_i. \tag{8.28}$$

流体中の粒子運動を与える式(8.19)は,関数 $R(V;X)$ が $V_i$ について最小にな

るという条件と等価となっている[*2]. したがって, ポテンシャルの影響を受けながら粘性流体中を運動する粒子の速度は, 関数 $R$ が $V_i$ について最小になるという原理で決まっている.

この変分原理は, 粒子が運動するときの粘性力とポテンシャル力のつりあいの条件を述べただけのものであるが, この条件を, 変分原理の形で表しておくといろいろな利点がある. それについては, 後の例で述べる.

### 8.3.3 エネルギー散逸最小原理

上に述べた変分原理は, 粒子運動だけでなく, 流体の運動に対しても成り立っている. これはストークス流体力学で, **エネルギー散逸最小原理**(principle of minimum energy dissipation)として知られている原理である.

付録 8-1 に示すように, 流体が速度場 $\boldsymbol{v}(\boldsymbol{r})$ で流れているとき, 流体の中で散逸されるエネルギー $W$ は, $\boldsymbol{v}(\boldsymbol{r})$ の汎関数として次のように書くことができる:

$$W[\boldsymbol{v}(\boldsymbol{r})] = \frac{\eta}{2}\int d\boldsymbol{r}\left(\frac{\partial v_\alpha}{\partial r_\beta}+\frac{\partial v_\beta}{\partial r_\alpha}\right)^2. \tag{8.29}$$

一方, 流体に働く力 $\boldsymbol{f}$ は, ポテンシャルエネルギー $U$ から生じるものとすると $\dot{U}$ は次のように書ける:

$$\dot{U}[\boldsymbol{v}(\boldsymbol{r})] = -\int d\boldsymbol{r} f_\alpha v_\alpha. \tag{8.30}$$

したがって最小化すべき汎関数 $R$ は次のようになる:

$$R = \frac{1}{2}W + \dot{U} = \frac{\eta}{4}\int d\boldsymbol{r}\left(\frac{\partial v_\alpha}{\partial r_\beta}+\frac{\partial v_\beta}{\partial r_\alpha}\right)^2 - \int d\boldsymbol{r} f_\alpha v_\alpha. \tag{8.31}$$

$R$ を最小化するとき, $\boldsymbol{v}$ は, 非圧縮性条件(8.11)を満たすという拘束条件を考慮する必要がある. この拘束条件を未定乗数法で考慮すると, 最小にすべき汎関数は次のようになる:

---

[*2] ここでローレンツの相反定理が重要な役割を果たしていることに注意して欲しい. 関数 $R(V;X)$ が $V_i$ について最小になるという条件 $\partial R/\partial V_i=0$ は $\sum_j(1/2)(\zeta_{ij}+\zeta_{ji})V_j=-\partial U/\partial X_i$ という式を与えるだけである. これが, (8.19)と等価になるのは相反関係(8.23)が成り立っているからである.

$$\tilde{R} = \frac{1}{4}\int d\boldsymbol{r}\left(\frac{\partial v_\alpha}{\partial r_\beta}+\frac{\partial v_\beta}{\partial r_\alpha}\right)^2 - \int d\boldsymbol{r} f_\alpha v_\alpha - \int d\boldsymbol{r} p(\boldsymbol{r})\frac{\partial v_\alpha}{\partial r_\alpha}. \qquad (8.32)$$

(8.32)の $\boldsymbol{v}$ についての変分が0になるという条件がストークス方程式(8.13)を与えることは容易に示すことができる．

以上をまとめると，粘性流体中を粒子が運動するとき，粒子の運動も，流体の運動も，ともに $R=(1/2)W+\dot{U}$ が最小になるという変分原理によって決められている．この変分原理はストークス方程式より導くことができ，ストークス方程式と等価な原理である．

## 8.4　一般の非平衡系における変分原理

### 8.4.1　非平衡状態の時間発展についての現象論

これまで粘性流体中の粒子運動を考え，そこで $X_i$ は粒子の位置や向きを表す変数であると考えてきた．しかし，$X_i$ が表すものはもう少し広いものだと考えることができる．たとえば，図7.3のように，流体中をたくさんの粒子が沈降してゆく場合を考えよう．このような問題では，粒子の空間分布 $n(\boldsymbol{r},t)$ の時間発展が問題となる．個々の粒子の運動が変分原理によって決まっているなら，$n(\boldsymbol{r},t)$ のような状態量の時間発展も変分原理によって決まっているはずである．また，流体中をたくさんの粒子が拡散する場合には，粒子集団を動かす駆動力は重力ではなく，熱力学的な力である．そのような場合でも，変分原理は成り立っているであろう．

そこで，想像をふくらませて，$X_i$ は非平衡状態にある系の状態を記述する一般の巨視的変数であると考えてみよう．第1章で述べたように，このようにゆっくりと時間変化する変数(遅い変数)をもつことは，ソフトマターの特徴である．さらに第3章で述べたように，遅い変数の組 $(X_1,X_2,\ldots)$ が与えられると，これに対する部分平衡自由エネルギー $U(X)$ を定義することができる．

$U(X)$ が与えられたとき，$X_i$ の時間変化がどうなるかを考えよう．系が平衡にないときには，$X_i$ は $U(X)$ を小さくするように時間変化してゆくはずであるから，このような運動を記述する方程式として次のような式を考えるのは

自然である:

$$\frac{dX_i}{dt} = -\sum_j \mu_{ij}(X)\frac{\partial U}{\partial X_j}. \tag{8.33}$$

このような方程式は，物質の緩和や拡散を表す実験式の中に多く現れ，**現象論的方程式**(phenomenological equation)と呼ばれている[*3]．実際，磁気緩和，誘電緩和，力学緩和などの緩和現象を記述する方程式は(8.33)の形式で書かれることが多い．また，拡散方程式や熱伝導方程式も，(8.33)の形に書き表すことができる(8.4.3節参照)．(8.33)に現れる係数 $\mu_{ij}(X)$ は流体力学の移動度行列に対応するものであり，**輸送係数**(kinematic coefficient)と呼ばれている．

### 8.4.2 オンサガーの相反定理

オンサガーは巨視的変数 $X_i$ の時間発展方程式が(8.33)のように書かれる場合，輸送係数 $\mu_{ij}$ は一般に，対称でなくてはならないことを示した．$\mu_{ij}$ の対称性は次のようにして証明される．

$t<0$ で系が平衡状態にあったとしよう．このときの $X_i$ の値を $X_{ieq}$ とする．$t \geq 0$ で $X_i$ に共役な弱い外場 $h_i$ をかけたとしよう．外場により，系の部分平衡自由エネルギーは

$$U_h = -\sum_i h_i X_i \tag{8.34}$$

だけ変化する．$U_h$ も考慮して $X_i$ の時間発展方程式(8.33)を書くと，次のようになる:

$$\frac{dX_i}{dt} = -\sum_j \mu_{ij}\left(\frac{\partial U}{\partial X_j} - h_j\right). \tag{8.35}$$

外場 $h_i$ が小さいときには $X_i$ と $X_{ieq}$ の差も小さいので，式(8.35)の右辺を

---

[*3] 本書では，温度一定の系を考えているので，時間発展方程式を(8.33)の形に書いた．通常の非平衡熱力学では，より一般的な形として，次の形式が用いられる:

$$\frac{dX_i}{dt} = \sum_j L_{ij}\frac{\partial S}{\partial X_j}.$$

ここで $S(X)$ は部分平衡系のエントロピーであり，$L_{ij}$ は輸送係数と呼ばれる正定値の対称行列である．

## 8.4 一般の非平衡系における変分原理 ── 183

$x_i = X_i - X_{ieq}$ について展開して，$x_i$ の 1 次の項だけを残せば，応答関数を具体的に求めることができる（付録 8-2 参照）．とくに短時間の振る舞いは簡単になる．応答関数の緩和時間に比べて十分短い時間においては，$X_i$ は初期値 $X_{ieq}$ から大きくずれないので，右辺の第 1 項は無視することができる．すると，(8.35) は

$$\frac{dX_i}{dt} = \sum_j \mu_{ij} h_j \tag{8.36}$$

となり，$\mu_{ij}$ は (7.85) で定義された応答関数 $\alpha_{ij}(t)$ の $t \to 0$ の極限値と等しいことがわかる．オンサガーの相反定理によって $\alpha_{ij}(t)$ は，$i$ と $j$ の交換に対して対称であるので，$\mu_{ij}$ も $i$ と $j$ の交換に対して対称となる．

上に述べた証明では，$X_i$ が $\partial U/\partial X_i = 0$ を満たす平衡値 $X_{ieq}$ から大きく外れていないと仮定しているので，$\mu_{ij} = \mu_{ji}$ という相反関係は，平衡状態からのはずれが小さい場合にしか成り立たないと考えるかもしれない．しかし，実際には，相反関係は，$X_i$ が $X_{ieq}$ から大きく外れた場合でも成り立っている．

例えば，流体中の粒子運動については，(8.23) に示されるとおり $\mu_{ij}(X) = \mu_{ji}(X)$ という相反関係は，粒子配置が平衡配置から大きく外れている場合であっても成り立っている．また，次節で示すように，溶質濃度に対する拡散方程式においても，濃度分布が平衡から大きく外れて，時間発展方程式が濃度についての非線形方程式になる場合であっても，相反関係は成り立っている．これらのことは，相反関係が成り立つためには，遅い変数 $X_i$ で表される状態が平衡状態に近くなくともよいことを示している．

$X_i$ が $X_{ieq}$ から大きく外れていても，相反関係が成り立っていることは驚くにはあたらない．なぜなら，遅い変数に共役な外場を加えれば $X_i$ の平衡値 $X_{ieq}$ はいくらでも変更できるからである．流体中の粒子運動についていえば，それぞれの粒子に適当な力を外から加えれば，非平衡の状態 $X_i$ を平衡状態とすることができる．拡散方程式に対しても溶質分子に対する仮想的な外場を加えれば，非一様な濃度分布の状態を平衡状態にすることができる．ここで重要な点は，現象論的方程式 (8.33) において，係数 $\mu_{ij}$ がポテンシャル $U$ によらないという点である．適当な外場を仮想的に加えることにより，任意の非平衡状態を，平衡状態の近くにもっていくことができるので，$\mu_{ij}$ が $U$ によらない

という現象論的方程式が成り立っている限り，相反関係が成り立っているのである．

輸送係数 $\mu_{ij}$ を決めているものは速い変数の運動である．したがって相反関係が成り立つために重要なことは，遅い変数 $X_i$ が平衡値に近いか否かということではなく，$X_i$ が速度 $V_i$ で変化しているとき，速いほうの変数が，局所平衡状態から大きく離れているか否かということである．粒子系でいえば，溶媒分子の状態が平衡状態から大きく外れていない限り，相反関係が成り立っている．言い換えるなら，溶媒分子が平衡状態からはずれて，抵抗力と速度の間の線形関係が成り立たなくなるような領域では，相反関係が成り立つことは保証されない．

### 8.4.3 拡散方程式における相反関係

8.4.1 節で，拡散方程式も (8.33) の形式で書けると述べたが，ここで，このことを実際に示しておこう．そのまえに，関数による状態の記述について述べておく．

(8.33) において，変数を区別する添え字 $i$ が連続的な値をとると考えてみよう．すなわち，系の状態を記述する変数が，$(X_1(t), X_2(t), \ldots)$ という変数の集合ではなく，ある連続的な値をとる変数 $x$ の関数 $X(x,t)$ である場合を考える．例えば，拡散現象において，系の状態を記述する変数は，溶質濃度の空間分布を表す関数 $c(x,t)$ である．ここで引数 $x$ が添え字 $i$ の役割を果たしている．

関数 $X(x,t)$ に対する，(8.36) に対応する式は，次のようになる：

$$\frac{\partial X(x,t)}{\partial t} = \int dy \mu(x,y) h(y). \tag{8.37}$$

ここで (8.36) の添え字 $i,j$ をもつ係数 $\mu_{ij}$ は，引数 $x,y$ をもつ関数 $\mu(x,y)$ におきかわり，$j$ についての和は $y$ についての積分におきかわっている．(8.36) と (8.37) は見かけは違うが，意味するところに本質的な違いはない．一般に添え字 $i$ をもつ変数の組 $X_i$ から，連続変数 $x$ を引数にもつ関数 $X(x)$ への変換は，表 8.1 に示した表記の変更だけで機械的に行なうことができる．

系の非平衡状態が場所 $x$ に依存する変数 $X(x,t)$ で表されている場合，

## 8.4 一般の非平衡系における変分原理

**表 8.1** 添え字 $i$ をもつ変数 $X_i$ に対する操作と，引数 $x$ をとる関数 $X(x)$ に対する操作の間の対応関係.

| 添え字 $i$ をもつ変数 $X_i$ に対する操作 | 引数 $x$ をとる関数 $X(x)$ に対する操作 |
|---|---|
| $i$ についての和 $\sum_i \ldots$ | $x$ についての積分 $\int dx \ldots$ |
| クロネッカー(Kronecker)のデルタ記号 $\delta_{ij}$ | ディラック(Dirac)のデルタ関数 $\delta(x-y)$ |
| $X_i$ の関数 $U(X_1, X_2, \ldots)$ | $X(x)$ の汎関数 $U[X(x)]$ |
| $X_i$ についての偏微分 $\dfrac{\partial U}{\partial X_i}$ | $X(x)$ についての汎関数微分 $\dfrac{\delta U}{\delta X(x)}$ |
| $U(X_i)$ の全微分 $dU = \sum_i \dfrac{\partial U}{\partial X_i} dX_i$ | $U[X(x)]$ の変分 $\delta U = \int dx \dfrac{\delta U}{\delta X(x)} \delta X(x)$ |

(8.33)に対応する方程式は，次のように書くことができる：

$$\frac{\partial X}{\partial t} = -\int dy \mu(x,y) \frac{\delta U}{\delta X(y,t)}. \tag{8.38}$$

この場合の相反関係は次のように表される[*4]：

$$\mu(x,y) = \mu(y,x). \tag{8.40}$$

さて，拡散方程式

$$\frac{\partial c}{\partial t} = \frac{\partial}{\partial x}\left(D(c)\frac{\partial c}{\partial x}\right) \tag{8.41}$$

が(8.38)の形で書けることを示そう．(8.38)における $U$ は，系全体の自由エネルギー $F[c]$ に対応する．$F[c]$ は，溶液の単位体積あたりの自由エネルギー $f(c)$ を用いて次のように表される：

$$F[c(x)] = \int dx f(c(x)). \tag{8.42}$$

このとき $F[c]$ の $c(x)$ についての変分は次のようになる：

---

[*4] 系の非平衡状態を記述するために多くの関数 $X_i(x,t)$ が必要な場合には，(8.38)は

$$\frac{\partial X_i}{\partial t} = -\sum_j \int dy \mu_{ij}(x,y) \frac{\delta U}{\delta X_j(y,t)} \tag{8.39}$$

となり，相反関係は $\mu_{ij}(x,y) = \mu_{ji}(y,x)$ と表される．

$$\frac{\delta F}{\delta c(x)} = f'(c(x)). \tag{8.43}$$

ここで $f'(c)=\partial f/\partial c$ である．(8.38)において

$$\mu(x,y) = -\frac{\partial}{\partial x}\left[\frac{D(c)}{f''(c)}\left(\frac{\partial}{\partial x}\delta(x-y)\right)\right] \tag{8.44}$$

とおくと，(8.38)の右辺は次のようになる：

$$\begin{aligned}\int dy\mu(x,y)\frac{\delta F}{\delta c(y)} &= \int dy\frac{\partial}{\partial x}\left[\frac{D(c)}{f''(c)}\left(\frac{\partial}{\partial x}\delta(x-y)\right)\right]f'(c(y))\\ &= \frac{\partial}{\partial x}\left[\frac{D(c)}{f''(c)}\left(\frac{\partial}{\partial x}f'(c(x))\right)\right]\\ &= \frac{\partial}{\partial x}D(c)\frac{\partial c}{\partial x}. \end{aligned} \tag{8.45}$$

よって，拡散方程式(8.41)は，確かに(8.38)の形式で書くことができる．また，(8.44)で与えられる輸送係数 $\mu(x,y)$ が $x$ と $y$ の交換に対して対称であることも容易に示すことができる[*5]．

### 8.4.4 オンサガーの変分原理

$\mu_{ij}$ が対称な正定値行列であるから，時間発展方程式(8.33)は粒子・流体系と同様に，変分原理の形で表すことができる．系の状態を記述する変数 $X_i$ が速度 $V_i$ で変化したときに，系のなかで単位時間に散逸されるエネルギーを $W$，そのときの自由エネルギーの変化を $\dot{U}$ とすると，$V_i$ は

$$R = \frac{1}{2}W + \dot{U} \tag{8.46}$$

を最小にするように決まる．ここで，$W$ は $V_i$ の2次形式で表され，$\dot{U}$ は $V_i$ の1次結合で表される．

---

[*5] これを示すには，任意の関数 $\psi(x), \phi(x)$ について

$$\int dx \int dy\mu(x,y)\psi(x)\phi(y) = \int dx \int dy\mu(y,x)\psi(x)\phi(y)$$

が成り立つことを示せばよい．$\mu(x,y)$ が(8.44)で与えられる場合上の式の両辺はともに

$$\int dx \frac{D(c)}{f''(c)}\frac{\partial \psi(x)}{\partial x}\frac{\partial \phi(x)}{\partial x}$$

に等しくなることを証明することができる．

$$W = \sum_{i,j} \zeta_{ij} V_i V_j \tag{8.47}$$

$$\dot{U} = \sum_i V_i \frac{\partial U}{\partial X_i} \tag{8.48}$$

上にのべた変分原理は現象論的方程式 (8.33) の言い換えに過ぎないが，この関係を，変分原理の形式で述べておくことには，いくつかの利点がある．

(i) 変分原理を用いると，変数の選び方に柔軟性が表れ，計算が簡単になる．これは，力学法則をラグランジュの変分原理の形式で書くと，計算が簡単になるのと同じ理由による．この具体的な例を次の節に示す．

(ii) 変分原理から導かれる時間発展方程式は，オンサガーの相反定理を自動的に満たしている．

(iii) 変分原理は，問題の見通しをよくする．変分原理は，変化の駆動力を表す項 $\dot{U}$ と，変化の抵抗力を表す項 $W$ のバランスによって，状態の時間変化が決まっていることを述べている．この二つの量を見積もることにより状態変化の大まかな様子を知ることができる．

以下の章でみるように，ソフトマターのダイナミクスのほとんどは，この変分原理で定式化することができる．この原理の根拠になっているのは，オンサガーの相反定理であるので，この原理のことを本書では**オンサガーの変分原理** (Onsager's variational principle) と呼ぶことにする．

### 8.4.5 応用例 棒状粒子の回転拡散

変分原理の応用例として，粘性流体中の棒状粒子の回転を考えよう．棒の軸方向を向いたベクトル $\boldsymbol{u}$ を考える．これまで，$\boldsymbol{u}$ は大きさが 1 の単位ベクトルであるとしてきたが，ここでは，$\boldsymbol{u}$ は任意の大きさをもつベクトルであると考える．さて，$\boldsymbol{u}$ が速度 $\dot{\boldsymbol{u}}$ で変化したとすると，棒の回転速度は $|\dot{\boldsymbol{u}}|/|\boldsymbol{u}|$ で与えられるから，エネルギー散逸関数は $W = \zeta_r \dot{\boldsymbol{u}}^2 / \boldsymbol{u}^2$ と書くことができる（ここで $\zeta_r$ は式 (7.47) に現れる回転の摩擦定数である）．また，$\dot{U}$ は $\dot{U} = (\partial U/\partial \boldsymbol{u}) \cdot \dot{\boldsymbol{u}}$ で与えられる．さらに，$\boldsymbol{u}$ の絶対値が一定であるという拘束条件から $\dot{\boldsymbol{u}}$ は

$$\boldsymbol{u}\cdot\dot{\boldsymbol{u}} = 0 \tag{8.49}$$

を満たさなければならない．これらを考慮すると，最小にすべき関数は

$$R = \frac{1}{2}\zeta_{\mathrm{r}}\frac{\dot{\boldsymbol{u}}^2}{\boldsymbol{u}^2} + \frac{\partial U}{\partial \boldsymbol{u}}\cdot\dot{\boldsymbol{u}} - \lambda \boldsymbol{u}\cdot\dot{\boldsymbol{u}} \tag{8.50}$$

となる．$\partial R/\partial \dot{\boldsymbol{u}}=0$ と拘束条件(8.49)より，$\dot{\boldsymbol{u}}$ が次のように求まる：

$$\dot{\boldsymbol{u}} = -\frac{1}{\zeta_{\mathrm{r}}}\left(\boldsymbol{u}^2\boldsymbol{I} - \boldsymbol{u}\boldsymbol{u}\right)\cdot\frac{\partial U}{\partial \boldsymbol{u}}. \tag{8.51}$$

これは，(7.52)より得られる式

$$\dot{\boldsymbol{u}} = \boldsymbol{\omega}\times\boldsymbol{u} = -\frac{1}{\zeta_{\mathrm{r}}}\left(\boldsymbol{u}\times\frac{\partial U}{\partial \boldsymbol{u}}\right)\times\boldsymbol{u} = -\frac{1}{\zeta_{\mathrm{r}}}\left(\boldsymbol{u}^2\boldsymbol{I} - \boldsymbol{u}\boldsymbol{u}\right)\cdot\frac{\partial U}{\partial \boldsymbol{u}} \tag{8.52}$$

と同じ結果になっている．

　上の例では，熱運動の効果を考慮していない．熱運動の効果は，$\boldsymbol{u}$ の分布関数 $\psi(\boldsymbol{u},t)$ の時間発展を考えることで考慮できる．$\boldsymbol{u}$ が速度 $\dot{\boldsymbol{u}}$ で変化すると $\psi(\boldsymbol{u},t)$ は次のように変化する：

$$\frac{\partial \psi}{\partial t} = -\frac{\partial}{\partial \boldsymbol{u}}\cdot(\dot{\boldsymbol{u}}\psi). \tag{8.53}$$

このとき溶液の中で散逸されるエネルギーは次のようになる：

$$W = N\int d\boldsymbol{u}\zeta_{\mathrm{r}}\frac{\dot{\boldsymbol{u}}^2}{\boldsymbol{u}^2}\psi. \tag{8.54}$$

ここで $N$ は粒子の数である．一方，回転の駆動力となっているのは，溶液の自由エネルギーの変化である．自由エネルギーの中には，ポテンシャルエネルギー $U(\boldsymbol{u})$ 以外に，棒の配向のエントロピー $-k_{\mathrm{B}}\ln\psi$ も考えなくてはならない．これを考慮すると，溶液の自由エネルギー $F$ は次の式で与えられる：

$$F = N\int d\boldsymbol{u}[k_{\mathrm{B}}T\psi\ln\psi + U(\boldsymbol{u})\psi]. \tag{8.55}$$

この時間微分は次のようになる：

$$\dot{F} = N\int d\boldsymbol{u}[k_{\mathrm{B}}T\dot{\psi}\ln\psi + k_{\mathrm{B}}T\dot{\psi} + U(\boldsymbol{u})\dot{\psi}]. \tag{8.56}$$

ここで，$\dot{\psi}$ は(8.53)の右辺で与えられる量である．(8.53)を代入し，部分積分

を用いて計算すると

$$\dot{F} = -N \int d\bm{u}\dot{\bm{u}} \cdot \left[\frac{\partial}{\partial \bm{u}}(k_\mathrm{B} T \ln \psi + U)\right]\psi. \qquad (8.57)$$

拘束条件(8.49)を考慮すると，最小にすべき関数は

$$R = \frac{N}{2}\int d\bm{u}\zeta_\mathrm{r}\frac{\dot{\bm{u}}^2}{\bm{u}^2}\psi - N\int d\bm{u}\dot{\bm{u}}\cdot\left[\frac{\partial}{\partial \bm{u}}(k_\mathrm{B} T \ln \psi + U)\right]\psi - \int d\bm{u}\lambda(\bm{u})\bm{u}\cdot\dot{\bm{u}}. \qquad (8.58)$$

(8.58)を最小にする $\dot{\bm{u}}$ は

$$\dot{\bm{u}} = -\frac{1}{\zeta_\mathrm{r}}(\bm{u}^2\bm{I}-\bm{u}\bm{u})\cdot\frac{\partial}{\partial \bm{u}}(k_\mathrm{B} T \ln \psi + U). \qquad (8.59)$$

これを(8.53)に代入すると，$\psi$ についての次の時間発展方程式が得られる：

$$\frac{\partial \psi}{\partial t} = D_\mathrm{r}\frac{\partial}{\partial \bm{u}}\cdot\left[(\bm{u}^2\bm{I}-\bm{u}\bm{u})\cdot\left(\frac{\partial \psi}{\partial \bm{u}}+\frac{\psi}{k_\mathrm{B} T}\frac{\partial U}{\partial \bm{u}}\right)\right]. \qquad (8.60)$$

これが，(7.54)と同じになることは，簡単な計算で確かめることができる．棒の回転拡散は，(7.54)の代わりに，(8.60)によっても解析することができる．

## 8.5 多粒子系の運動

### 8.5.1 流体力学的相互作用

流体の中を動く粒子は，流体を通して互いに影響を及ぼしあっている．例えば，図8.2(b)に示すように，流体中の一つの粒子に力を加えると，粒子の周りの流体が動くので，近くにある他の粒子も動きはじめる．このような流体を通した相互作用のことを**流体力学的相互作用**(hydrodynamic interaction)という．

流体力学的相互作用の特徴を見るために，粒子に力 $\bm{F}$ を加えたとき，周りにどのような流れができるかを考えよう．ストークス流では，力のつりあいが常に成り立っているので，粒子に力を加えると，その力は粒子を通して流体に伝えられる．簡単のために，粒子の大きさを無視すると，原点にある粒子に力 $\bm{F}$ を加えることは，流体に体積力 $\bm{f}(\bm{r}) = \delta(\bm{r})\bm{F}$ を加えることと等価である．よって流体に対するストークス方程式は次のようになる：

$$\eta\boldsymbol{\nabla}^2\boldsymbol{v}-\boldsymbol{\nabla}p+\delta(\boldsymbol{r})\boldsymbol{F} = 0. \tag{8.61}$$

この方程式はフーリエ変換を使ってとくことができる.その結果は次のようになる[*6]:

$$\boldsymbol{v}(\boldsymbol{r}) = \boldsymbol{H}(\boldsymbol{r})\cdot\boldsymbol{F}. \tag{8.62}$$

ここで

$$\boldsymbol{H}(\boldsymbol{r}) = \frac{1}{8\pi\eta r}\left(\boldsymbol{I}+\frac{\boldsymbol{r}\boldsymbol{r}}{r^2}\right) \tag{8.63}$$

はオセーンテンソル(Oseen tensor)と呼ばれる.(8.63)からわかるように,流体の速度は $1/|\boldsymbol{r}|$ に比例しているので,粒子に働く力の効果は非常に遠くまで及ぶ.

流体の中にたくさんの粒子があり,位置 $\boldsymbol{R}_n$ にある粒子に力 $\boldsymbol{F}_n$ が加えられているとすると,位置 $\boldsymbol{r}$ における流体の速度 $\boldsymbol{v}(\boldsymbol{r})$ は

$$\boldsymbol{v}(\boldsymbol{r}) = \sum_n \boldsymbol{H}(\boldsymbol{r}-\boldsymbol{R}_n)\cdot\boldsymbol{F}_n \tag{8.64}$$

で与えられる.

流体力学的相互作用は(8.64)を出発点にして議論することもできるが,これは便利な方法とはいえない.粒子に働く力の影響は遠くにまで及ぶため,(8.64)の右辺の和は,すべての粒子についてとる必要がある(流体が容器の中にある場合には,容器の壁が流体に及ぼす力も考慮しなくてはならない).

一般に,長距離の相互作用を扱うときには,2体の相互作用の和を考えるより,場を介して相互作用していると考えるほうが便利である.例えば,電磁気学で電場を求めるとき,クーロンの法則に基づいて電場を計算するより,ラプラスの方程式を解く方が簡単である.同様に,流体の問題においても,(8.64)を出発点にするのではなく,元のストークス方程式にもどって考えるほうが簡単である.その例を次に示す.

---

[*6] 巻末文献 [8] 参照.

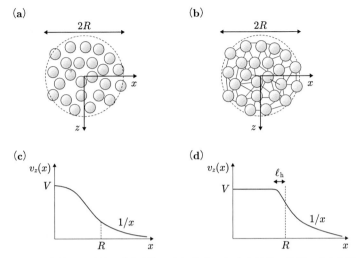

図 **8.4** 多粒子の沈降．(a)球状に寄り集まった自由粒子の沈降．(b)球状に凝集した粒子の沈降．(c), (d)上記の粒子系の速度分布．$x$ 軸上の流体速度の $z$ 成分 $v_z(x)$ を $x$ の関数として描いた．

### 8.5.2 多粒子の沈降

図 8.4 に示すように，半径 $R$ の球状の領域の中に置かれた $N$ 個の球形粒子が流体の中を沈降していく問題を考えよう．ここで二つの場合を考えることができる．図 8.4(a)は，砂のかたまりが水中を沈降する時のように，粒子が拘束されておらず，ばらばらに沈降してゆく場合である．一方，図 8.4(b)は，凝集したコロイド粒子が沈降するときのように，粒子間の距離が拘束されており，粒子全体が一つの塊となって沈降してゆく場合である．(a)の場合には粒子間に力が働いていないが，(b)の場合には，力が働いている．

粒子集団の沈降の特徴をみるため，平均の速度場 $\bar{\boldsymbol{v}}(\boldsymbol{r})$ を考えることにしよう．これは，粒子半径 $a$ より大きく，かつ領域のサイズ $R$ に比べて小さい領域で流体の速度場を平均したものである．平均の速度場 $\bar{\boldsymbol{v}}(\boldsymbol{r})$ に対して，ストークス方程式(8.61)は次のようになる：

$$\eta \boldsymbol{\nabla}^2 \bar{\boldsymbol{v}} - \boldsymbol{\nabla} p = -\boldsymbol{f}(\boldsymbol{r}). \tag{8.65}$$

ここで $\boldsymbol{f}(\boldsymbol{r})$ は，外力が粒子をとおして単位体積あたりの流体に及ぼしている

力である.

**非拘束粒子の沈降**

図 8.4(a)の場合には個々の粒子には一定の力

$$\boldsymbol{F}_\mathrm{G} = \frac{4\pi}{3}a^3\Delta\rho\boldsymbol{g} \tag{8.66}$$

が働いている.ここで,$\Delta\rho$ は粒子と溶媒の密度差であり,$\boldsymbol{g}$ は重力加速度である.$\boldsymbol{f}=n\boldsymbol{F}_\mathrm{G}$($n\approx N/R^3$ は粒子の数密度)であるから,領域の中の流体の速度を決める方程式(8.65)は次のようになる:

$$\eta\boldsymbol{\nabla}^2\bar{\boldsymbol{v}}-\boldsymbol{\nabla}p = -n\boldsymbol{F}_\mathrm{G}. \tag{8.67}$$

方程式(8.67)の解の様子を図 8.4(c)に示した.ここでは,領域の中心を通る水平線上の流体の速度 $v_z$($z$ は重力方向の成分)を,中心からの距離 $x$ の関数として描いている.領域の内側では,$v_z$ は $x^2$ に比例して減少するが,領域の外側では,$v_z$ は $1/x$ に比例して減少する.中心にある粒子の沈降速度を $V$ とすると,式(8.67)より,$\eta V/R^2 \approx nF_\mathrm{G}$ であるので

$$V \approx \frac{nF_\mathrm{G}R^2}{\eta} \approx \frac{NF_\mathrm{G}}{\eta R} \tag{8.68}$$

となる.もし粒子が単独で沈降していたとするとその沈降速度は

$$V_0 \approx \frac{F_\mathrm{G}}{\eta a} \tag{8.69}$$

である.したがって,粒子が集団で沈降すると,単独で沈降する場合に比べて,$Na/R$ の因子だけ大きくなる.粒子密度 $n$ が一定だとすると,この因子は $N^{2/3}$ に比例して大きくなる.沈降速度が $N$ とともに際限なく増大していくのは,流体力学的な相互作用が長距離力であるからである.

図 8.4(a)の状況では,粒子の沈降速度は,領域内の粒子の位置によって異なっている(中心部の粒子は速く,周辺部の粒子はゆっくりと沈降する).そのため,粒子の集団が最初球状の領域を占めていたとしても,沈降がはじまると領域の形は球形から崩れてしまう.

**拘束粒子の沈降**

一方，図 8.4(b) の状況では，粒子間距離を一定に保とうとする拘束力がそれぞれの粒子に働いている．この場合には粒子に働く力は，粒子ごとに異なっている．粒子 $n$ に働く力 $\bm{F}_n$ は，粒子の沈降速度から求めることができる．粒子全体が速度 $\bm{V}$ で沈降しているときには，位置 $\bm{r}$ にある一つの粒子に働く力は $\zeta_0[\bm{V}-\bar{\bm{v}}(\bm{r})]$ で与えられると考えられる（ここで $\zeta_0=6\pi\eta a$ である）．したがって，$\bm{f}(\bm{r})$ は次のように与えられる：

$$\bm{f}(\bm{r}) = n\zeta_0[\bm{V}-\bar{\bm{v}}(\bm{r})]. \tag{8.70}$$

(8.70) を (8.65) に代入すると，$|\bm{r}|<R$ の領域の流体速度 $\bar{\bm{v}}(\bm{r})$ について，次の方程式が得られる：

$$\eta\bm{\nabla}^2\bar{\bm{v}}-\bm{\nabla}p = -n\zeta_0(\bm{V}-\bar{\bm{v}}). \tag{8.71}$$

左辺は $\eta V/R^2$ の程度の大きさであり，右辺は $n\zeta_0 V$ の程度の大きさである．よって $R\gg\sqrt{\eta/n\zeta_0}$ の場合には，左辺は無視でき，$\bar{\bm{v}}(\bm{r})=\bm{V}$ が成り立つ．すなわち，凝集体のなかの流体は凝集体と同じ速度で動く．

上の議論の中に表れた長さ

$$\ell_\mathrm{h} = \sqrt{\frac{\eta}{n\zeta_0}} \simeq \sqrt{\frac{1}{na}} \tag{8.72}$$

は**流体力学的遮蔽長**（hydrodynamic screening length）と呼ばれる．図 8.4(b) の状況における流体の速度場を図 8.4(d) に示す．凝集体内部のほとんどの領域で流体の速度は凝集体の速度 $\bm{V}$ に等しくなる．流体の速度が凝集体の速度と異なっているのは，表面付近の厚さ $\ell_\mathrm{h}$ 程度の領域だけである．$R\gg\ell_\mathrm{h}$ であれば，表面領域の効果は無視できるので，凝集体全域にわたって流体は粒子と一体になって動くと考えて良い．すなわち，粒子の相対距離が変わらないような拘束粒子系においては，その中を流体がとおりぬけることができるにもかかわらず，流体のとおりぬけは起こらず，凝集体は半径 $R$ の剛体のように振る舞う．凝集体の沈降速度 $V$ は非拘束粒子の場合と同じく $NF_\mathrm{G}/\eta R$ の程度である．

### 8.5.3 高分子の沈降

多粒子系の沈降の特徴は，高分子の沈降において顕著になる．高分子と溶媒分子との間には，わずかではあるが密度の違いがあるので，溶液に遠心力をかけることにより，溶液中の高分子鎖を遠心力方向に沈降させることができる．高分子は屈曲性をもっており，溶液中で形を変えながら運動しているが，沈降速度 $V$ が大きくない限り高分子は平衡状態の形状を保ったまま沈降する[*7]．このときには，高分子の沈降速度 $V$ と遠心力による力 $F_G$ の間には比例関係が成立する：

$$V = \mu F_G. \tag{8.73}$$

高分子の糸まりの中のビーズの数密度は $N/R_g^3$ ($R_g$ は高分子の慣性半径)であるので，流体力学的遮蔽長は $\ell_h = (R_g^3/Nb)^{1/2}$ となる．$R_g \simeq N^\nu b$ の関係を用いると

$$\frac{\ell_h}{R_g} \simeq \left(\frac{R_g}{Nb}\right)^{1/2} \simeq N^{-(1-\nu)/2} \tag{8.74}$$

となる．よって $N \gg 1$ の高分子では，高分子糸まりのなかのほとんどの部分の流体は高分子と同じ速度で動くことになる．したがって，高分子にかかる流体力学的抵抗力は，半径 $R_g$ の剛体球にかかる抵抗力で見積もることができる：

$$\mu \simeq \frac{1}{6\pi\eta R_g}. \tag{8.75}$$

高分子は，屈曲性のある柔らかな分子であるが，熱運動の影響が大きいため，沈降するさいには，熱平衡状態と同じ形態をとって沈降する．そのために，高分子の沈降速度を見積もるときに高分子を剛体球とみなすことができるのである．希薄溶液のなかの高分子の自己拡散定数 $D$ はアインシュタインの関係式により $\mu k_B T$ で与えられるので

$$D \simeq \frac{k_B T}{6\pi\eta R_g} \propto N^{-\nu} \tag{8.76}$$

---

[*7] 高分子糸まりの半径を $R_g$ とすると，$V$ が小さいとみなせる条件は $V < D/R_g$ である．ここで $D$ は高分子の拡散定数であり，$D \simeq k_B T/\eta R_g$ で与えられる．

である.この関係は実験的に確かめられている.

## 付録 8-1  ローレンツの相反定理

ローレンツの相反定理(8.23)を証明するために,粒子系が速度 $V_i^{(1)}$ で動いたときと,速度 $V_i^{(2)}$ で動いたときの二つの場合を考える.それぞれの場合の流体からの抵抗力を $F_{Hi}^{(1)}, F_{Hi}^{(2)}$ とし,次の等式を証明する:

$$\sum_i F_{Hi}^{(1)} V_i^{(2)} = \sum_i F_{Hi}^{(2)} V_i^{(1)}. \tag{8.77}$$

これが任意の $V_i^{(1)}, V_i^{(2)}$ について成り立つことが示されれば(8.23)が証明されたことになる.

粒子系が速度 $V_i^{(a)}$ ($a=1,2$) で動いたときの流体の速度場を $\boldsymbol{v}^{(a)}(\boldsymbol{r})$,そのときの応力場を $\boldsymbol{\sigma}^{(a)}$ とする.(8.15),(8.17)より

$$F_{Hi}^{(a)} = \int dS G_{i\alpha}(\boldsymbol{r};X) \sigma_{\alpha\beta}^{(a)} n_\beta \tag{8.78}$$

であるので,(8.77)の左辺を $-I$ とおくと

$$I = -\sum_i F_{Hi}^{(1)} V_i^{(2)} = -\sum_i \int dS G_{i\alpha}(\boldsymbol{r};X) \sigma_{\alpha\beta}^{(1)} n_\beta V_i^{(2)}. \tag{8.79}$$

流体の速度は,粒子表面で(8.14)を満たすので,

$$I = -\int dS v_\alpha^{(2)} \sigma_{\alpha\beta}^{(1)} n_\beta. \tag{8.80}$$

右辺の面積積分を体積積分に直すと,

$$I = \int d\boldsymbol{r} \frac{\partial}{\partial r_\beta}(v_\alpha^{(2)} \sigma_{\alpha\beta}^{(1)}) = \int d\boldsymbol{r} \left( \frac{\partial v_\alpha^{(2)}}{\partial r_\beta} \sigma_{\alpha\beta}^{(1)} + v_\alpha^{(2)} \frac{\partial \sigma_{\alpha\beta}^{(1)}}{\partial r_\beta} \right). \tag{8.81}$$

被積分関数の第2項は応力のつりあい(8.8)により0となる(外力 $\boldsymbol{f}$ はない場合を考えている).第1項は応力テンソルの対称性と非圧縮条件を用いると

$$I = \frac{1}{2}\int d\boldsymbol{r} \left(\frac{\partial v_\alpha^{(2)}}{\partial r_\beta}+\frac{\partial v_\beta^{(2)}}{\partial r_\alpha}\right)\sigma_{\alpha\beta}^{(1)}$$
$$= \frac{\eta}{2}\int d\boldsymbol{r} \left(\frac{\partial v_\alpha^{(2)}}{\partial r_\beta}+\frac{\partial v_\beta^{(2)}}{\partial r_\alpha}\right)\left(\frac{\partial v_\alpha^{(1)}}{\partial r_\beta}+\frac{\partial v_\beta^{(1)}}{\partial r_\alpha}\right). \tag{8.82}$$

最後の表式は上付きの添え字 (1), (2) の入れ替えについて対称であるので, 式 (8.77) が証明された.

(8.82) で, $V_i^{(1)}=V_i^{(2)}=V_i$ の場合を考えれば

$$\sum_{ij}\zeta_{ij}V_iV_j = -\sum_i F_{Hi}V_i = \frac{\eta}{2}\int d\boldsymbol{r}\left(\frac{\partial v_\alpha}{\partial r_\beta}+\frac{\partial v_\beta}{\partial r_\alpha}\right)^2. \tag{8.83}$$

左辺は常に正であるので, $\zeta_{ij}$ は正定値である. (8.83) は流体の中で, 散逸されるエネルギーが式 (8.29) で与えられることを示している.

## 付録 8-2　緩和現象

外場 $h_i$ が小さいときには $X_i$ と $X_{i\mathrm{eq}}$ の差も小さいので, 式 (8.35) の右辺を $x_i = X_i - X_{i\mathrm{eq}}$ について展開することができる. すると,

$$\frac{dx_i}{dt} = -\sum_j \mu_{ij}(\sum_k g_{jk}x_k + h_j). \tag{8.84}$$

ここで $g_{ij}$ は

$$g_{ij} = \left.\frac{\partial^2 U}{\partial X_i \partial X_j}\right|_{X_{i\mathrm{eq}}} \tag{8.85}$$

である. 平衡状態の安定性より, $g_{ij}$ は正定値な対称行列となる.

(8.84) は $x_i$ についての線形の方程式であるので, 解くことができる. $\mu_{ij}$ と $g_{ij}$ がともに正定値対称行列であることから行列 $M_{ij}=\sum_k \mu_{ik}g_{kj}$ の固有値は正の実数となる. したがって (8.35) の解は一般に次のように書くことができる:

$$x_i = \sum_{j,p} A_{ijp}h_j(1-e^{-\lambda_p t}). \tag{8.86}$$

ここで $\lambda_p$ は，正の実数であり，$A_{ijp}$ は定数である．

よって，時間発展方程式が(8.35)の形式で書ける系については，応答関数は，一般に指数関数の和として書ける．

# 9 ソフトマターにおける物質拡散

## 9.1 はじめに

この章では，ソフトマターにおける物質の拡散について述べる．拡散とは，一般に，熱力学的な力によって媒質の中で物質が広がっていく現象のことである．しかしここでは，この言葉の意味をもう少し広く捕らえて，物質が媒質に対して，相対的に運動する現象一般を議論することにする．例えば，重力の下でコロイド粒子が沈降する現象，塩を加えることによりコロイド粒子が凝集する現象などは，媒質(溶媒)に対して，物質(コロイド粒子)が相対的に運動する例である．また，2成分溶液における相分離現象，ゲルが溶媒を吸って膨らんでいく現象，圧力を受けたゲルから溶媒が絞りだされる現象なども，媒質(溶媒)に対して物質(溶質)が相対的に運動する例である．これらの現象は，前章に説明したオンサガーの変分原理に基づいて，統一的に議論することができる．

## 9.2 コロイド分散系の物質拡散

### 9.2.1 基礎方程式

コロイド溶液の拡散・沈降はたいへん身近な現象である．コーヒーのなかに注いだミルクが広がっていくのは拡散現象である．味噌汁の味噌が底に沈んで，上に，透明な上澄み液ができるのは沈降の現象である．これらの現象の説明は，通常，希薄系についての説明だけで終わってしまうことが多いが，上述のような粒子濃度の高い系では，粒子間の相互作用が重要となる．ここでは，粒子濃度が高い場合にも用いることのできる定式化を行なう．

溶液中のコロイド粒子の濃度を表すのに,体積分率 $\phi(\boldsymbol{r},t)$ を用いることにする.$\phi(\boldsymbol{r},t)$ は,位置 $\boldsymbol{r}$ の周りの微小体積の中で,コロイド粒子が占めている体積の割合を表す.コロイド粒子の数密度(単位体積中の粒子数)を $n(\boldsymbol{r},t)$,粒子の半径を $a$ とすると,

$$\phi(\boldsymbol{r},t) = n(\boldsymbol{r},t)\frac{4\pi}{3}a^3 = nv_{\mathrm{c}} \tag{9.1}$$

である.ここで $v_{\mathrm{c}}=(4\pi/3)a^3$ は一つのコロイド粒子の体積である.

最初に静止した溶液中を粒子が拡散してゆく場合を考えよう.時刻 $t$,場所 $\boldsymbol{r}$ におけるコロイド粒子の平均速度を $\boldsymbol{v}_{\mathrm{p}}(\boldsymbol{r},t)$ とすると,コロイド粒子の保存則は次のように書ける:

$$\frac{\partial \phi}{\partial t} = -\boldsymbol{\nabla}\cdot(\boldsymbol{v}_{\mathrm{p}}\phi). \tag{9.2}$$

$\boldsymbol{v}_{\mathrm{p}}$ を求めるために,オンサガーの変分原理を用いる.静止した溶液中をコロイド粒子が速度 $\boldsymbol{v}_{\mathrm{p}}$ で動けば,$\boldsymbol{v}_{\mathrm{p}}$ に比例した粘性抵抗力が働く.エネルギー散逸関数はこれに逆らって流体に対してなす単位時間あたりの仕事であるので,次のように書くことができる:

$$W = \int d\boldsymbol{r}\xi(\phi)\boldsymbol{v}_{\mathrm{p}}^2. \tag{9.3}$$

ここで $\xi(\phi)$ は,コロイド分散系の単位体積あたりの摩擦定数である.

摩擦定数 $\xi(\phi)$ は図 9.1 のような装置を使って測定することができる.(a)では,コロイド粒子を多孔質の板でできた箱のなかに閉じ込め,静止した溶媒中を一定速度 $v_{\mathrm{p}}$ で動かす.このときに必要な力は $F=Sh\xi v_{\mathrm{p}}$($S$ は箱の断面積,$h$ は箱の厚み)と書けるので,これより $\xi$ を求めることができる.(b)では,箱を固定し,箱を通して流体を流す.このときの箱の両側の圧力差を $\Delta P$,流体の速度を $v_{\mathrm{p}}$ とすると,箱にたいする流体の抵抗力は $\Delta PS$ であるので,$\xi$ は $\xi=\Delta P/(hv_{\mathrm{p}})$ で与えられる.

$\phi \to 0$ の極限で,コロイド粒子間の流体力学的な相互作用が無視できるときには,$\xi(\phi)$ は次のようになる:

$$\xi(\phi) = 6\pi\eta an = 6\pi\eta a\frac{\phi}{v_{\mathrm{c}}}. \tag{9.4}$$

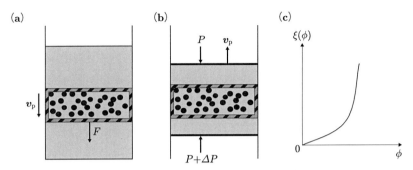

**図 9.1** (a), (b)コロイド粒子系の単位体積あたりの摩擦定数 $\xi(\phi)$ を求める二つの方法. (c)摩擦定数 $\xi(\phi)$ の粒子濃度依存性.

有限の濃度では,図 9.1(c)に示すように,$\xi(\phi)$ は,(9.4)で与えられるものより大きくなる.有限の濃度における $\xi(\phi)$ は,ストークス流体力学を使って計算されている.

一方,粒子の拡散を駆動するものは,系の自由エネルギー $F$ を小さくしようとする力である.$F$ は,濃度分布 $\phi(\boldsymbol{r})$ の汎関数として $F[\phi]$ のように書くことができる.濃度の空間変化が急でない限り,$F[\phi]$ は局所的な自由エネルギーの和として表すことができる:

$$F = \int d\boldsymbol{r} f(\phi). \tag{9.5}$$

ここで,$f(\phi)$ はコロイド溶液の単位体積あたりの自由エネルギーである.運動の駆動力を求めるために,$F$ の時間微分 $\dot{F}$ を計算してみる.(9.5)と(9.2)を用いると $\dot{F}$ は次のようになる:

$$\begin{aligned}\dot{F} &= \int d\boldsymbol{r} f'\dot{\phi} = -\int d\boldsymbol{r} f' \boldsymbol{\nabla}\cdot(\boldsymbol{v}_\mathrm{p}\phi) \\ &= \int d\boldsymbol{r} (\boldsymbol{\nabla} f')\cdot \boldsymbol{v}_\mathrm{p}\phi. \end{aligned} \tag{9.6}$$

最後のところでは部分積分を用いた.

よって,最小にすべき関数は次のようになる:

$$R = \int d\boldsymbol{r} \left[\frac{1}{2}\xi(\phi)\boldsymbol{v}_\mathrm{p}^2 + (\boldsymbol{\nabla} f')\cdot \boldsymbol{v}_\mathrm{p}\phi\right]. \tag{9.7}$$

$R$ の $\boldsymbol{v}_\mathrm{p}$ について変分を 0 とおくと,次の式が得られる:

$$\xi \bm{v}_\mathrm{p} = -\phi \bm{\nabla} f'(\phi). \tag{9.8}$$

この式の右辺は，溶液の浸透圧 $\Pi(\phi)$ を用いて表すことができる．第 2 章の (2.13) より，浸透圧は

$$\Pi(\phi) = f(0) + \phi f'(\phi) - f(\phi) \tag{9.9}$$

で与えられる．(9.9) より $\bm{\nabla} \Pi$ は次のようになる：

$$\bm{\nabla}\Pi = (\bm{\nabla}\phi)f' + \phi\bm{\nabla}f' - \bm{\nabla}f = \phi\bm{\nabla}f'. \tag{9.10}$$

ここで $\bm{\nabla} f = f' \bm{\nabla} \phi$ の関係を用いた．

よって，(9.8) は次の式を与える：

$$\bm{v}_\mathrm{p} = -\frac{1}{\xi}\bm{\nabla}\Pi. \tag{9.11}$$

(9.11) は拡散の駆動力になっているのが浸透圧であることを明瞭に示している．

### 9.2.2 コロイド粒子の拡散

(9.11) と (9.2) より

$$\frac{\partial \phi}{\partial t} = \bm{\nabla} \cdot \left( \frac{\phi}{\xi} \bm{\nabla} \Pi \right). \tag{9.12}$$

$\bm{\nabla}\Pi = (\partial \Pi / \partial \phi) \bm{\nabla} \phi$ の関係を用いると，上の式は，次のようになる：

$$\frac{\partial \phi}{\partial t} = \bm{\nabla} \cdot [D(\phi) \bm{\nabla} \phi]. \tag{9.13}$$

ここで $D$ は

$$D(\phi) = \frac{\phi}{\xi} \frac{\partial \Pi}{\partial \phi} \tag{9.14}$$

で与えられる拡散定数である．(9.13) が，静止した溶液中の物質の拡散を記述する拡散方程式である．

(9.14) で与えられる拡散定数は，第 7 章で定義した拡散定数とは違うものである．(7.14) で定義した拡散定数は，ラベルした粒子の動きやすさを表現する

ものであり，**自己拡散定数**(self diffusion constant)と呼ばれる．一方，(9.14)で定義した拡散定数は粒子集団の広がりやすさを与えるものである．拡散定数の本来の意味は，拡散方程式(9.13)に現れる定数であり，これは，(9.14)で与えられるものである．しかし，混同を避けるために，(9.14)で与えられる拡散定数を，とくに**相互拡散定数**(mutual diffusion constant)，または，**協同拡散定数**(collective diffusion constant)と呼ぶこともある．

希薄極限においては，相互拡散定数は，自己拡散定数と一致する．実際，$\phi \to 0$ の極限では，$\Pi(\phi)$ および，$\xi(\phi)$ はそれぞれ次のように与えられる：

$$\Pi = n k_\mathrm{B} T, \qquad \xi = 6\pi \eta a n. \tag{9.15}$$

この場合には，(9.14)は

$$D(\phi) = \frac{n}{\xi} \frac{\partial \Pi}{\partial n} = \frac{k_\mathrm{B} T}{6\pi \eta a} \tag{9.16}$$

となり，(7.26)と一致している．

有限濃度においては，自己拡散定数と相互拡散定数とは違ったものになる．例えば，溶液中の高分子の自己拡散定数は，高分子濃度の増加にともない必ず減少するが，相互拡散定数は多くの場合増加する．なぜなら，良溶媒のなかでは，濃度とともに $\partial \Pi(\phi)/\partial \phi$ が増加するからである．

高分子溶液の例のように，相互拡散定数は，溶質と溶媒の親和性に強く依存する．溶質と溶媒の親和性が高い場合には，溶質は溶媒の中に強く広がろうとして，拡散定数も大きくなる．逆に，溶質と溶媒の親和性が低い場合は，溶質は溶媒のほうになかなか拡散していかない．溶質が溶媒の中に拡散していく現象は，溶媒が溶質のいる領域に浸透する現象と見ることもできる．溶質と溶媒の親和性が強ければ強いほど，溶媒の浸透は速く起こる．「拡散」，「浸透」のいずれの見方をするにせよ，ミルクやインクの水の中への広がりやすさを決めているのは，溶質と溶媒の親和性である．

### 9.2.3 コロイド粒子の沈降

次に，静止した溶液のなかをコロイド粒子が重力によって沈降していく過程について考える．重力場 $\boldsymbol{g}$ の下では自由エネルギーに次の項がつけ加わる：

$$F_g = -\int d\boldsymbol{r} \rho(\phi)\boldsymbol{g}\cdot\boldsymbol{r}. \tag{9.17}$$

粒子と溶媒の密度をそれぞれ,$\rho_\mathrm{p}$, $\rho_\mathrm{s}$ とすると,溶液の密度 $\rho(\phi)$ は次の式で与えられる:

$$\rho(\phi) = \rho_\mathrm{s} + \Delta\rho\phi. \tag{9.18}$$

ここで,$\Delta\rho = \rho_\mathrm{p} - \rho_\mathrm{s}$ である.前節と同様に(9.17)の時間微分を計算すると

$$\dot{F}_g = \int d\boldsymbol{r}(\boldsymbol{\nabla}\cdot\boldsymbol{v}_\mathrm{p}\phi)\Delta\rho\boldsymbol{g}\cdot\boldsymbol{r} = -\int d\boldsymbol{r}\Delta\rho\phi\boldsymbol{v}_\mathrm{p}\cdot\boldsymbol{g}. \tag{9.19}$$

重力の効果を考慮すると,粒子速度 $\boldsymbol{v}_\mathrm{p}$ は(9.11)の代わりに次のようになる:

$$\boldsymbol{v}_\mathrm{p} = -\frac{1}{\xi}\frac{\partial\Pi}{\partial\phi}\boldsymbol{\nabla}\phi + \frac{\Delta\rho\boldsymbol{g}}{\xi}\phi. \tag{9.20}$$

重力の方向を $-z$ 軸にとると,粒子の濃度分布 $\phi(z,t)$ の時間発展方程式は次のようになる:

$$\frac{\partial\phi}{\partial t} = \frac{\partial}{\partial z}\left[\frac{\phi}{\xi}\left(\frac{\partial\Pi}{\partial\phi}\frac{\partial\phi}{\partial z}+\Delta\rho g\phi\right)\right]. \tag{9.21}$$

(9.21)の平衡解は次の微分方程式の解である:

$$\frac{\partial\Pi}{\partial\phi}\frac{\partial\phi}{\partial z}+\Delta\rho g\phi = 0. \tag{9.22}$$

溶液が希薄で,浸透圧が $\Pi=(\phi/v_\mathrm{c})k_\mathrm{B}T$ で与えられる場合,(9.22)は,指数分布を与える:

$$\phi(z,t\to\infty) \propto \exp\left[-\frac{\Delta\rho v_\mathrm{c}gz}{k_\mathrm{B}T}\right]. \tag{9.23}$$

これは(1.1)と同じものである.

 一方,有限濃度の場合には,(9.21)の解の様子は図9.2のようになる.すなわち,底には堆積層ができ,上には,上澄み液が残る.これらの層は沈降の途中で現れ,沈降が進行するにつれ,堆積層の厚みが厚くなる.堆積層は,結晶構造をとることもある.

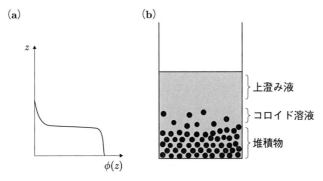

図 9.2 コロイド粒子の沈降の結果できる最終的な平衡状態.

### 9.2.4 拡散と流動のカップリング

これまで静止した溶液中の粒子の拡散や沈降を考えてきたが，ここでちょっとふりかえって，「静止した溶液」とは何であるかを考えてみよう．静止した溶液とは，溶媒の速度が0である溶液のことではない．例えば，図9.2に示した状況を考えよう．容器の中のコロイド粒子が沈降していくと，溶媒は上向きに流れなくてはならない．なぜなら，ある領域に粒子が流れ込めば，同じ体積の溶媒が流れ出す必要があるからである(ここでは，粒子や溶媒の密度は変わらないと仮定している．この仮定は，通常の圧力条件では，常に満たされていると考えてよい)．運動が$z$軸方向にしか起こらない場合，粒子の速度を$v_\mathrm{p}$，溶媒の速度を$v_\mathrm{s}$とすれば体積保存の条件は次のように書ける：

$$\phi v_\mathrm{p}+(1-\phi)v_\mathrm{s}=0. \tag{9.24}$$

よって，溶媒の速度は$v_\mathrm{s}=-\phi v_\mathrm{p}/(1-\phi)$で与えられる．

分散系の拡散や沈降を考えるとき，「溶液の速度」$\bm{v}$ を，次のように溶質の速度 $\bm{v}_\mathrm{p}$ と溶媒の速度 $\bm{v}_\mathrm{s}$ の体積平均で定義するのが合理的である[*1]：

---

[*1] 溶液の速度は質量平均速度

$$\bm{v}_\mathrm{m}=\frac{\rho_\mathrm{p}\phi\bm{v}_\mathrm{p}+(1-\phi)\rho_\mathrm{s}\bm{v}_\mathrm{s}}{\rho_\mathrm{p}\phi+(1-\phi)\rho_\mathrm{s}} \tag{9.25}$$

で定義することもできるが，このように定義した速度は粒子が沈降すると0でない値をもつので，体積平均で定義するほうが合理的である．

$$\boldsymbol{v} = \phi\boldsymbol{v}_{\mathrm{p}}+(1-\phi)\boldsymbol{v}_{\mathrm{s}}. \qquad (9.26)$$

すると溶液全体が非圧縮であるという条件は

$$\boldsymbol{\nabla}\cdot\boldsymbol{v} = 0 \qquad (9.27)$$

と書くことができる.

さて,一般に溶液の流れ場と物質の拡散はカップルしている.例えば,溶液のマクロな流れがあれば,分散している粒子はその流れに乗って動く.また,逆に,拡散により溶液中の粒子濃度が変化すれば,流体の粘度や密度などの物性値が変化し,流れ場 $\boldsymbol{v}$ が影響を受ける.さらに,8.5節で見たように,分散粒子に力が加われば,その影響は,粒子運動だけでなく,周りの流体の流れにも影響を与える.したがって,分散系のダイナミクスを考えるときには,分散粒子の流れ場 $\boldsymbol{v}_{\mathrm{p}}$ だけでなく,溶液の流れ場 $\boldsymbol{v}$ も合わせて考える必要がある.$\boldsymbol{v}_{\mathrm{p}}$ と $\boldsymbol{v}$ の従う方程式を求めるためにオンサガーの変分原理を用いることにしよう.

流れにともなうコロイド分散系のエネルギー散逸には二つ起源がある.一つは,コロイド粒子と溶液の相対運動によるものである.この項は溶液の速度が 0 の場合は(9.3)で与えられるが,溶液が速度 $\boldsymbol{v}$ で動いていれば次のようになる:

$$W_1 = \int d\boldsymbol{r}\xi(\phi)(\boldsymbol{v}_{\mathrm{p}}-\boldsymbol{v})^2. \qquad (9.28)$$

エネルギー散逸のもう一つの起源は,速度勾配に起因するものである.この項は,流体の粘性散逸の項(8.29)に相当するものである.コロイド分散系の粘度は,粒子濃度に依存するので,速度勾配に起因するエネルギー散逸は次の形に書けると考えられる[*2]:

---

[*2] (9.29)の正当性は自明ではない.次章で述べるように,コロイド分散系や高分子溶液は,粘弾性を含む複雑な流動挙動を示すので,速度勾配に依存するエネルギー散逸の項がどのように書けるかはむずかしい問題である.一方,低分子溶液や濃度の余り高くないコロイド分散系は粘性流体とみなすことができる.ここではそのような系を念頭において話を進めている.

$$W_2 = \frac{1}{2}\int d\boldsymbol{r}\eta(\phi)\left(\frac{\partial v_\alpha}{\partial r_\beta}+\frac{\partial v_\beta}{\partial r_\alpha}\right)^2. \tag{9.29}$$

したがって，エネルギー散逸関数 $W=W_1+W_2$ は次のように与えられる：

$$W = \int d\boldsymbol{r}\xi(\phi)(\boldsymbol{v}_\mathrm{p}-\boldsymbol{v})^2 + \frac{1}{2}\int d\boldsymbol{r}\eta(\phi)\left(\frac{\partial v_\alpha}{\partial r_\beta}+\frac{\partial v_\beta}{\partial r_\alpha}\right)^2. \tag{9.30}$$

$\eta(\phi)$, $\xi(\phi)$ は，とも粒子濃度の増加関数であり，その具体的な形は流体力学の教科書の中で議論されている．

一方，$\dot{F}$ はこれまでと同様に，(9.6)，またはこれに(9.19)を付け加えたもので与えられる．非圧縮条件(9.27)を考慮すると最小にすべき関数は次のようになる：

$$R = \frac{1}{2}W + \dot{F} - \int d\boldsymbol{r}p(\boldsymbol{r})\boldsymbol{\nabla}\cdot\boldsymbol{v}. \tag{9.31}$$

$R$ の $\boldsymbol{v}_\mathrm{p}$, $\boldsymbol{v}$ について変分を0とおくと，次の式が得られる：

$$\xi(\boldsymbol{v}_\mathrm{p}-\boldsymbol{v}) = -\phi\boldsymbol{\nabla}f'(\phi) + \Delta\rho\phi\boldsymbol{g}, \tag{9.32}$$

$$\boldsymbol{\nabla}\eta\cdot[\boldsymbol{\nabla}\boldsymbol{v}+(\boldsymbol{\nabla}\boldsymbol{v})^t)] - \xi(\boldsymbol{v}-\boldsymbol{v}_\mathrm{p}) = \boldsymbol{\nabla}p. \tag{9.33}$$

ここで，上付き添え字 $t$ はテンソルの転置を表す($\boldsymbol{a}$ をテンソルとすると，$(\boldsymbol{a}^t)_{\alpha\beta}=(\boldsymbol{a})_{\beta\alpha}$)．(9.10)を用いると，(9.32)は浸透圧 $\Pi$ を用いて次の形に書くこともできる：

$$\boldsymbol{v}_\mathrm{p} = \boldsymbol{v} - \frac{1}{\xi}(\boldsymbol{\nabla}\Pi - \Delta\rho\phi\boldsymbol{g}). \tag{9.34}$$

また，(9.32)と(9.33)より

$$\boldsymbol{\nabla}\left[\eta\cdot[\boldsymbol{\nabla}\boldsymbol{v}+(\boldsymbol{\nabla}\boldsymbol{v})^t]\right] = \boldsymbol{\nabla}(p+\Pi) - \Delta\rho\phi\boldsymbol{g}. \tag{9.35}$$

(9.34)と(9.35)が，粒子分散系の流動と拡散のカップリングを記述する式である．

### 9.2.5　コロイド粒子の凝集

(9.14)によれば，$\partial\Pi/\partial\phi<0$ となる場合には，拡散定数は負となり，粒子は濃度の低いほうから高いほうに移動することになる．このようなことは，コロ

イド粒子が凝集するときに起こる．粒子が凝集したほうが自由エネルギーが下がる場合には，粒子は寄り集まって大きな凝集体を作る．

コロイド粒子の凝集過程は，上に与えた方程式を用いて議論することができるはずであるが，注意が必要である．コロイド系では，粒子間相互作用の影響が熱運動の効果よりずっと強いため，系が平衡状態に至る前に，ゲル化が起こり粒子の運動が凍結されてしまう．このようなことが起きると問題が複雑になるので，以下では，このようなことが起きない系に話を移して議論する．

## 9.3 溶液の相分離

### 9.3.1 相分離の基礎方程式

成分AとBからなる2成分溶液を考えよう．第2章で述べたように，ある温度条件では，AとBが一様に混合した状態は熱力学的に不安定になり，AはAどうし，BはBどうし集まり，相分離が起きる．

AとBを体積比$\phi:(1-\phi)$で一様に混合した溶液の自由エネルギーを$f(\phi)$とする．第2章で述べたように，$f(\phi)$が上に凸である濃度領域($\partial^2 f(\phi)/\partial \phi^2 <0$の領域)の溶液は，熱力学的に不安定であり，濃度$\phi_a$, $\phi_b$をもつ二つの相に分離する(図9.3(a)参照)．ここで，$\phi_a$, $\phi_b$は$f(\phi)$に引いた共通接線の接点に対応する濃度である．

相分離のダイナミクスを議論するために，次の状況を考えよう．$\partial^2 f(\phi)/\partial \phi^2 >0$を満たす濃度$\phi_0$の一様な溶液に対して，時刻$t=0$で温度を瞬間的に変え，$\partial^2 f(\phi)/\partial \phi^2 <0$の不安定領域にもっていったとしよう．不安定領域では，拡散定数$D(\phi)$は負になる．なぜなら，(9.9)より

$$\frac{\partial \Pi}{\partial \phi} = \phi \frac{\partial^2 f}{\partial \phi^2} \tag{9.36}$$

であるので，$\partial^2 f(\phi)/\partial \phi^2$の正負は拡散定数$D(\phi)$の正負に対応しているからである．拡散定数が負であれば，物質は濃度が低いほうから高い方に移動する．その結果，濃度が高い部分はますます濃度が高くなり，逆に濃度が低い部分はますます濃度が低くなる．濃度が$\phi_0$から大きくずれない相分離の初期においては，このような機構で濃度の不均一が増大し，溶液内には，濃度の高い

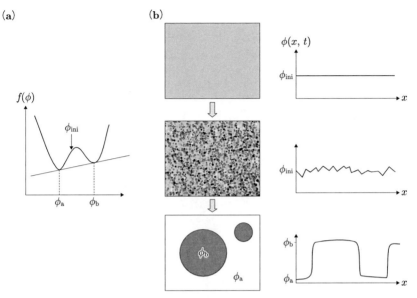

**図 9.3** (a) 相分離を起こす溶液の自由エネルギー $f(\phi)$. 初期濃度 $\phi_{\text{ini}}$ において, $\partial^2 f/\partial \phi^2 < 0$ であれば, スピノーダル分解がおこり, 溶液は, 濃度 $\phi_a$ の相と濃度 $\phi_b$ の相に分かれる. ここで, $\phi_a$, $\phi_b$ は $f(\phi)$ の共通接線の接点を表す. (b) 相分離にともなう構造変化の例. 一様に混合した状態から, 濃度の濃淡が現れ, 最終的には濃度 $\phi_a$, $\phi_b$ の二つの溶液に分離する. 右側に示したのはある軸 $x$ にそっての濃度分布の時間発展の例.

領域 (A 成分が集まった領域) と濃度の低い領域 (B 成分が集まった領域) とが現れる. 相分離が進行するにつれ, それぞれの領域は合体し, 次第に大きくなる. その結果, 最終的には, 系は平衡濃度 $\phi_a$, $\phi_b$ をもつ二つの領域に分かれる.

このような相分離の過程は前節に示した時間発展方程式 (9.34), (9.35) をもとに議論することができるが, 一つだけ修正が必要である.

相分離が進行すると, 溶液は, A 分子が集まった領域と, B 分子が集まった領域とに分かれる. 二つの領域の界面では濃度 $\phi$ が急激に変化する. このような場合, 自由エネルギーの表式 (9.5) には修正が必要になる. 第 6 章で述べたように, 二つの相の界面には, 界面の面積に比例するエネルギー (界面自由エネルギーまたは界面張力) が存在する. ところが, (9.5) には, このエネル

ギーが考慮されていない．(9.5)によれば，系の自由エネルギーはそれぞれの相の体積だけで決まっており，界面の面積にはよらないからである．

界面の自由エネルギーを考慮するには，次のような自由エネルギーの表式を用いればよい：

$$F = \int d\boldsymbol{r} \left[ f(\phi) + \frac{1}{2}\kappa_{\mathrm{s}}(\boldsymbol{\nabla}\phi)^2 \right]. \tag{9.37}$$

ここで $\kappa_{\mathrm{s}}$ は正の定数である．(9.37)によれば，界面の部分では，$|\boldsymbol{\nabla}\phi|$ が非常に大きくなり，界面の面積に比例したエネルギーが現れる．これが界面自由エネルギーを与える．界面の厚みを $\ell_{\mathrm{s}}$ とすると，界面における濃度の勾配は $(\phi_{\mathrm{a}}-\phi_{\mathrm{b}})/\ell_{\mathrm{s}}$ であるから，単位面積あたりの界面自由エネルギー(すなわち界面張力)は $\gamma \simeq \kappa_{\mathrm{s}}(\phi_{\mathrm{a}}-\phi_{\mathrm{b}})^2/\ell_{\mathrm{s}}$ で与えられる．

自由エネルギーの表式が(9.37)のようになる場合，$\dot{F}$ は次のように計算される：

$$\begin{aligned}\dot{F} &= \int d\boldsymbol{r} \frac{\delta F}{\delta \phi}\dot{\phi} \\ &= -\int d\boldsymbol{r} \frac{\delta F}{\delta \phi}\boldsymbol{\nabla}\cdot(\boldsymbol{v}_{\mathrm{p}}\phi) \\ &= \int d\boldsymbol{r} \left(\boldsymbol{\nabla}\frac{\delta F}{\delta \phi}\right)\cdot \boldsymbol{v}_{\mathrm{p}}\phi. \end{aligned} \tag{9.38}$$

これを(9.31)に代入し，$\boldsymbol{v}_{\mathrm{p}}$ についての変分を0とおくと，(9.32)に代わるものとして次の式が得られる：

$$\xi(\boldsymbol{v}_{\mathrm{p}}-\boldsymbol{v}) = -\phi\boldsymbol{\nabla}\left(\frac{\delta F}{\delta \phi}\right). \tag{9.39}$$

ここで，$F[\phi]$ の $\phi$ についての変分は

$$\frac{\delta F}{\delta \phi} = f'(\phi) - \kappa_{\mathrm{s}}\boldsymbol{\nabla}^2\phi \tag{9.40}$$

となるので，これを用いると，(9.34)，(9.35)は次のようになる：

$$\boldsymbol{v}_{\mathrm{p}} = \boldsymbol{v} - \frac{1}{\xi}(\boldsymbol{\nabla}\Pi - \kappa_{\mathrm{s}}\phi\boldsymbol{\nabla}\boldsymbol{\nabla}^2\phi), \tag{9.41}$$

$$\boldsymbol{\nabla}\left[\eta\cdot[\boldsymbol{\nabla}\boldsymbol{v}+(\boldsymbol{\nabla}\boldsymbol{v})^t]\right] = \boldsymbol{\nabla}(p+\Pi) - \kappa_{\mathrm{s}}\phi\boldsymbol{\nabla}\boldsymbol{\nabla}^2\phi. \tag{9.42}$$

これを(9.2)に代入して，最終的に次の式が得られる：

$$\frac{\partial \phi}{\partial t} = -\boldsymbol{\nabla}\cdot(\phi\boldsymbol{v})+\boldsymbol{\nabla}\cdot\left[\frac{\phi}{\xi}\left(\boldsymbol{\nabla}\Pi-\kappa_{\mathrm{s}}\phi\boldsymbol{\nabla}\boldsymbol{\nabla}^2\phi\right)\right], \quad (9.43)$$

$$\eta\boldsymbol{\nabla}^2\boldsymbol{v} = \boldsymbol{\nabla}p+\boldsymbol{\nabla}\Pi-\kappa_{\mathrm{s}}\phi\boldsymbol{\nabla}\boldsymbol{\nabla}^2\phi. \quad (9.44)$$

ここで表式を簡単にするために，粘度 $\eta$ は濃度によらず一定であるとした．(9.43)と(9.44)が溶液の相分離のダイナミクスを研究するときに標準的に用いられている方程式である．

### 9.3.2 スピノーダル分解

濃度 $\phi_0$ の均一な溶液に対し，時刻 $t=0$ において温度を急激に変え，$\partial\Pi/\partial\phi<0$ が満たされる不安定状態にもっていったとしよう．$\partial\Pi/\partial\phi<0$ が満たされるときには，拡散定数が負となり，急速な相分離が起こる．このような不安定状態を初期条件とする相分離を**スピノーダル分解**(spinodal decomposition)という．

スピノーダル分解の初期においては濃度のゆらぎは小さいので，

$$\phi(\boldsymbol{r},t) = \phi_0+\delta\phi(\boldsymbol{r},t) \quad (9.45)$$

とおき，$\delta\phi$ の高次の項を省略することができる．すると，$\delta\phi$ の時間発展方程式(9.43)は次のようになる[*3]：

$$\frac{\partial \delta\phi}{\partial t} = -\phi_0\boldsymbol{\nabla}\cdot\boldsymbol{v}+\frac{\phi_0}{\xi}\boldsymbol{\nabla}\cdot\left[\left(K-\kappa_{\mathrm{s}}\phi_0\boldsymbol{\nabla}^2\right)\boldsymbol{\nabla}\delta\phi\right]. \quad (9.46)$$

ここで

$$K = \left.\frac{\partial \Pi}{\partial \phi}\right|_{\phi_0} \quad (9.47)$$

である．スピノーダル分解が起きているときには $K<0$ である．

非圧縮条件 $\boldsymbol{\nabla}\cdot\boldsymbol{v}=0$ により(9.46)の右辺第1項は0となる．$\delta\phi$ をフーリエ級数で表して

---

[*3] ここでは静置した容器の中の相分離を考えているので，流れ場 $\boldsymbol{v}$ は相分離の結果生じるものである．相分離の初期においては $\boldsymbol{v}$ は $\delta\phi$ と同程度の微小量である．

$$\delta\phi(\boldsymbol{r},t) = \sum_{\boldsymbol{k}} \delta\phi_{\boldsymbol{k}}(t) e^{i\boldsymbol{k}\cdot\boldsymbol{r}} \tag{9.48}$$

と置く．(9.48)を(9.46)に代入すると，$\delta\phi_{\boldsymbol{k}}(t)$ の時間発展方程式が次のようになる：

$$\frac{\partial \delta\phi_{\boldsymbol{k}}}{\partial t} = \alpha_{\boldsymbol{k}} \delta\phi_{\boldsymbol{k}}. \tag{9.49}$$

ここで

$$\alpha_{\boldsymbol{k}} = -\frac{\phi_0}{\xi} \boldsymbol{k}^2 \left[K + \kappa_{\mathrm{s}} \phi_0 \boldsymbol{k}^2\right]. \tag{9.50}$$

$K>0$ の安定状態においては，$\alpha_{\boldsymbol{k}}$ は常に負となり，小さな濃度のゆらぎは時間とともに減衰する．一方，$K<0$ の不安定状態においては，$\alpha_{\boldsymbol{k}}$ は $|\boldsymbol{k}|$ が小さなところで正となり，濃度のゆらぎは増幅される．ゆらぎの増幅率 $\alpha_{\boldsymbol{k}}$ は $k$ の関数であり，ある波数 $k^* \simeq \sqrt{K/\kappa_{\mathrm{s}}\phi_0}$ のところで最大になる．相分離の初期には，いろいろな波数の濃度ゆらぎが存在するが，波数 $k^*$ の濃度ゆらぎがもっとも速く成長するので，特徴的な長さ $1/k^*$ をもつ構造が表れる．

### 9.3.3 相分離の後期過程

濃度ゆらぎが増大すると，溶液は，図 9.3(b) に示すように，濃度 $\phi_{\mathrm{a}}$ の領域と濃度 $\phi_{\mathrm{b}}$ の領域に分かれる．相分離の後期過程とは，このように平衡状態に近い濃度をもった領域がお互いに相互作用し，領域の大きさや形状を変化させていく過程である．

後期過程における領域ダイナミクスの駆動力となっているものは界面張力 $\gamma$ である．領域の平均的なサイズを $\ell$ とすると，単位体積あたりの界面エネルギーは $\gamma/\ell$ の程度である．このエネルギーを減少させるように，$\ell$ は時間とともに大きくなる．領域のサイズが大きくなる機構には拡散と流動の二つがある．

#### 拡 散

界面張力の影響により，小さな領域にある分子の化学ポテンシャルは大きな領域にある分子の化学ポテンシャルより大きくなる．このため，小さな領域に

あった分子は，拡散により大きな領域に移動する．その結果，小さな領域はますます小さくなり，大きな領域はますます大きくなる．例えば，密閉した容器の中に，大小の水滴がある場合，小さな水滴から水分子が蒸発し，大きな水滴に凝縮する．この過程は，**蒸発・凝縮過程**(evporation condensation process)あるいは，**オストワルド成長**(Ostwald ripening)と呼ばれている．

蒸発・凝縮過程によって領域の平均サイズがどのように大きくなるかを考えてみよう．領域の大きさが $\dot{\ell}$ の速度で変化しているとき，単位体積あたりの粘性散逸エネルギーは $\xi\dot{\ell}^2$ の程度である．このエネルギーは単位体積あたりの界面エネルギーの変化分 $d(\gamma/\ell)/dt \simeq -\gamma\dot{\ell}/\ell^2$ と等しくなくてはならない：

$$\xi\dot{\ell}^2 \simeq \gamma\frac{\dot{\ell}}{\ell^2}. \tag{9.51}$$

これより $\xi\ell^2\dot{\ell} \simeq \gamma$ であるので，これを積分し

$$\ell \simeq \left(\frac{\gamma}{\xi}t\right)^{1/3} \tag{9.52}$$

を得る．すなわち，拡散による領域サイズの増大は $t$ の 1/3 乗に比例する．

### 流動

領域の形が球形でないときには，界面張力により，流体の流れがおき，界面の面積が小さくなる．連続相の中に孤立相が存在するような単純な構造の場合には，このような流動は，孤立相が球形となった時点で終了してしまう．一方，二つの相が入り組んだ連続相を形成しているような複雑な構造の場合には，この機構による流動は重要である．

流動がある場合のエネルギー散逸を支配しているのは流体の粘性である．粘度 $\eta$ の流体の単位時間，単位体積あたりの粘性散逸エネルギーは $\eta(\dot{\ell}/\ell)^2$ の程度であるから，(9.51)に対応する式は，次のようになる：

$$\eta\frac{\dot{\ell}^2}{\ell^2} \simeq \gamma\frac{\dot{\ell}}{\ell^2}. \tag{9.53}$$

これより，

$$\ell \simeq \frac{\gamma}{\eta}t. \tag{9.54}$$

この機構による領域サイズの増大は $t$ に比例する．したがって，後期過程のなかでも，初期には拡散が支配的であるが，後期には流動が支配的となる．

## 9.4 ゲルの変形と物質輸送

### 9.4.1 溶媒の浸透とゲルの変形

第4章で述べたように，ゲルとは，溶質が3次元のネットワークを形成し，その間に溶媒が入り込んでいる状態である．したがって，マクロにみれば，ゲルは弾性体の相である溶質と，液体の相である溶媒とが均一に混合した系である．このような系では次のような現象が問題となる．

(1) 膨潤と収縮：温度や溶媒を変えると，ゲルは溶媒を吸い込んで膨潤したり，逆に溶媒を吐き出して収縮したりする(乾燥した大豆やわかめを水にいれて元に戻す過程はゲルの膨潤の例である．逆にこれらを乾燥する過程は収縮の例である)．膨潤は，溶媒が溶質の中に浸透していく現象であると見ることもできるし，溶質が溶媒の中に広がっていく現象であるとみることもできる．いずれにしても，膨潤の駆動力となっているのは，溶媒と溶質の混合の自由エネルギーである．

(2) 圧搾：ゲルを圧縮すれば，溶媒が染み出す(レモンを絞ってジュースをとる，漬物石をのせた漬物から水が染み出してくる，などはこの現象の例である)．この現象は，外から加えた力により，溶媒分子が溶質ネットワーク中を移動することにより生じる．

これらは，いずれも日常的になじみのある現象であり，工業的にも重要な現象である．なじみのある現象であるだけに，軽視されてきた面もあるが，物理的にはなかなか奥の深い問題である．本節では，オンサガーの変分原理を基に，これらの現象を理論的に考えてみる．

### 9.4.2 基礎方程式

上に述べた現象を記述するには，ネットワークの変形と溶媒の浸透の両方を記述する必要がある．時刻 $t$，場所 $r$ における溶質の平均速度を $\boldsymbol{v}_\mathrm{p}$，溶媒の平均速度を $\boldsymbol{v}_\mathrm{s}$ としよう．溶質の体積分率を $\phi$ とすれば，溶質，溶媒の保存則は

次のように書ける：

$$\frac{\partial \phi}{\partial t} = -\boldsymbol{\nabla}\cdot(\boldsymbol{v}_\mathrm{p}\phi), \tag{9.55}$$

$$\frac{\partial (1-\phi)}{\partial t} = -\boldsymbol{\nabla}\cdot[\boldsymbol{v}_\mathrm{s}(1-\phi)]. \tag{9.56}$$

これより，

$$\boldsymbol{\nabla}\cdot[\boldsymbol{v}_\mathrm{p}\phi+\boldsymbol{v}_\mathrm{s}(1-\phi)] = 0. \tag{9.57}$$

(9.57)は(9.27)と同様，ゲル全体の非圧縮性を表している．

$\boldsymbol{v}_\mathrm{p}$, $\boldsymbol{v}_\mathrm{s}$ を求めるために，オンサガーの変分原理を用いることにする．そのために，溶質，溶媒がそれぞれ速度 $\boldsymbol{v}_\mathrm{p}$, $\boldsymbol{v}_\mathrm{s}$ で動いているときのエネルギー散逸 $W$ を考える．2成分溶液においては，$W$ は溶媒と溶質の相対運動による項と，溶液全体の粘性による項の和で与えられたが，ゲルにおいては，後者の寄与は無視することができる．したがってゲルの散逸関数 $W$ は次の式で与えられる：

$$W = \int d\boldsymbol{r}\xi(\phi)(\boldsymbol{v}_\mathrm{s}-\boldsymbol{v}_\mathrm{p})^2. \tag{9.58}$$

次に，$\boldsymbol{v}_\mathrm{p}$, $\boldsymbol{v}_\mathrm{s}$ によって引き起こされる自由エネルギーの変化を考える．第4章で述べたように，ゲルの単位体積あたりの自由エネルギーは溶質のつくるネットワークの変形勾配テンソル $\boldsymbol{E}$ の関数として $f(\boldsymbol{E},T)$ と書くことができる．系全体の自由エネルギーは $f(\boldsymbol{E},T)$ の全体積についての積分で与えられる：

$$F = \int d\boldsymbol{r} f(\boldsymbol{E},T). \tag{9.59}$$

溶質のネットワークが速度 $\boldsymbol{v}_\mathrm{p}$ で動くと，歪み速度は

$$\dot{\varepsilon}_{\beta\alpha} = \frac{1}{2}\left(\frac{\partial v_{\mathrm{p}\alpha}}{\partial r_\beta}+\frac{\partial v_{\mathrm{p}\beta}}{\partial r_\alpha}\right) \tag{9.60}$$

で与えられるので,自由エネルギーの変化は第4章の(4.50)より[*4]

$$\dot{F}_{\text{tot}} = \int d\boldsymbol{r}\, \sigma_{\alpha\beta}\dot{\varepsilon}_{\beta\alpha} = \int d\boldsymbol{r}\, \sigma_{\alpha\beta}\frac{\partial v_{\text{p}\alpha}}{\partial r_\beta} = -\int d\boldsymbol{r}\, v_{\text{p}\alpha}\frac{\partial \sigma_{\alpha\beta}}{\partial r_\beta}. \quad (9.61)$$

よって,最小にすべき関数は

$$R = \int d\boldsymbol{r}\left[\frac{1}{2}\xi(\phi)(\boldsymbol{v}_{\text{p}}-\boldsymbol{v}_{\text{s}})^2 - \boldsymbol{v}_{\text{p}}\cdot(\boldsymbol{\nabla}\cdot\boldsymbol{\sigma}) - p\boldsymbol{\nabla}\cdot[\phi\boldsymbol{v}_{\text{p}}+(1-\phi)\boldsymbol{v}_{\text{s}}]\right]. \quad (9.62)$$

最後の項は,非圧縮条件(9.57)を考慮するために付け加えた.(9.62)の $\boldsymbol{v}_{\text{p}}$, $\boldsymbol{v}_{\text{s}}$ についての変分を0と置くことにより,次の式が得られる.

$$\xi(\phi)(\boldsymbol{v}_{\text{p}}-\boldsymbol{v}_{\text{s}}) = \boldsymbol{\nabla}\cdot\boldsymbol{\sigma}-\phi\boldsymbol{\nabla}p, \quad (9.63)$$

$$\xi(\phi)(\boldsymbol{v}_{\text{s}}-\boldsymbol{v}_{\text{p}}) = -(1-\phi)\boldsymbol{\nabla}p \quad (9.64)$$

(9.63)と(9.64)の両辺を足し合わせると

$$\boldsymbol{\nabla}\cdot(\boldsymbol{\sigma}-p\boldsymbol{I}) = 0 \quad (9.65)$$

これは,力のつりあいを表す.ゲルの中の応力は $\boldsymbol{\sigma}-p\boldsymbol{I}$ で与えられる.このうち $\boldsymbol{\sigma}$ は熱力学的な起源をもつ応力であり,$p$ は非圧縮条件から生じる圧力である.一方,(9.64)は次のように書くことができる:

$$\boldsymbol{v}_{\text{s}}-\boldsymbol{v}_{\text{p}} = -\kappa_0\boldsymbol{\nabla}p. \quad (9.66)$$

ここで $\kappa_0=(1-\phi)/\xi(\phi)$ と置いた.(9.66)は多孔性物質中の液体浸透について成り立つ**ダルシー則**(Darcy's law)と呼ばれる実験式でる.

ゲルの変形勾配テンソル $\boldsymbol{E}$ が与えられると,第4章に述べた構成方程式により $\boldsymbol{\sigma}$ が与えられる.すると(9.65),(9.66)および非圧縮条件(9.57)から $\boldsymbol{v}_{\text{p}}$ を求めることができる.これにより,時間 $\Delta t$ 後の $\boldsymbol{E}$ が求まる.この繰り返しにより,ゲルの変形の時間変化を計算することができる.

---

[*4] ここで,$\boldsymbol{r}$ は現在の状態の物質点の位置を表しており,$f(\boldsymbol{E},T)$ は,現在の状態の単位体積あたりの自由エネルギーを表している.この自由エネルギーは,第4章で定義された,基準状態の単位体積あたりの自由エネルギーと $\det(\boldsymbol{E})$ の因子だけ異なっているので,(4.50)における $\det(\boldsymbol{E})$ の因子は(9.61)には現れない.

### 9.4.3 線形化方程式

計算を進めるために，基準状態からの変位が小さな場合に話を限ることにしよう．基準状態で場所 $r$ にあったゲルネットワーク上の点が，時刻 $t$ において位置 $r+u(r,t)$ に移動したとする．すると，基準状態に対する歪みは次の式で与えられる：

$$\varepsilon_{\alpha\beta} = \frac{1}{2}\left(\frac{\partial u_\alpha}{\partial r_\beta} + \frac{\partial u_\beta}{\partial r_\alpha}\right). \tag{9.67}$$

この場合，自由エネルギーを $\varepsilon_{\alpha\beta}$ のべき級数で展開することができる．基準状態において，系が等方的であり，かつ，展開を $\varepsilon_{\alpha\beta}$ の 2 次までに限るとすると，自由エネルギー密度は，次の形にかけることを示すことができる：

$$f = \frac{1}{2}K\left(\frac{\partial u_\alpha}{\partial r_\alpha} - \alpha(T)\right)^2 + \frac{1}{4}G\left(\frac{\partial u_\alpha}{\partial r_\beta} + \frac{\partial u_\beta}{\partial r_\alpha} - \frac{2}{3}\delta_{\alpha\beta}\frac{\partial u_\gamma}{\partial r_\gamma}\right)^2. \tag{9.68}$$

この表式は弾性論で用いられている弾性エネルギーの表式と同じである．$K$ は，弾性論では体積弾性率と呼ばれるが，ゲルの場合には，溶媒の中での溶質ネットワークの体積変化にたいする弾性を表しているため**浸透弾性率**(osmotic bulk modulus)と呼ばれる．$G$ は**ずり弾性率**(shear modulus)である．また，$\alpha(T)$ は温度による平衡体積の変化の効果(熱膨張効果)を表す．固体においては，熱膨張は主に格子の非線形振動によって生じるが，ゲルにおいては，第 4 章で議論したように溶媒と溶質の混合の自由エネルギーの温度依存性より生じる．

(9.68) より $\sigma$ は次のように与えられる：

$$\sigma_{\alpha\beta} = K\left(\frac{\partial u_\gamma}{\partial r_\gamma} - \alpha(T)\right)\delta_{\alpha\beta} + G\left(\frac{\partial u_\alpha}{\partial r_\beta} + \frac{\partial u_\beta}{\partial r_\alpha} - \frac{2}{3}\delta_{\alpha\beta}\frac{\partial u_\gamma}{\partial r_\gamma}\right). \tag{9.69}$$

よって，力のつりあいの式 (9.65) は次のようになる：

$$\left(K + \frac{1}{3}G\right)\boldsymbol{\nabla}(\boldsymbol{\nabla}\cdot\boldsymbol{u}) + G\boldsymbol{\nabla}^2\boldsymbol{u} = \boldsymbol{\nabla}p. \tag{9.70}$$

この式は弾性力学における力のつりあいの式とほとんど同じであるが，右辺に $\boldsymbol{\nabla}p$ の項を含んでいる点が異なる．

(9.69) で与えられる $\sigma$ は熱力学的な起源をもった応力を表す．これは溶媒の中で溶質の網目を変形したときの応力に対応するので**浸透応力**(osmotic stress)と呼ばれる.浸透応力は,溶質ネットワークに働く力である.一方,溶質と溶媒を含めた系全体に働く力学的応力は $\boldsymbol{\sigma}-p\boldsymbol{I}$ で与えられる.ゲルの中の力学的応力 $\boldsymbol{\sigma}-p\boldsymbol{I}$ は(9.65)によって常につりあっているが,浸透応力 $\boldsymbol{\sigma}$ はつりあっていない.浸透応力の勾配 $\boldsymbol{\nabla}\cdot\boldsymbol{\sigma}$,(あるいは $\boldsymbol{\nabla}p$)がゲル中の溶媒の浸透を引き起こしているのである.

溶質の平均速度 $\boldsymbol{v}_\mathrm{p}$ は溶質ネットワークの変位 $\boldsymbol{u}$ を用いて

$$\boldsymbol{v}_\mathrm{p} = \dot{\boldsymbol{u}} = \frac{\partial \boldsymbol{u}(\boldsymbol{r},t)}{\partial t} \tag{9.71}$$

と表すことができるので,(9.66)は

$$\boldsymbol{v}_\mathrm{s} - \dot{\boldsymbol{u}} = -\kappa_0 \boldsymbol{\nabla} p \tag{9.72}$$

と書くことができる.$\boldsymbol{v}_\mathrm{s}$ のかわりに,体積平均速度 $\boldsymbol{v}=\phi\dot{\boldsymbol{u}}+(1-\phi)\boldsymbol{v}_\mathrm{s}$ を用いると(9.72)は次のように書ける:

$$\dot{\boldsymbol{u}} - \boldsymbol{v} = \kappa_0(1-\phi)\boldsymbol{\nabla} p. \tag{9.73}$$

$\boldsymbol{\nabla}\cdot\boldsymbol{v}=0$ を用いると,(9.73)は,次の式を与える:

$$\boldsymbol{\nabla}\cdot\dot{\boldsymbol{u}} = \kappa \boldsymbol{\nabla}^2 p. \tag{9.74}$$

ここで

$$\kappa = \kappa_0(1-\phi) = \frac{(1-\phi)^2}{\xi(\phi)} \tag{9.75}$$

である.(9.70),(9.74)が(線形近似の下で)ゲルのダイナミクスを記述する基礎方程式である.

線形近似の範囲では,溶質の濃度の基準状態からの変化分,$\delta\phi=\phi-\phi_0$,は $\boldsymbol{u}$ と次の式で関係づけられる((9.55)参照):

$$\delta\phi = -\phi_0 \boldsymbol{\nabla}\cdot\boldsymbol{u}. \tag{9.76}$$

一方,(9.70)の両辺に $\boldsymbol{\nabla}\cdot$ を作用させると

$$\left(K+\frac{4}{3}G\right)\boldsymbol{\nabla}^2(\boldsymbol{\nabla}\cdot\boldsymbol{u}) = \boldsymbol{\nabla}^2 p. \tag{9.77}$$

これと(9.74)より $\delta\phi$ が次の拡散方程式を満たすことがわかる：

$$\frac{\partial \delta\phi}{\partial t} = D\boldsymbol{\nabla}^2 \delta\phi. \tag{9.78}$$

ここで拡散定数 $D$ は次の式で与えられる：

$$D = \kappa\left(K + \frac{4}{3}G\right). \tag{9.79}$$

$\delta\phi$ の境界条件がわかっていれば(9.78)を解いて，$\delta\phi$ を求めることができる．残念ながら，後の例で示すように，境界条件は力学的応力 $\boldsymbol{\sigma}-p\boldsymbol{I}$ や変位 $\boldsymbol{u}$ について与えられるのが常であり，$\delta\phi$ についての境界条件は未知であることが多い．したがって，通常，(9.78)だけでは問題は解けず，(9.74)，(9.70)に戻って問題を解く必要がある．

### 9.4.4 膨潤と圧搾

**ゲルの膨潤**

温度を変えて，ゲルの平衡体積が増加していく過程(ゲルの膨潤過程)を考えよう．ゲルの膨潤は溶媒が溶質の中に浸透することによって起こる．あるいは逆に，溶質が溶媒の中に広がっていくことによって起こると考えてもよい．したがってゲルの膨潤は溶液中の溶質の拡散と類似の現象である．しかし，溶質が流体ではなく弾性体となっているために，溶液とは違う特徴がある．

例えば図9.4(a)に示すような薄い平板上のゲルの膨潤を考えよう．厚みの方向に $x$ 軸，これに垂直な方向に $y$, $z$ 軸をとる．膨潤がはじまると溶媒はゲルの表面から侵入しはじめるので，表面付近の体積は大きくなる．一方，中心部の体積はもとのままである．したがって，膨潤の途中では図9.4(b)に示すように，ゲルの表面付近の体積要素は $yz$ 面内に圧縮された縦長の形状をとる．一方，ゲルの中心部分は，$yz$ 面内に引き伸ばされた横長の形状をとる．膨潤が平衡に達した後は，この不自然な状況は解消され，すべての体積要素が等方的に膨張したものになる．膨潤平衡に達した後のゲルの形状はもとの形状と相似であるが，膨潤の途中では，ゲルの形状は一般に元の形状と異なる．

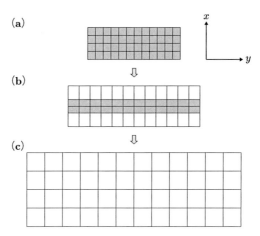

図 **9.4** 薄い平板状のゲルの自由膨潤．(a)膨潤前の平衡状態．(b)膨潤途中の状態．(c)膨潤後の平衡状態．

**拘束ゲルの膨潤**

最初に，図 9.5(a)に示された状況でのゲルの膨潤を考えよう．薄いゲルの上の面と下の面は多孔性の固い壁に接着され，変形できないものとする．溶媒が上下の壁からゲルの中に浸透すればゲルは膨らむが，上下の面は変形できないので，ゲルの変形は，厚み方向にしか起こらない．図 9.5(a)のように厚み方向に $x$ 軸をとったとき，ゲルの変位ベクトル $\bm{u}$ は次のようになる：

$$u_x = u(x,t), \qquad u_y = u_z = 0. \tag{9.80}$$

(9.69)より，$\sigma_{xx}$ は次のようになる：

$$\sigma_{xx} = K_\mathrm{e} \frac{\partial u}{\partial x} - K\alpha(T). \tag{9.81}$$

ここで

$$K_\mathrm{e} = K + \frac{4}{3}G. \tag{9.82}$$

$x$ 軸方向の力のつりあいは，$\partial(\sigma_{xx}-p)/\partial x=0$ と書ける．今の問題では，ゲルの上下面には $x$ 軸方向に力が働いていないので $\sigma_{xx}-p = 0$ である．よって

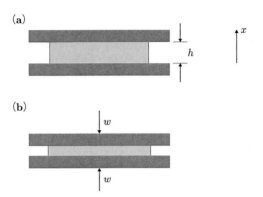

**図 9.5** (a)多孔質基板に接着されたゲルの膨潤．(b)多孔質基板にはさまれたゲルの圧縮．

$$p = K_e \frac{\partial u}{\partial x} - K\alpha(T). \tag{9.83}$$

(9.83)の $\alpha$ は温度の関数であることに注意しよう．いま $t=0$ で温度を突然変えたとしよう：

$$\alpha = \begin{cases} 0 & t < 0 \\ \alpha_0 & t > 0. \end{cases} \tag{9.84}$$

(9.83)によれば，$t<0$ でゲル内の圧力 $p$ は 0 であったが，$t>0$ で $p$ が負に変わる．ゲルの外部の圧力 $p$ は常に 0 であるので，内外の圧力差により，溶媒が外部から内部に浸透し，膨潤がはじまる．

圧力の時間変化を計算するため，(9.74)を用いる．今の場合，この式は次のようになる：

$$\frac{\partial^2 u}{\partial t \partial x} = \kappa \frac{\partial^2 p}{\partial x^2}. \tag{9.85}$$

(9.83)と(9.85)から，$p$ についての次の拡散方程式が導かれる：

$$\frac{\partial p}{\partial t} = D \frac{\partial^2 p}{\partial x^2}. \tag{9.86}$$

ここで $D$ は，(9.79)で与えられるものと同じである．初期条件は，(9.83)より

$$p(x,0) = -K\alpha_0. \tag{9.87}$$

多孔性の壁を溶媒が自由に通過できるものとすると上下の面の圧力 $p$ は外部の溶媒の圧力に等しい：

$$p(0,t) = p(h,t) = 0. \tag{9.88}$$

初期条件(9.87)と境界条件(9.88)のもとで(9.86)を解くと，次のようになる：

$$p(x,t) = -K\alpha_0 \sum_{n=0}^{\infty} \frac{4}{(2n+1)\pi} \sin\left(\frac{\pi(2n+1)x}{h}\right) \exp\left(-(2n+1)^2 t/\tau\right). \tag{9.89}$$

ここで

$$\tau = \frac{h^2}{D\pi^2}. \tag{9.90}$$

ゲルの厚みの変化 $\Delta h(t)$ は，$u(h,t)-u(0,t)$ で与えられる．式(9.83)より

$$\begin{aligned}\Delta h(t) &= \int_0^h dx \left(\frac{p(x,t)}{K_\mathrm{e}} + \frac{K}{K_\mathrm{e}}\alpha\right) \\ &= \frac{K}{K_\mathrm{e}}\alpha_0 h \left[1 - \frac{8}{\pi^2}\sum_{n=0}^{\infty}\frac{1}{(2n+1)^2}\exp\left(-(2n+1)^2 t/\tau\right)\right]. \end{aligned} \tag{9.91}$$

ゲルの膨潤の時間は $h^2/D$ の程度である．$t\to\infty$ でゲルが平衡に達したときの体積変化は $(K/K_\mathrm{e})\alpha_0$ であり，$\alpha_0$ より小さくなっている．これは，ゲルが壁面に拘束されているので，自由膨潤のときほど体積が大きくなれないためである．

### ゲルの圧搾

図9.5(b)に示すように，平衡にあるゲルに対して $t=0$ で荷重 $W$ をかけたとしよう．荷重によって，溶媒が押し出されるので，ゲルの厚みは薄くなる．その時間変化を考えよう．

基礎方程式は上と同様である．今の場合，$\alpha$ は $0$ であるが，応力 $\sigma_{xx}-p$ が単位面積あたりの荷重 $w=W/S$ ($S$ はゲルの断面積)と等しくなくてはならないので，

$$p = K_\mathrm{e}\frac{\partial u}{\partial x} + w. \tag{9.92}$$

これと，(9.85) より，$p$ は拡散方程式 (9.86) を満たすことがわかる．$t=0$ で $u(x,t)=0$ であるので，(9.92) より，$p(x,t)$ の初期条件は次のようになる：

$$p(x,\,0) = w. \tag{9.93}$$

ゲルの上面と下面の境界条件は，膨潤の場合と同じく (9.88) で与えられる．

拡散方程式 (9.86) は (9.88) の境界条件と (9.93) の初期条件で解くことができる．その結果ゲルの厚みの変化は次のように求まる：

$$\Delta h(t) = -\frac{wh}{K_\mathrm{e}}\left[1 - \frac{8}{\pi^2}\sum_{n=0}^{\infty}\frac{1}{(2n+1)^2}\exp\left(-(2n+1)^2 t/\tau\right)\right]. \tag{9.94}$$

ここで

$$\tau = \frac{h^2}{D\pi^2}. \tag{9.95}$$

緩和時間は，ふたたび $h^2/D$ の程度である．

ここに示した二つの例では，圧力 $p$ は拡散方程式に従って時間変化している．しかし，圧力の変化がいつも拡散方程式で記述できるわけではないことに注意して欲しい．実際，上の例では，荷重をかけるとゲルの内部の圧力は瞬時に変化している．また，次に示す例では，圧力の従う拡散方程式に新しい項が加わっている．

**ゲルの自由膨潤**

図 9.4 に示した薄いゲルの自由膨潤を考えよう．上下の壁がないので，ゲルは，$x$ 軸方向だけでなく，$y, z$ 方向に伸びることができる．ゲルが薄ければ，$y, z$ 面内の変形は一様であるとみなすことができるので，変位ベクトル $\boldsymbol{u}$ は次のように書ける：

$$u_x = u(x,t), \qquad u_y = \varepsilon(t)y, \qquad u_z = \varepsilon(t)z. \tag{9.96}$$

このとき応力 $\boldsymbol{\sigma}$ は対角成分しかもたず，それらは次のようになる：

$$\sigma_{xx} = \left(K + \frac{4}{3}G\right)\frac{\partial u}{\partial x} + \left(2K - \frac{4}{3}G\right)\varepsilon - K\alpha, \tag{9.97}$$

$$\sigma_{yy} = \sigma_{zz} = \left(K - \frac{2}{3}G\right)\frac{\partial u}{\partial x} + \left(2K + \frac{2}{3}G\right)\varepsilon - K\alpha. \tag{9.98}$$

$x$ 方向には力がかかっていないから $\sigma_{xx} - p = 0$ である:

$$p = \left(K + \frac{4}{3}G\right)\frac{\partial u}{\partial x} + \left(2K - \frac{4}{3}G\right)\varepsilon - K\alpha. \tag{9.99}$$

(9.99) と (9.74) より, $\partial u_x/\partial x$ を消去すると $p$ について拡散方程式が得られる:

$$\frac{\partial p}{\partial t} + 4G\dot{\varepsilon} = D\frac{\partial^2 p}{\partial x^2}. \tag{9.100}$$

これまでと違って, $\dot{\varepsilon}$ の項が余計に付け加わっている. $\varepsilon(t)$ を求めるためには, もう一つ条件が必要である. この条件は $y$ (あるいは $z$) 方向の力のつりあいを考えることで得られる. 図 9.4 に示すようにゲルの中心部は $y$ 方向に引っ張られ, 表面付近は $y$ 方向に圧縮されているが, 平均の力は 0 でなくてはならないので

$$\int_0^h dx(\sigma_{yy} - p) = 0. \tag{9.101}$$

(9.98) と (9.99) を用いると, (9.101) は次の条件に帰着される:

$$\int_0^h dx\, p = Kh(3\varepsilon - \alpha_0). \tag{9.102}$$

(9.100), (9.102) は $p(x,t)$, $\varepsilon(t)$ についての連立の偏微分方程式と積分方程式となっている. これを解いて $p(x,t), \varepsilon(t)$ を求めることができる. 初期条件は

$$p(x,0) = -K\alpha_0, \qquad \varepsilon(0) = 0. \tag{9.103}$$

境界条件は

$$p(0,t) = p(h,t) = 0 \tag{9.104}$$

である. ここでは, 長時間の振る舞いを調べることにしよう. 最大緩和時間を $\tau$ とすると, 長時間での振る舞いは次のように書けるはずである:

$$p(x,t) = f(x)\exp\left(-t/\tau\right), \qquad \varepsilon(t) = \frac{\alpha_0}{3} + A\exp\left(-t/\tau\right). \qquad (9.105)$$

これを(9.100)，(9.102)に代入し計算を進めると最終的に最長緩和時間が次のようになる：

$$\tau = \frac{h^2}{4D\chi^2}. \qquad (9.106)$$

ここで $\chi$ は次の方程式の最小解である：

$$\chi\cot\left(\chi\right) = \frac{4G}{3K+4G}. \qquad (9.107)$$

$K/G\gg 1$ のときには，(9.107)の最小解は $\chi=\pi/2$ であり，このときは，(9.106)は(9.90)と同じになる．一方 $K/G\ll 1$ の場合には，$\chi=(3/2)\sqrt{K/G}$ となり緩和時間 $\tau$ は $1/K$ に比例して無限に大きくなる．これは，拘束ゲルの場合とまったく異なる．拘束ゲルの場合には，緩和時間は $K+(4/3)G$ に逆比例するので，$K\to 0$ の場合であっても緩和時間が発散することはない．一方自由ゲルの場合には，$K\to 0$ にともない，緩和時間が発散する．この例は，(9.78)のような拡散方程式だけでは膨潤の現象を記述することができないことを示している．実際，緩和時間はバルクの方程式だけではなく，境界条件にも依存するので，バルクを記述する方程式が拡散方程式になるからといって，それだけで緩和時間を見積もることはできない．一般に自由膨潤するゲルの緩和時間は $K\to 0$ の場合には $1/K$ に比例して発散することを証明することができる．

### 9.4.5 弾性不安定現象

これまで述べてきた線形理論は，ゲルの変形が大きな場合には使うことはできない．第4章において，温度のわずかな変化で平衡体積が何百倍も変化する現象(体積相転移)があることを述べた．このように大きな体積変化が起きるときには，非線形効果が重要になる．

ゲルの変形が大きな場合には，9.4.2節で述べた非線形の方程式を解かなくてはならない．これには数値計算が必要となる．ここでは，非線形効果の中でとくに重要な弾性不安定現象について述べる．

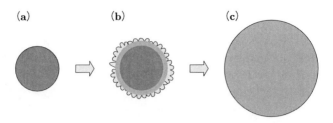

**図 9.6** 球形ゲルの体積相転移．(a)のような球形ゲルが体積相転移によって大きく膨潤するとき，(b)のように表面にしわが見られる．このしわはゲルの表面と内側で膨潤の程度が違うことによって生じる．膨潤が完了すると(c)のように表面のしわは消える．

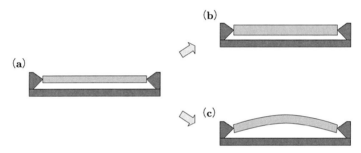

**図 9.7** 拘束された棒状ゲルの熱膨張による座屈現象．(a)熱膨張前の状態．(b)熱膨張の効果を棒の半径の変化だけで吸収した場合．(c)熱膨張の効果を棒の半径と長さの変化で吸収した場合．長さが伸びるために棒は湾曲するが，全体として歪みエネルギーを下げることができる．

非線形効果の例は，球形ゲルの膨潤のときに見ることができる．一様な球形ゲルが収縮状態から膨潤状態に転移するときには，ゲルの表面にしばしば，図9.6に示すようなしわが現れる．このしわの出現は，弾性体でおこる**座屈現象**（buckling phenomena）の一つである．

話を簡単にするために図9.7(a)に示すような，両端を拘束されたゲルの膨潤を考えよう．膨潤によって，ゲルの体積は増加するが，棒の両端が拘束されているため，この体積増加は，図9.7(b)のように，長さの変化ではなく，半径の変化によってもたらされる．この状態では，ゲルは長さ方向に圧縮されている．膨潤の程度が大きくなると，あるところで，図9.7(c)に示すように，ゲルは湾曲するようになる．ゲルは湾曲することにより，長さ方向に伸びて，

圧縮の歪みを小さくすることができるからである．

　同様のことが，球形ゲルの膨潤についても起こる．図9.6(b)に示すように膨潤の途中では，表面近くの体積は大きくなっているが，内部の体積はもとのままである．そのため，表面部分は，内部によって拘束された状態にある．表面部分と内部の体積差が大きくなると表面部分は，しわをつくって歪みを解消しようとするのである．

　膨潤が進んで，ゲルの内部も完全に膨潤するようになれば表面のしわは消え，最終的にはきれいな球形が回復する(図9.6(c))．

　さらに極端な条件で，大きな体積変化を引き起こそうとすると，溶液の相分離におけるスピノーダル分解と同様の現象がゲルで起きる．すなわち，ゲルの内部が膨潤相と収縮相に分かれ，収縮相から膨潤相に溶媒が流れることにより，相の変化が起きる．この現象の駆動力は，溶液の相分離と同じであるが，ゲルの場合には，弾性効果があるため，より複雑になる．

# 10 ソフトマターの変形と流動

## 10.1 はじめに

　ソフトマターは，柔らかく，小さな力によって変形するという特徴をもっている．しかし，ソフトマターの特徴はそれだけではない．ソフトマターは弾性体とも流体ともつかない振る舞いを示す．たとえば化粧クリームは，びんを傾けても流れないが，手のひらの上では伸ばすことができる．卵の白身やとろろ芋のすり身は，液体でありながら，弾性も示す．このような複雑な流動・変形の性質をもっていることがソフトマターの特徴である．この性質は，ソフトマターの応用において重要である．例えば，高分子溶液をつまんで強く引けば，液体を糸状に引き上げることができ，このことは，繊維産業に広く用いられている．このとき，高分子の濃度や分子量に応じて，糸を引く速さをうまくコントロールする必要がある．

　この章では，ソフトマターの変形と流動の性質について述べる．物質の変形と流動を研究する学問は**レオロジー**(rheology)といわれる．レオロジーには二つの研究の流れがある．一つは物質の変形と流動の振る舞いを数理的，現象論的に研究する連続体力学的研究である．もう一つは，そのような振る舞いが，物質のミクロな構造とどのように関わっているかを研究する物性論的研究である．二つの研究は相補的な関係にある．

　この章では，最初に，ソフトマターの変形と流動の特徴を連続体力学の立場から述べる．その後，屈曲性のある高分子の溶液，および剛直な棒状高分子の溶液について，そのような特徴がなぜあらわれるのかについて述べる．

## 10.2 粘弾性

### 10.2.1 粘弾性とは

物質は，力が加えられたときの変形のしかたによって，弾性体と流体とに分けられる．一定の力が加えられたとき，一定の平衡形状をとる物質が弾性体であり，平衡形状をとらず，流動し続ける物質が流体である[*1]．

弾性体に力をかければ，弾性体は変形して平衡が達成される．理想的な弾性体では，図4.1(b)に示すずり変形において，ずり応力 $\sigma$ とずり歪み $\gamma$ の間に次の関係が成り立つ：

$$\sigma = G\gamma. \tag{10.1}$$

ここで $G$ はずり弾性率である．一方，粘性流体に図8.1(b)のようなずり流れを与えると，速度勾配に比例したずり応力が現れる．容易に確かめられるように，図8.1(b)に示すずり流れにおける速度勾配 $\partial v_x/\partial y$ は図4.1(b)に示すずり歪み $\gamma(t)$ の時間微分 $\dot{\gamma}=d\gamma/dt$ と同じものである．したがって，理想粘性流体については，応力とずり歪みの関係は次のようになる：

$$\sigma = \eta\dot{\gamma}. \tag{10.2}$$

ここで，$\eta$ は流体の粘度である．(10.1)と(10.2)は，それぞれ，理想的な弾性体と理想的な粘性流体のずり変形に対する力学応答を表している．

ソフトマターの多くは，粘性と弾性の両方の性質をもっている．図10.1(a)に示す装置を用いて時刻 $t=0$ で，試料に一定のずり応力を加えたとしよう．このときに見られるずり歪み $\gamma(t)$ の応答の例を図10.1(b)に示す．理想的な粘性流体であれば，応力を加えはじめた瞬間から物質は一定のずり速度で流れはじめるので，(i)のようにずり歪みは時間に比例して大きくなる．一方，理想的な弾性体であれば物質は(iii)のように，瞬時に変形して平衡に達する．こ

---

[*1] 「弾性体」と「流体」という分類は電気的な性質における「誘電体」と「導体」の分類に対応するものである．電場を加えたとき物質が分極して平衡に達するものが誘電体であり，電流が流れ続けるものが導体である．

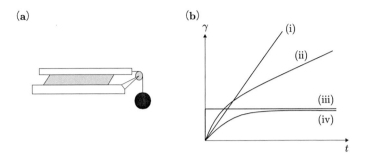

図 10.1 (a) 試料に一定のずり応力を加えたときのずり歪みの時間変化を測定する装置．黒丸で示した重りの下降距離よりずり歪みを測定することができる．(b) $t=0$ で一定のずり応力を与えたときのずり歪み $\gamma(t)$ の時間変化．(i) 理想粘性体，(ii) 粘弾性流体，(iii) 理想弾性体，(iv) 粘弾性固体．

れに対し，多くのソフトマターでは，(ii) や (iv) のような粘性流体と弾性体の中間的な振る舞いを示す．

(ii) は，高分子溶液などのソフトマターの流体で見られる挙動である．長時間の極限では一定のずり速度で流れる粘性的挙動を示すが，短時間では弾性的な応答を示す．たとえば，変形をはじめた直後に，重りをつるした糸を切って力を取り除くと，試料は元の形に戻ろうとする．

(iv) は非常に柔らかなソフトマターの弾性体で見られる挙動である．力を加えると歪みは増加し，長時間の後には一定の平衡値に達するが，短い時間では，歪みは流体のように徐々に増加する．

すなわち，ソフトマターは流体であっても弾性体的な振る舞いを示し，弾性体であっても粘性流体的な性質を示す．この性質を**粘弾性**(viscoelasticity) という．

### 10.2.2 線形粘弾性

粘弾性があるため，ソフトマターの応力と歪みの関係は簡単ではなくなるが，応力が小さな場合には，この関係を一意的に表すことができる．第 7 章で述べたように，平衡系に小さな刺激を与えたときには，重ね合わせの法則が成り立ち，刺激と応答の関係は応答関数を用いて表すことができる．

時刻 $t=0$ で試料にステップ歪み $\gamma(t)=\gamma_0\Theta(t)$ を加えたときのずり応力の応答を次のように表す：

$$\sigma(t) = \gamma_0 G(t). \tag{10.3}$$

$G(t)$ のことを**緩和弾性率**(relaxation modulus)と呼ぶ．緩和弾性率の典型的な振る舞いは次のように表される：

$$G(t) = G_e + Ge^{-t/\tau}. \tag{10.4}$$

$G_e$ は**平衡ずり弾性率**(equilibrium shear modulus)と呼ばれ，一般に，$G_e = \lim_{t\to\infty} G(t)$ で定義される．流体では，$G_e$ は 0 であるが，弾性体では，$G_e$ は正の値をもつ．$G_e$ が正の粘弾性体を**粘弾性固体**(viscoelastic solid)と呼び，$G_e$ が 0 の粘弾性体を**粘弾性流体**(viscoelastic fluid)と呼ぶ．

時間に依存する任意の歪み $\gamma(t)$ は $t'$ と $t'+dt'$ の間に加えた大きさ $\dot{\gamma}(t')dt'$ のステップ歪みの重ね合わせと考えることができる．この影響を重ね合わせることにより，時刻 $t$ の応力が次のように表される：

$$\sigma(t) = \int_{-\infty}^{t} dt' G(t-t')\dot{\gamma}(t'). \tag{10.5}$$

$t=0$ から，粘弾性流体を一定のずり速度 $\dot{\gamma}$ で流しはじめた場合を考えよう．このとき，時刻 $t$ の応力は次のように与えられる：

$$\sigma(t) = \dot{\gamma}\int_0^t dt' G(t-t') = \dot{\gamma}\int_0^t dt' G(t'). \tag{10.6}$$

$t$ が大きくなるにつれ応力は増大し，一定値に近づく．応力が一定になったところでの応力とずり速度の比を**定常粘度**(steady state viscosity)という．(10.6)を用いると定常粘度は次の式で与えられる：

$$\eta_0 = \int_0^{\infty} dt G(t). \tag{10.7}$$

### 複素弾性率

線形粘弾性を測定する標準的な方法は，試料に次のような振動的な歪みを加えることである：

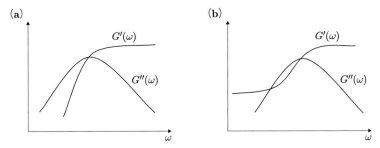

図 **10.2** (a)粘弾性流体の貯蔵弾性率 $G'(\omega)$ と損失弾性率 $G''(\omega)$. (b)粘弾性固体の貯蔵弾性率 $G'(\omega)$ と損失弾性率 $G''(\omega)$.

$$\gamma(t) = \gamma_0 \cos(\omega t). \tag{10.8}$$

(10.5)を用いると，この刺激に対する応答は，次のようになる：

$$\sigma(t) = \gamma_0 \left[ G'(\omega) \cos(\omega t) - G''(\omega) \sin(\omega t) \right]. \tag{10.9}$$

ここで

$$G'(\omega) = \omega \int_0^\infty dt \sin(\omega t) G(t), \tag{10.10}$$

$$G''(\omega) = \omega \int_0^\infty dt \cos(\omega t) G(t). \tag{10.11}$$

$G'(\omega)$, $G''(\omega)$ はそれぞれ，**貯蔵弾性率**(storage modulus)，**損失弾性率**(loss modulus)と呼ばれる．これらを合わせた $G^*(\omega)=G'(\omega)+iG''(\omega)$ は**複素弾性率**(complex modulus)と呼ばれる．

$G(t)$ が(10.4)のように表される場合には，$G'(\omega)$, $G''(\omega)$ は次のようになる[*2]：

$$G'(\omega) = G_e + G\frac{(\omega\tau)^2}{1+(\omega\tau)^2}, \qquad G''(\omega) = G\frac{\omega\tau}{1+(\omega\tau)^2}. \tag{10.13}$$

図 10.2 に粘弾性をもつ流体と弾性体の $G'(\omega)$, $G''(\omega)$ の典型的な形を示した．

---

[*2] ここで

$$\int_0^\infty dt e^{i\omega t} = \lim_{s\to 0} \int_0^\infty dt e^{i\omega t - st} = \lim_{s\to 0} \frac{1}{s-i\omega} = \frac{i}{\omega} \tag{10.12}$$

を用いた．

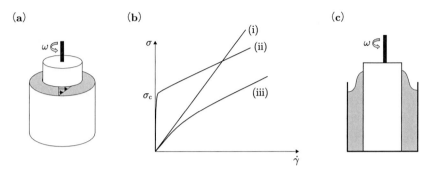

**図 10.3** (a)粘度を測るための二重円筒型粘度計，内筒を回転させてトルクを測る．(b)定常ずりにおけるずり応力 $\sigma$ のずり速度 $\dot{\gamma}$ 依存性．(i)理想粘性流体の粘性，(ii)コロイド分散系の示すビンガム塑性，(iii)高分子液体の示すシアシニング．(c)ワイセンベルグ効果．

平衡弾性率 $G_e$ は $\omega \to 0$ のときの $G'(\omega)$ の値で与えられる．$G_e > 0$ であれば弾性体であり，$G_e = 0$ であれば流体である．流体の場合には，$\omega \to 0$ の極限は，定常粘度を用いて $G''(\omega) = \eta_0 \omega$ のように表すことができる．

### 10.2.3 非線形粘弾性

加えた歪みと応力の間に(10.5)のような線形応答関係が成り立つのは，応力が十分に小さい場合に限られる．高分子溶液やコロイド分散系では，弱い力であっても平衡状態から大きくはずれ，強い非線形性を示す．このことはいろいろな現象の中にみることができる．

図 10.3(a)に示すように，二重円筒の間に試料をいれ，外筒を固定し，内筒を一定速度で回転させたとする．このとき試料の内部には図に示すようなずり流れが実現される．ずり速度は内筒の回転速度から，ずり応力は，内筒にかかる力から求めることができる．図 10.3(b)に，このようにして得られるずり応力の定常値をずり速度の関数として表した．

理想的な粘性流体においては，図 10.3(b)中の(i)のようにずり応力とずり速度は常に比例する．一方，高分子液体(高分子の溶融体や高分子溶液)では，(iii)のように，ずり速度をあげると粘度が低くなり，流体は流れやすくなる．この性質をシアシニング(shear thinning)という．

一方，コロイド分散系では(ii)に示すような振る舞いがよく見られる．すな

わち，応力がある臨界値 $\sigma_c$ を超えないと流動が起こらず $\dot{\gamma}$ はほとんど 0 であるが，応力が $\sigma_c$ を超えると，流動がはじまる．流動状態の，ずり速度と応力の関係は次の式で与えられる：

$$\sigma = \sigma_c + \eta_B \dot{\gamma}. \tag{10.14}$$

このような性質は**ビンガム塑性**(Bingham plasticity)と呼ばれている．シアシニングやビンガム塑性はいずれも重ね合わせの法則が成り立たないことを示している．

非線形性は別のところにも見られる．たとえば，図 10.3(a) のような装置で，内筒の回転速度を上げると，図 10.3(c) に示すように高分子液体が内筒を這い上がってくるのが見られる．この現象は**ワイセンベルグ効果**(Weissenberg effect)と呼ばれている．回転の向きを逆にしても（すなわち，$\dot{\gamma}$ の符号を反転させても）液体は這い上がってくるので，この現象は非線形効果の例である．

## 10.3 レオロジーの基礎

### 10.3.1 連続体力学

上にみたように，ソフトマターの力学的性質は，通常の粘性流体や弾性体に比べてはるかに複雑である．しかし，複雑であっても，その運動は連続体力学で記述することができる．

連続体力学では，物質を連続体とみなし，その流動や変形を連続体を構成する点（物質点）の運動で表す．連続体中に任意に選んだ物質点 P の，時刻 $t$ における位置を $\tilde{r}(\mathrm{P}, t)$ とする．物質点 P の速度は $v(\mathrm{P}, t) = \partial \tilde{r}(\mathrm{P}, t)/\partial t$ で与えられる．物質点の速度 $v(\mathrm{P}, t)$ をその位置 $r = \tilde{r}(\mathrm{P}, t)$ の関数として表したものが，連続体の**速度場**(velocity field) $v(r, t)$ である．すべての時刻において速度場 $v(r, t)$ がわかれば，時刻 $t$ における物質点 P の位置 $\tilde{r}(\mathrm{P}, t)$ を計算することが原理的に可能である．

物質点 P の運動を考えるため，P を囲む微小な領域 $\mathcal{V}_\mathrm{P}$ を考え，$\mathcal{V}_\mathrm{P}$ に対して働いている力を考えてみよう（図 10.4 参照）．領域 $\mathcal{V}_\mathrm{P}$ に働く力には 2 種類ある．一つは，重力である．これは領域 $\mathcal{V}_\mathrm{P}$ の体積に比例するので**体積力**

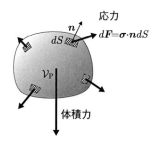

**図 10.4** 連続体中の微小領域 $\mathcal{V}_P$ に働く力．重力は $\mathcal{V}_P$ の体積に比例する体積力である．一方，$\mathcal{V}_P$ の表面を通して，外側の物質は $\mathcal{V}_P$ に力を及ぼしている．この力は応力テンソルで表される．表面上の面積 $dS$，法線ベクトル $\boldsymbol{n}$ をもつ面積要素をとおして，$\mathcal{V}_P$ に働く力は $d\boldsymbol{F}=\boldsymbol{\sigma}\cdot\boldsymbol{n}dS$ で与えられる．

(body force) と呼ばれる．もう一つは，領域の表面を介して $\mathcal{V}_P$ の外側の部分が内側の部分に及ぼしている力である．この力はミクロにいえば，領域の外側の分子が内側の分子に及ぼす力の和である．分子間の力は短距離力であるから，この力は，考えている面の面積に比例する．単位面積あたりのこの力を**応力**(stress) という．

応力は，テンソルで表すことができる．**応力テンソル**(stress tensor) $\boldsymbol{\sigma}$ の $\alpha,\beta$ 成分，$\sigma_{\alpha\beta}$ ($\alpha,\beta=x,y,z$) は，$\beta$ 軸に垂直な面を通して，面の上の部分が面の下の部分に及ぼす力の $\alpha$ 成分を表す（図 10.5(a) 参照）．

ある点 P の応力テンソルがわかれば，P を通る任意の面を介して働く応力を計算することができる．法線ベクトル $\boldsymbol{n}$ をもつ面積 $dS$ の面を介して働く力は $d\boldsymbol{F}=\boldsymbol{\sigma}\cdot\boldsymbol{n}dS$ で与えられる（図 10.4 参照）．

物質を構成するすべての点での応力テンソルがわかれば，点 P を囲む微小領域 $\mathcal{V}_P$ に働く力を計算することができる．その結果，次の運動方程式を導くことができる：

$$\rho\frac{D\boldsymbol{v}}{Dt} = \boldsymbol{\nabla}\cdot\boldsymbol{\sigma}+\rho\boldsymbol{g}. \qquad (10.15)$$

ここで左辺は慣性項を表し，右辺は力を表している．左辺の $\rho$ は物質の密度であり，

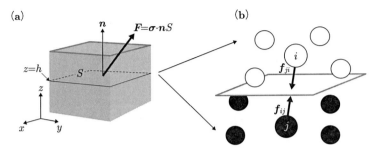

図 10.5　(a)応力成分 $\sigma_{\alpha z}$ の定義：$z$ 軸に垂直な面積 $S$ の面を考えたとき，面の上の物質が面の下の物質に及ぼしている力の $\alpha$ 成分は $\sigma_{\alpha z}S$ で与えられる．(b) $\sigma_{\alpha z}$ の分子的起源．

$$\frac{D\boldsymbol{v}}{Dt} = \frac{\partial \boldsymbol{v}}{\partial t} + \boldsymbol{v}\cdot\boldsymbol{\nabla}\boldsymbol{v} \qquad (10.16)$$

は点 P の加速度を表している．また(10.15)の右辺の $\boldsymbol{\nabla}\cdot\boldsymbol{\sigma}$ は応力の寄与を表し，$\rho\boldsymbol{g}$ は体積力の寄与を表している($\boldsymbol{g}$ は重力加速度ベクトル)．

ソフトマターの流れでは，慣性項は小さいので，運動方程式の代わりに，次の力のつりあいの方程式を用いることができる：

$$\boldsymbol{\nabla}\cdot\boldsymbol{\sigma} = -\rho\boldsymbol{g}. \qquad (10.17)$$

第 8 章や第 9 章で議論された，微粒子分散系の流れや，ゲルの変形は，この式に基づいている．

### 10.3.2　構成式

運動方程式(10.15)や，力のつりあいの式(10.17)を解くためには，物質中の応力を知る必要がある．応力は，物質の変形の履歴によって決まっている．物質の応力を物質の変形履歴の関数として表す式を**構成式**(constitutive equation)と呼ぶ．弾性力学や流体力学は，理想弾性体や理想粘性流体の構成式と，運動方程式(10.15)とを組み合わせたものである．ソフトマターの変形挙動は複雑であっても，構成式さえわかれば，その様子は計算によって求めることができる．

点 P における応力は，点 P の近傍の局所的な変形だけで決まっている．第

4章の図4.2(c)で見たように,任意の変形は,局所的に見れば,常に線形変換である.時刻 $t'$ で,点Pとその近傍の点Qを結ぶ微小ベクトルが $d\bm{r}'$ であったとする.時刻 $t$ でこのベクトルが $d\bm{r}$ に移ったとすると

$$d\bm{r} = \bm{E}(t,t';\mathrm{P})\cdot d\bm{r}' \tag{10.18}$$

と書くことができる.テンソル $\bm{E}(t,t';\mathrm{P})$ は時刻 $t'$ の状態を基準にしたときの,時刻 $t$ の状態の**変形勾配テンソル**(deformation gradient tensor)である.時刻 $t$ における点Pの応力は,それ以前の時刻 $t'$ を基準とする変形勾配テンソル $\bm{E}(t,t';\mathrm{P})$ をすべての $t'$ について与えれば決まる.

物質点Pの変形履歴は速度勾配テンソル $\bm{\kappa}(t;\mathrm{P})$ の履歴を与えることによっても表現することができる.連続体の速度場 $\bm{v}(\bm{r},t)$ が与えられると,点Pにおける時刻 $t$ の速度勾配テンソルは

$$\kappa_{\alpha\beta}(t;\mathrm{P}) = \left.\frac{\partial v_\alpha(\bm{r},t)}{\partial r_\beta}\right|_{\bm{r}=\tilde{\bm{r}}(\mathrm{P},t)} \tag{10.19}$$

で定義される.容易に示されるように,$\bm{\kappa}(t;\mathrm{P})$ と $\bm{E}(t,t';\mathrm{P})$ は次の式によって関係づけられている:

$$\frac{\partial \bm{E}(t,t';\mathrm{P})}{\partial t} = \bm{\kappa}(t;\mathrm{P})\cdot \bm{E}(t,t';\mathrm{P}). \tag{10.20}$$

構成式とは $\bm{E}(t,t';\mathrm{P})$ または $\bm{\kappa}(t;\mathrm{P})$ で表される変形履歴が与えられたとき,応力テンソル $\bm{\sigma}(t;\mathrm{P})$ を与える式のことである.

9.2.4節で述べたように,ソフトマターは,通常の圧力条件では,非圧縮であるとみなしてよい.非圧縮な物質については,速度場 $\bm{v}(\bm{r},t)$ は非圧縮条件

$$\bm{\nabla}\cdot\bm{v} = 0 \tag{10.21}$$

を満たさなくてはならない.このような条件が課せられると非圧縮の粘性流体やゲルと同じく,応力テンソル $\bm{\sigma}$ には等方テンソルの分だけ不確定性が生じる.したがって,応力テンソルの等方部分は,構成式で与える必要はない.

構成式を求めるには,実験による方法と理論による方法がある.線形粘弾性の範囲であれば,レオロジー的な性質は緩和弾性率 $G(t)$,または $G'(\omega)$,$G''(\omega)$ などの量で一意的に規定することができるので,実験により構成式を

決めることができる.しかし,非線形性も考慮すると,実験だけで構成式を決めることはむずかしい.そこで,通常は,構成式の数学モデルを仮定し,モデルの中のパラメータを実験で求めることが行なわれている.これとは別に,ソフトマターのミクロなモデルから理論的に構成式を導くことも行なわれている.

### 10.3.3 応力の微視的表式

構成式をミクロなモデルから理論的に導くときには,応力が分子論的にどのように表されるかを知っておく必要がある.応力のミクロな表現は,図10.5に示した考察から求めることができる.

一様な応力状態にある物質のなかに,図10.5(a)に示すような底面積 $S$, 高さ $L$ の直方体状の領域を考える.この直方体の中に $z=h$ の面を考え,この面より上にある要素(図10.5(b)の白丸で表される要素)が下にある要素(図10.5(b)の黒丸で表される要素)に及ぼす力の合計を面積 $S$ で割ったものが応力である.要素を添え字 $i,j$ で区別し,要素 $i$ の座標を $\bm{R}_i$, 要素 $i$ が要素 $j$ に及ぼす力を $\bm{f}_{ij}$ と書く.定義によって,応力の $\alpha z$ 成分は次のように書くことができる:

$$\sigma_{\alpha z} = \frac{1}{S} \sum_{i>j} [f_{ij\alpha}\Theta(R_{iz}-h)\Theta(h-R_{jz}) + f_{ji\alpha}\Theta(R_{jz}-h)\Theta(h-R_{iz})].$$
(10.22)

ここで [ ] 内の各項は要素 $i$ と要素 $j$ のペアの間に働きあう力の応力への寄与を表している[*3].第1項は $R_{iz}>R_{jz}$ の場合の寄与を表し,第2項は $R_{jz}>R_{iz}$ の場合の寄与を表す.一様な応力状態では,(10.22)の値は面の位置 $h$ によらないはずであるから,$h$ を $0<h<L$ の範囲で動かしてその平均で応力を計算することにする:

---

[*3] ここでは,面 $S$ を通って分子が移動することによる運動量輸送の寄与を無視している.この寄与は,気体の場合には重要であるが液体では考えなくてよい.

$$\sigma_{\alpha z} = \frac{1}{SL}\sum_{i>j}\int_0^L dh\,[f_{ij\alpha}\Theta(R_{iz}-h)\Theta(h-R_{jz})$$
$$+f_{ji\alpha}\Theta(R_{jz}-h)\Theta(h-R_{iz})]. \qquad (10.23)$$

$h$ についての積分を実行すると

$$\sigma_{\alpha z} = \frac{1}{V}\sum_{i>j}[f_{ij\alpha}(R_{iz}-R_{jz})\Theta(R_{iz}-R_{jz})$$
$$+f_{ji\alpha}(R_{jz}-R_{iz})\Theta(R_{jz}-R_{iz})]. \qquad (10.24)$$

ここで $V=SL$ は考えている直方体領域の体積である．作用・反作用の法則 $\boldsymbol{f}_{ij}=-\boldsymbol{f}_{ji}$ および $\boldsymbol{r}_{ij}=\boldsymbol{R}_i-\boldsymbol{R}_j$ を用いると (10.24) は次のようになる：

$$\begin{aligned}\sigma_{\alpha z} &= \frac{1}{V}\sum_{i>j}[f_{ij\alpha}r_{ijz}\Theta(r_{ijz})-f_{ij\alpha}r_{jiz}\Theta(r_{jiz})]\\ &= \frac{1}{V}\sum_{i>j}[f_{ij\alpha}r_{ijz}\Theta(r_{ijz})+f_{ij\alpha}r_{ijz}\Theta(-r_{ijz})]\\ &= \frac{1}{V}\sum_{i>j}f_{ij\alpha}r_{ijz}. \qquad (10.25)\end{aligned}$$

ここに表れるテンソル $\boldsymbol{f}_{ij}\boldsymbol{r}_{ij}$ は**力の双極子**(force dipole) と呼ばれる[*4]．力の双極子は，反対符号をもつ二つの力 ($\boldsymbol{f}_{ij}$ と $\boldsymbol{f}_{ji}$) を $\boldsymbol{r}_{ij}$ だけ離しておいたときの効果を表す．(10.25) によれば応力は単位体積あたりの力の双極子であるということができる．

　一般に系を構成する要素が互いに力を及ぼし合っているとき，その応力への寄与は次のように書くことができる：

$$\sigma_{\alpha\beta} = \frac{1}{V}\sum_{i>j}\langle f_{ij\alpha}r_{ij\beta}\rangle = \frac{1}{2V}\sum_{i,j}\langle f_{ij\alpha}r_{ij\beta}\rangle. \qquad (10.26)$$

ここで，要素の分布についての平均を $\langle\ldots\rangle$ で表した．(10.26) の右辺に現れる $r_{ij\beta}/V$ の因子は，要素 $i,j$ のペアが体積 $V$ の中に一様に分布しているとき，

---

[*4] 力の双極子という呼び名は電磁気に表れる電気双極子に由来する．電気双極子は，反対符号の電荷 $q, -q$ を位置 $\boldsymbol{r}$ だけ離しておいたとき，$\boldsymbol{p}=q\boldsymbol{r}$ で定義される．電気双極子はベクトルであるが，力の双極子はテンソルである．

$i, j$ を結ぶ線分が考えている面を貫いている確率を表している.

(10.26)は別の形式で書くこともできる. $\bm{r}_{ij} = \bm{R}_i - \bm{R}_j$ を用いると

$$\sigma_{\alpha\beta} = \frac{1}{2V}\sum_{i,j}\langle f_{ij\alpha}(R_{i\beta}-R_{j\beta})\rangle = \frac{1}{2V}\sum_{ij}\langle f_{ij\alpha}R_{i\beta}\rangle + \frac{1}{2V}\sum_{i,j}\langle f_{ji\alpha}R_{j\beta}\rangle$$
$$= -\frac{1}{V}\sum_i \langle F_{i\alpha}R_{i\beta}\rangle. \tag{10.27}$$

ここで

$$\bm{F}_i = -\sum_j \bm{f}_{ij} = \sum_j \bm{f}_{ji} \tag{10.28}$$

は要素 $i$ に働く力の総和である[*5].

高分子溶液のように,要素が粘度 $\eta_\mathrm{s}$ の溶媒の中におかれているとすると,溶媒粘度の寄与も考える必要がある.このときの応力の表式は次のようになる:

$$\sigma_{\alpha\beta} = -\frac{1}{V}\sum_i \langle F_{i\alpha}R_{i\beta}\rangle + \eta_\mathrm{s}(\kappa_{\alpha\beta}+\kappa_{\beta\alpha}) - P\delta_{\alpha\beta}. \tag{10.29}$$

ここで $\eta_\mathrm{s}$ は溶媒の粘度である.(10.29)では,非圧縮条件から来る項 $-P\delta_{\alpha\beta}$ も考慮した.

## 10.4 絡み合いのない高分子液体の粘弾性

### 10.4.1 高分子液体の粘弾性

高分子を含む液体(高分子溶液や,溶融体)は,一般に粘弾性をもった流体である.その理由を図 10.6 に説明する.高分子液体に図 10.6 に示すようなステップ的ずり歪みを加えたとしよう.歪みを与えた瞬間に高分子は引き伸ばされるので復元力を生じる.この復元力は,高分子鎖の弾性によるもので,ゴムやゲルの復元力と同じ起源のものである.しかし,ゴムやゲルと違い,液体中の高分子は平衡の形状に戻ることができる.したがって,高分子液体の復元力

---

[*5] (10.27)は $\sum_i q_i = 0$ であるような電荷の集団のもつ電気双極子の表式 $\bm{p} = \sum_i q_i \bm{R}_i$ に対応するものである.

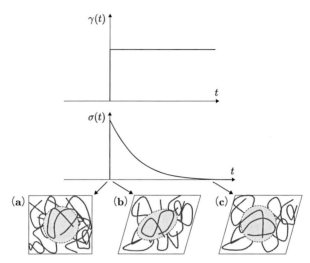

**図 10.6** 高分子液体にステップ的なずり変形 $\gamma(t)$ を与えたときのずり応力 $\sigma(t)$ の応答とその分子的起源. (a)変形前の高分子は平均的には等方的な形をしている. (b)変形直後の高分子は変形前の状態に比べると歪んでいる. (c)応力が緩和した後, 高分子の相対位置は変化しているが, 高分子の形は, もとと同じ形にもどっている.

は, 時間がたつにつれ減少し, 最終的には0となる. このように, 高分子液体の応力の緩和は, 高分子の形状の緩和を直接に反映したものである.

高分子の緩和の仕方は, 高分子が絡み合っている場合と, いない場合で, 大きく異なる. 高分子が絡み合っていない場合には, 引き伸ばされた高分子が粘性流体の中でどのように緩和するかを考えればよい. 一方, 高分子が絡み合っている場合には, まったく別の考え方が必要になる. それぞれの場合について述べていく.

### 10.4.2 亜鈴分子模型

**基礎方程式**

粘性流体中の高分子の緩和を議論するために, 図 10.7(a)に示す亜鈴分子模型を考えよう. これは, 二つの小球をバネで結んだものである. 二つの小球は高分子の両端の位置を代表していると考えれば, 亜鈴分子模型は, 高分子の形状の緩和を記述する最も簡単な模型である.

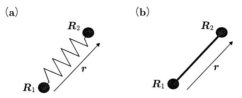

**図 10.7** (a)バネで結ばれた亜鈴分子模型. (b)剛体棒で結ばれた亜鈴分子模型.

亜鈴分子の小球の位置ベクトルを $R_1, R_2$, 小球をつなぐバネのバネ定数を $k$ とすると, 分子のポテンシャルエネルギーは

$$U(R_1, R_2) = \frac{k}{2}(R_1 - R_2)^2 \tag{10.30}$$

となる. このような分子が, 一様な速度勾配の流れ場

$$v(r) = \kappa \cdot r \tag{10.31}$$

の中に置かれているとしよう. ここで $\kappa$ は速度勾配を表すテンソルである.

流れ場のなかの亜鈴分子の運動を記述するために, スモルコフスキー方程式を用いることにしよう. 第 7 章で述べたように, セグメントの熱運動を考慮すると, セグメントにたいする実効的なポテンシャルは

$$\tilde{U} = U + k_B T \ln \psi \tag{10.32}$$

で与えられる. ここで, $\psi(R_1, R_2, t)$ はセグメント 1, 2 がそれぞれ $R_1, R_2$ にある確率を表す. 一方, セグメントが流体から受ける抵抗力は, $-\zeta(\dot{R}_i - v(R_i))$ で与えられる[*6]. よって, 力のつりあいの方程式は次のようになる:

$$\zeta(\dot{R}_1 - \kappa \cdot R_1) = -\frac{\partial \tilde{U}}{\partial R_1}, \tag{10.33}$$

$$\zeta(\dot{R}_2 - \kappa \cdot R_2) = -\frac{\partial \tilde{U}}{\partial R_2}. \tag{10.34}$$

セグメントは溶液中に一様に分布していると考えれば, $\tilde{U}$ は

---

[*6] ここでは流体力学的相互作用を無視した. 流体力学的相互作用がある場合の取り扱いについては, 巻末文献 [11], [14] を参照.

$$r = R_2 - R_1 \tag{10.35}$$

だけの関数である．したがって

$$\frac{\partial \tilde{U}}{\partial \bm{R}_1} = -\frac{\partial \tilde{U}}{\partial \bm{r}}, \qquad \frac{\partial \tilde{U}}{\partial \bm{R}_2} = \frac{\partial \tilde{U}}{\partial \bm{r}}. \tag{10.36}$$

これを用いると(10.33)，(10.34)から，$\dot{\bm{r}}$ は次のように与えられることになる：

$$\dot{\bm{r}} = -\frac{2}{\zeta}\frac{\partial \tilde{U}}{\partial \bm{r}} + \bm{\kappa}\cdot\bm{r} = -\frac{2}{\zeta}\frac{\partial}{\partial \bm{r}}\left(k_{\mathrm{B}}T\ln\psi + \frac{1}{2}k\bm{r}^2\right) + \bm{\kappa}\cdot\bm{r}. \tag{10.37}$$

これと $\psi(\bm{r}, r)$ についての保存則

$$\frac{\partial \psi}{\partial t} = -\frac{\partial}{\partial \bm{r}}(\dot{\bm{r}}\psi) \tag{10.38}$$

より，$\psi(\bm{r}, r)$ についての次のスモルコフスキー方程式が得られる：

$$\frac{\partial \psi}{\partial t} = \frac{\partial}{\partial \bm{r}}\cdot\left(\frac{2k_{\mathrm{B}}T}{\zeta}\frac{\partial \psi}{\partial \bm{r}} + \frac{2k}{\zeta}\bm{r}\psi - \bm{\kappa}\cdot\bm{r}\psi\right). \tag{10.39}$$

(10.39)を解いて，亜鈴分子の形状の分布 $\psi(\bm{r}, t)$ がわかったとすると，応力は(10.29)より計算できる．亜鈴分子の場合には，$\tilde{U}$ が $\bm{r} = \bm{R}_2 - \bm{R}_1$ にしか依存しないので

$$\bm{F}_1 = -\bm{F}_2 = \frac{\partial \tilde{U}}{\partial \bm{r}} \tag{10.40}$$

であることに注意すると，力の双極子は次のようになる：

$$-\sum_{i=1,2} F_{i\alpha}R_{i\beta} = \frac{\partial \tilde{U}}{\partial r_\alpha}r_\beta = k_{\mathrm{B}}T\frac{\partial \ln\psi}{\partial r_\alpha}r_\beta + kr_\alpha r_\beta. \tag{10.41}$$

この平均は次のようになる：

$$\begin{aligned}
-\langle\sum_i F_{i\alpha}R_{i\beta}\rangle &= \int d\bm{r}\,\psi\left(k_{\mathrm{B}}T\frac{\partial \ln\psi}{\partial r_\alpha}r_\beta + kr_\alpha r_\beta\right) \\
&= \int d\bm{r}\left(k_{\mathrm{B}}T\frac{\partial \psi}{\partial r_\alpha}r_\beta + kr_\alpha r_\beta\psi\right) \\
&= -k_{\mathrm{B}}T\delta_{\alpha\beta} + k\langle r_\alpha r_\beta\rangle.
\end{aligned} \tag{10.42}$$

ここで被積分関数の第1項に対して,部分積分を用いた.(10.29)と(10.42)より,亜鈴分子溶液の応力は次のように与えられる:

$$\sigma_{\alpha\beta} = nk\langle r_\alpha r_\beta\rangle + \eta_s(\kappa_{\alpha\beta}+\kappa_{\beta\alpha}) - P\delta_{\alpha\beta}. \tag{10.43}$$

ここで,$n$ は単位体積中の亜鈴分子の数である.また等方テンソルの部分は $-P\delta_{\alpha\beta}$ にまとめた.

### 線形粘弾性

亜鈴分子について線形粘弾性を調べてみよう.マクロな速度場が次の式で与えられるような一様なずり流動を考える:

$$v_x = \dot\gamma r_y, \qquad v_y = v_z = 0. \tag{10.44}$$

この場合,(10.39)は次のようになる:

$$\frac{\partial \psi}{\partial t} = \frac{\partial}{\partial \boldsymbol{r}}\cdot\left(\frac{2k_\mathrm{B}T}{\zeta}\frac{\partial \psi}{\partial \boldsymbol{r}} + \frac{2k}{\zeta}\boldsymbol{r}\psi\right) - \frac{\partial}{\partial r_x}(\dot\gamma r_y\psi). \tag{10.45}$$

一方,ずり応力は次のように与えられる:

$$\sigma_{xy} = nk\langle r_x r_y\rangle + \eta_s\dot\gamma. \tag{10.46}$$

ずり応力を求めるために,(10.45)を用いて,$\langle r_x r_y\rangle$ の時間変化を計算しよう:

$$\begin{aligned}\frac{d}{dt}\langle r_x r_y\rangle &= \int d\boldsymbol{r}\, r_x r_y \frac{\partial \psi}{\partial t} \\ &= \int d\boldsymbol{r}\, r_x r_y \left[\frac{\partial}{\partial \boldsymbol{r}}\cdot\left(\frac{2k_\mathrm{B}T}{\zeta}\frac{\partial \psi}{\partial \boldsymbol{r}} + \frac{2k}{\zeta}\boldsymbol{r}\psi\right) - \frac{\partial \dot\gamma r_y\psi}{\partial r_x}\right].\end{aligned} \tag{10.47}$$

部分積分を用いて右辺を変形すると(10.47)は次の式を与える:

$$\frac{d}{dt}\langle r_x r_y\rangle = -4\frac{k}{\zeta}\langle r_x r_y\rangle + \dot\gamma\langle r_y^2\rangle. \tag{10.48}$$

歪み速度が小さい線形領域を考えよう.このとき $\dot\gamma$ の2次以上の項は無視することができるので,(10.48)の右辺の最後の項 $\dot\gamma\langle r_y^2\rangle$ における平均は,平衡状態についての平均 $\langle r_y^2\rangle_0$ で置き換えることができる.平衡状態では,$\boldsymbol{r}$ の

分布は $\exp(-k\boldsymbol{r}^2/2k_\mathrm{B}T)$ に比例するので

$$\langle r_y^2 \rangle_0 = \frac{k_\mathrm{B}T}{k} \tag{10.49}$$

である．これを用いると(10.48)は次のようになる：

$$\frac{d}{dt}\langle r_x r_y \rangle = -\frac{1}{\tau}\langle r_x r_y \rangle + \dot{\gamma}\frac{k_\mathrm{B}T}{k}. \tag{10.50}$$

ここで

$$\tau = \frac{\zeta}{4k} \tag{10.51}$$

である．(10.50)を解き，(10.46)よりずり応力を求めると次のようになる：

$$\sigma_{xy}(t) = nk_\mathrm{B}T \int_{-\infty}^{t} dt' e^{-(t-t')/\tau} \dot{\gamma}(t') + \eta_\mathrm{s}\dot{\gamma}. \tag{10.52}$$

これと(10.50)を比べると，亜鈴模型の緩和弾性率が次のように求められる[*7]：

$$G(t) = nk_\mathrm{B}T e^{-t/\tau}. \tag{10.53}$$

ずり歪みを与えた直後の弾性率は $nk_\mathrm{B}T$ であり，ゴムの平衡弾性率の表式(4.24)と類似の形をしていることに注意しよう．亜鈴分子からなる系にずり歪み $\gamma_0$ を加えると，分子の両端間ベクトルがゴムの部分鎖の両端間ベクトルと同じように変形するので，変形直後にはゴムと同様 $nk_\mathrm{B}T\gamma_0$ の大きさのずり応力が発生する．時間がたつにつれ，分子の形状が緩和するので，応力が緩和してゆく．

**構成式**

亜鈴模型の場合には，非線形領域も含めて構成式を解析的に求めることができる．上と同様に，(10.39)を用いて $\langle r_\alpha r_\beta \rangle$ の時間微分を計算すると次のようになる：

$$\frac{d}{dt}\langle r_\alpha r_\beta \rangle = -\frac{1}{\tau}\langle r_\alpha r_\beta \rangle + \kappa_{\alpha\mu}\langle r_\beta r_\mu \rangle + \kappa_{\beta\mu}\langle r_\alpha r_\mu \rangle + 4\delta_{\alpha\beta}\frac{k_\mathrm{B}T}{\zeta}. \tag{10.54}$$

---

[*7] 正確には，溶媒粘度の項 $2\eta_\mathrm{s}\delta(t)$ が付け加わる．

## 10.4 絡み合いのない高分子液体の粘弾性

応力(10.29)の中で, 高分子による寄与を

$$\sigma_{\alpha\beta}^{(\mathrm{p})} = nk\langle r_\alpha r_\beta \rangle \tag{10.55}$$

と定義すると, (10.54)は, $\sigma_{\alpha\beta}^{(\mathrm{p})}$ についての次の式を与える:

$$\dot{\sigma}_{\alpha\beta}^{(\mathrm{p})} = -\frac{1}{\tau}\sigma_{\alpha\beta}^{(\mathrm{p})} + \kappa_{\alpha\mu}\sigma_{\beta\mu}^{(\mathrm{p})} + \kappa_{\beta\mu}\sigma_{\alpha\mu}^{(\mathrm{p})} + \frac{G_0}{\tau}\delta_{\alpha\beta}. \tag{10.56}$$

ここで $G_0 = nk_\mathrm{B}T$ は初期の弾性率である. (10.56)は粘弾性流体の構成式の一つであり, **マックスウェルモデル**(Maxwell model)と呼ばれている.

マックスウェルモデルは, 非線形の粘弾性を表す構成式の例としてよく引用されているが, 高分子液体の挙動を記述するには適切でない. 例えば, 速度場が次の式で与えられる, 定常ずり流れを考えよう:

$$v_x = \dot{\gamma}y \qquad v_y = v_z = 0. \tag{10.57}$$

このとき, (10.56)の定常解は次のようになる:

$$\sigma_{xy}^{(\mathrm{p})} = G_0 \tau \dot{\gamma}, \tag{10.58}$$

$$\sigma_{xx}^{(\mathrm{p})} - \sigma_{yy}^{(\mathrm{p})} = G_0(\tau\dot{\gamma})^2, \tag{10.59}$$

$$\sigma_{yy}^{(\mathrm{p})} - \sigma_{zz}^{(\mathrm{p})} = 0. \tag{10.60}$$

(10.58)によれば, 定常粘度は, ずり速度によらず一定であり, シアシニングの効果が記述できていない. この欠点を取り除くため, (10.56)に修正を加えたさまざまなモデルが提案されている.

マックスウェルモデルの構成式は(10.56)のように, 微分方程式の形で書くこともできるが, 次のような積分形で書くこともできる:

$$\sigma_{\alpha\beta}^{(\mathrm{p})} = -\int_{-\infty}^{t} dt' G(t-t') \frac{\partial}{\partial t'} B_{\alpha\beta}(t,t'). \tag{10.61}$$

ここで $B_{\alpha\beta}(t,t')$ は変形勾配テンソル $E_{\alpha\beta}(t,t')$ から次の式によって定義されるテンソルである:

$$B_{\alpha\beta}(t,t') = E_{\alpha\mu}(t,t')E_{\beta\mu}(t,t'). \tag{10.62}$$

(10.61)が(10.56)を満たしていることは, 計算で確かめることができる.

### 10.4.3 亜鈴模型と擬網目模型

構成式が(10.61)で与えられるマックスウェルモデルに対して，$t=0$で瞬間的な変形 $\boldsymbol{E}$ を加えたとしよう．このときの応力は次のようになる：

$$\boldsymbol{\sigma}^{(\mathrm{p})} = \boldsymbol{B} n k_{\mathrm{B}} T e^{-t/\tau}. \tag{10.63}$$

(10.63)はゴムの応力の表式(4.54)とよく似ている．歪みを加えた直後の応力成分はどちらも $\boldsymbol{B}$ で表されている．これは，バネ要素が巨視的変形と相似に変形するということに由来している．このことは，ゴムにおいては仮定されたことであったが，亜鈴模型では，セグメントの運動方程式(10.33), (10.34)から導かれることである（なぜなら瞬間変形に対しては速度勾配 $\boldsymbol{\kappa}$ の項が非常に大きくなるため，(10.33), (10.34)の右辺が無視でき，$\dot{\boldsymbol{R}}_i = \boldsymbol{\kappa} \cdot \boldsymbol{R}_i \ (i=1,2)$ としてよいからである）．

亜鈴模型の初期の応力は，ゴムと同様，単位体積あたりのバネ要素の数できまっている．したがって高分子の粘弾性は，ゴムの架橋点が永遠のものではなく，有限の寿命をもっていると考えれば，大雑把には理解できる．高分子液体を，有限の寿命をもつ架橋からなるゴムとみなすという考え方は，古くから存在し，**擬網目模型**(temporary network model)と呼ばれている．後で述べるように，この考え方は絡み合い高分子系の粘弾性の理論の中に引き継がれている．

### 10.4.4 ラウス模型

亜鈴模型では高分子の形を二つの小球で表している．高分子の形をより詳細に表すためには第3章の図3.2(b)に示したようなたくさんの小球をつなげた模型を考えればよい．それぞれの小球の位置を $\boldsymbol{R}_i \ (i=1,2,...,N)$ とすればこの模型のエネルギーは次のように書ける：

$$U(\boldsymbol{R}_i) = \frac{k}{2} \sum_i (\boldsymbol{R}_i - \boldsymbol{R}_{i-1})^2. \tag{10.64}$$

このモデルを**ラウス模型**(Rouse model)という．ラウス模型は，セグメント間の流体力学的な相互作用の効果を考慮していないので，溶液中の高分子の運動を記述するモデルとしては適当ではない．その一方で，ラウス模型は，分子量

が小さく,絡み合いの少ない高分子がつくる溶融体中の分子運動に対するモデルとして適当であることが知られている.

ラウスモデルの構成式は解析的な形で求めることができる.セグメントの位置座標 $\boldsymbol{R}_i$ の代わりに,その1次結合で表される適当な基準座標を用いると,ラウスモデルは独立な亜鈴モデルに分けることができる.とくに緩和弾性率は次の形で与えられる:

$$G(t) = n_\mathrm{p} k_\mathrm{B} T \sum_{p=1}^{N} \exp(-p^2 t/\tau_\mathrm{R}). \tag{10.65}$$

ここで $n_\mathrm{p}$ は単位体積中の高分子の数であり,$\tau_\mathrm{R}$ は次の式で与えられる:

$$\tau_\mathrm{R} = \frac{\zeta N^2}{2\pi^2 k}. \tag{10.66}$$

(10.65)で与えられる緩和弾性率 $G(t)$ の初期値 $G(0)$ は $n_\mathrm{p} N k_\mathrm{B} T$ であり,単位体積中のバネ要素の数に比例している.時間がたつにつれ,$G(t)$ は減少していくが,初期には時間のベキで減少する.$t<\tau_\mathrm{R}$ では,(10.65)の $p$ についての和を積分で近似することができるので,

$$G(t) = n_\mathrm{p} k_\mathrm{B} T \int_0^\infty dp \exp(-p^2 t/\tau_\mathrm{R}) = \frac{\sqrt{\pi}}{2} n_\mathrm{p} k_\mathrm{B} T \left(\frac{\tau_\mathrm{R}}{t}\right)^{1/2}, \quad (t < \tau_\mathrm{R}). \tag{10.67}$$

(10.67)を(10.10),(10.11)に代入すると,$\omega\tau_\mathrm{R} \ll 1$ のところで,$G'(\omega)$,$G''(\omega)$ がともに $\omega^{1/2}$ に比例して増大することがわかる.このような振る舞いは,高分子溶液で一般的に観測されている.ラウスモデルの定常粘度は(10.7)によって,次のようになる:

$$\eta_0 = \int_0^\infty dt\, G(t) = n_\mathrm{p} k_\mathrm{B} T \tau_\mathrm{R} \frac{\pi^2}{6} = \frac{n_\mathrm{p} k_\mathrm{B} T \zeta N^2}{12 k}. \tag{10.68}$$

粘度は $n_\mathrm{p} N^2$ に比例する.高分子濃度が一定の時には $n_\mathrm{p} N$ は一定であるので,粘度は高分子の分子量の1乗に比例する.実際,分子量の小さな高分子溶融体についてこのような粘度の分子量依存性が成り立つことが確かめられている.

## 10.5 高分子絡み合い系

### 10.5.1 絡み合い相互作用

溶液中の高分子濃度を高くすると,図 10.8(a)に示すように,高分子は複雑に絡み合うようになる.高分子の絡み合いがはじまると,高分子の運動は遅くなり,緩和時間が急激に長くなる.これに伴い,粘度が増加し,顕著な粘弾性が現れる.このような振る舞いを分子模型に基づいて説明することは長い間できなかった.それは高分子の絡み合いの効果を数式で表現することがむずかしかったからである.

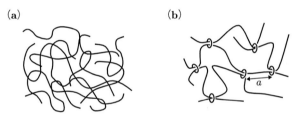

図 10.8 (a)絡み合い高分子. (b)絡み合い輪模型.

高分子鎖は互いに他を横切って動くことができない.この制約に基づく相互作用は**絡み合い相互作用**(entanglement interaction)と呼ばれる.絡み合い相互作用は,鎖を構成するセグメント間の斥力相互作用(排除体積相互作用)に由来するものであるが,排除体積とは違う効果である.第3章で議論した排除体積の効果は,高分子の太さを0にすると(即ち排除体積パラメータ$v$を0にすると)消すことができる.一方,絡み合い相互作用は,鎖の太さと無関係に必ず存在する効果である.

太さのない直鎖状の高分子の絡み合った状態を考えてみよう.この系の静的な(すなわち熱力学的な)性質に関する限り,絡み合い相互作用はまったく無視することができる.しかし,拡散や緩和などの動的な性質については,絡み合い相互作用は大きな影響を与える.絡み合い相互作用は,高分子の静的な性質には影響を与えないが,動的な相互作用に強い影響を与える特異な相互作用である.

## 10.5 高分子絡み合い系

したがって，絡み合い相互作用の取り扱いには注意が必要である．たとえば，ラウス鎖のセグメントの間に斥力を導入するだけでは絡み合い相互作用は表現できない．斥力の大きさや到達距離が十分でなければ，鎖のあいだのすり抜けが起こってしまうからである．

一方，レオロジーにおいては，高分子の絡み合いを，擬網目とみなす考え方があった．絡み合った二つの高分子は，簡単には離れることができないが，時間がたてば，いずれは離れることができる．したがって，絡み合いは，ある有限の寿命をもった高分子の結合とみなすことができる．第4章で，ゴムの弾性は架橋によって結ばれた理想鎖のモデルで説明できることを示したが，永久的な架橋の代わりに，有限寿命をもった架橋を考えれば，絡み合い系の粘弾性は，少なくとも定性的には，理解できる．これが擬網目模型の考え方である．

擬網目模型は高分子液体の粘弾性を定性的に説明するものであったが，定量的なものではなかった．例えば，このモデルでは，絡み合いの寿命が高分子の分子量にどのように依存するかを説明することができなかった．しかし，図 10.8(b) に示すようなモデルを考えれば，擬網目模型を定量的な物理モデルにすることができる．このモデルでは絡み合いによる結合は，高分子を留めている小さな輪で表されている．この輪のことを**絡み合い点**(entanglement point) と呼ぶことにする．高分子は輪を自由にとおりぬけることができるが，輪から抜けない限り，輪による束縛を受けている．これが絡み合いによる拘束である．高分子の端が，輪からはずれてしまえば絡み合いが消滅する．また，鎖の先端ではあらたな絡み合いが作られている．

絡み合いを小さな輪で表現しているからといって，実際の高分子の絡み合いが図 10.8(b) に示したようなものだと考える必要はない．絡み合いによる高分子間の結合は輪で表現されるような局在化したものではないであろう．図 10.8(b) のモデルが主張していることは，高分子の間に絡み合いができると，二つの高分子の運動は，一定時間 (輪ができてから消えるまでの時間)，一定の空間領域 (輪と輪の平均距離の程度の大きさの領域) において制約を受けるということである．図 10.8(b) のモデルにおいて重要な量は，輪と輪の平均距離 $a$ であり，これは，絡み合い点の間の距離といわれる．$a$ は高分子に固有の長さであり，高分子のセグメント長 $b$ の数倍から数十倍長い．

隣り合う絡み合い点の間に含まれる高分子の平均分子量 $M_e$ は絡み合い点間分子量と呼ばれる．$M_e$ はゴムの架橋点間分子量 $M_x$((4.25)参照)に対応する．高分子を変形した瞬間にはすべての絡み合い点がゴムの架橋点のように働くので，高分子は弾性率

$$G_0 = \frac{\rho R_G T}{M_e} \tag{10.69}$$

をもつゴムのように振る舞う．$G_0$ は**絡み合いずり弾性率**(entanglement shear modulus)と呼ばれる．実験的には(10.69)によって $M_e$ が求められている．

### 10.5.2 レプテーション理論

高分子液体にずり歪み $\gamma$ を加えると，瞬間的には $G_0\gamma$ のずり応力が現れるが，時間がたつと，応力は緩和してゆく．この過程を考察してみよう．

簡単のため，絡み合い点は一定間隔 $a$ で空間的に分布しており，高分子はこれらの絡み合い点をつなぐ紐であると考えよう．分子量 $M$ の高分子の溶融体においては，一本の高分子は，

$$Z = \frac{M}{M_e} \tag{10.70}$$

個の絡み合い点をもっている．したがって，絡み合い点に沿った高分子の長さ $L$ は

$$L = Za = \frac{M}{M_e}a \tag{10.71}$$

で与えられる．

高分子の運動によって，絡み合い点が消滅・生成する様子を図 10.9 に示した．高分子が初期状態(a)から出発し，右側に運動すると，(b)に示すように $P_0$ にあった絡み合い点から高分子が抜け，代わって新しい絡み合い点 $P_{Z+1}$ ができる．さらに高分子が左側に運動すると，(c)に示すように絡み合い点 $P_{Z+1}, P_Z$ が消え，新たな絡み合い点 $P_0, P_{-1}$ ができる．

このように，絡み合いの生成と消滅は，絡み合い点に沿った高分子の 1 次元的な熱運動によって支配されている．このような考えは，ドゥ・ジェンヌ(de Gennes)によって提唱され，**レプテーション理論**(reptation theory)と呼

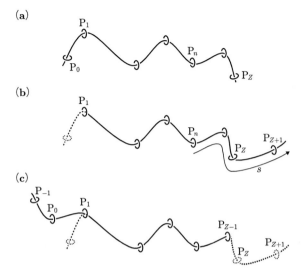

図 10.9　レプテーション運動による絡み合いの更新．(a)初期状態．(b)鎖が右に動くと $P_0$ から鎖が抜けてしまうので輪 $P_0$ は消滅する．代わって新しい輪 $P_{Z+1}$ ができる．(c)鎖が左に動くと $P_Z$, $P_{Z+1}$ は消滅し，代わって新しい輪 $P_0$, $P_{-1}$ ができる．このようにして絡み合い点が徐々に更新されてゆく．

ばれている．

　レプテーション理論とは，絡み合い状態における周りの高分子の効果は，$a$ の間隔でおかれた絡み合い点による拘束で表現できるとする理論である．周りの高分子による拘束は，絡み合い点ではなく，図 10.10 に示すような管で表現することもできる．管は直径 $a$，長さ $a$ の要素が $Z$ 個ランダムにつながったものであると考えれば，図 10.10(a)に示す絡み合い点を用いたモデルも，管によるモデルも等価となる．どちらのモデルを使うにせよ，図 10.10 に示されるように，ラウス模型で表される高分子が，絡み合い輪，あるいは管の中を運動すると考えることによって，絡み合い状態の高分子の運動を議論することができる．

　高分子は，一定の長さ $L$ を保ったまま，管に沿って拡散運動をしていると考えよう．図 10.9(b)に示すように，時刻 $t=0$ に存在していた絡み合い点 $P_n$ に着目し，これが時刻 $t$ においても消滅しないで残っている確率を考えよう．

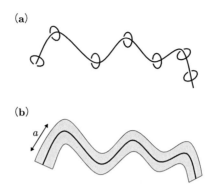

**図 10.10** 絡み合いの効果の表現．(a)絡み合い輪による表現．(b)管による表現．

絡み合い点 $P_n$ を原点とし，高分子に沿った座標を考え，高分子の右端の座標を $s$ とする．時刻 $t$ で，絡み合い点 $P_n$ が残っていて，高分子の右端の座標が $s$ である確率を $\psi_n(s,t)$ とする．このとき $\psi_n(s,t)$ は 1 次元の拡散方程式を満たす：

$$\frac{\partial}{\partial t}\psi_n(s,t) = D_c \frac{\partial^2}{\partial s^2}\psi_n(s,t). \tag{10.72}$$

ここ $D_c$ は，長さ $L$ の高分子が管にそって動くときの拡散定数である．$s=0$（あるいは $s=L$）となると，高分子の右端（あるいは左端）が $P_n$ を通過し，$P_n$ が消滅するので，$\psi_n(s,t)$ は次の境界条件を満たす：

$$\psi_n(0,t) = 0, \qquad \psi_n(L,t) = 0. \tag{10.73}$$

境界条件(10.73)および初期条件 $\psi_n(s,0)=\delta(s-L+na)$ のもとで(10.72)を解くと

$$\psi_n(s,t) = \frac{2}{L}\sum_{p=1}^{\infty}(-1)^p \sin\left(\frac{ps\pi}{L}\right)\sin\left(\frac{pna\pi}{L}\right)\exp\left(-tp^2/\tau_d\right). \tag{10.74}$$

ここで

$$\tau_d = \frac{L^2}{\pi^2 D_c} \tag{10.75}$$

は絡み合いの寿命を表す時間であり，**レプテーション時間**(reptation time)と

呼ばれている．$L$ は分子量 $M$ に比例し，$D_c$ は分子量に逆比例するので[*8]レプテーション時間 $\tau_d$ は分子量の3乗に比例する．

時刻 $t$ で絡み合い点 $P_n$ が残っている確率 $\psi_n(t)$ は $\psi_n(s,t)$ を $s$ について，0 から $L$ まで積分したもので与えられる．$\psi_n(t)$ を $n$ について平均すると，時間が $t$ だけ経過した後も絡み合い点が消えないでいる確率 $\psi(t)$ を計算することができる：

$$\psi(t) = \frac{1}{Z}\sum_n \int_0^L ds\,\psi_n(s,t). \tag{10.76}$$

(10.74) を代入し，$n$ についての和を積分で置き換えて計算すると，$\psi(t)$ は最終的に次のように与えられる：

$$\psi(t) = \frac{1}{Z}\int_0^Z dn \int_0^L ds\,\psi_n(s,t) = \frac{8}{\pi^2}\sum_{p=1,3,5,\ldots} \frac{1}{p^2}\exp\left(-tp^2/\tau_d\right). \tag{10.77}$$

右辺の和において，$p=1$ の項が圧倒的に大きいので $\psi(t)$ はほぼ一つの緩和時間 $\tau_d$ で指数関数的に減衰すると思ってよい：

$$\psi(t) \simeq \exp\left(-t/\tau_d\right). \tag{10.78}$$

### 10.5.3 応力緩和

レプテーション模型を使って，絡み合い高分子の応力緩和を考えてみよう．図 10.6 に示すように，平衡状態にあった高分子液体に，$t=0$ で瞬間的にずり歪み $\gamma$ を加えたとする．ひずみを加えた直後にはすべての絡み合い点が有効であるので，ずり応力 $\sigma_{xy}$ は次の式で与えられる：

$$\sigma_{xy}(0) = G_0\gamma. \tag{10.79}$$

ここで $G_0$ は，(10.69) に現れた絡み合いずり弾性率である．

---

[*8] 拡散定数 $D_c$ はアインシュタインの関係により，管に沿っての移動度 $\mu_c$ を用いて，$D_c = \mu_c k_B T$ と表される．ここで $\mu_c$ は，力 $F$ を加えて高分子を管にそって動かしたときの移動度である $(v_c = \mu_c F)$．$\mu_c$ は分子量に逆比例するので $D_c$ も分子量に逆比例する．

時間がたつとレプテーション運動によって最初にあった絡み合い点は消滅してゆく．時間 $t$ だけたった後も，$t=0$ の絡み合いが残っている確率は $\psi(t)$ で与えられるので，時刻 $t$ のときのずり応力 $\sigma_{xy}$ は次のようになる：

$$\sigma_{xy}(t) = G_0 \gamma \psi(t). \tag{10.80}$$

よって，緩和弾性率は次のように与えられる：

$$G(t) = G_0 \psi(t). \tag{10.81}$$

ラウス模型と違い，緩和弾性率 $G(t)$ は，ほぼ一つの緩和時間 $\tau_\mathrm{d}$ で減衰していく点に注意して欲しい（ラウス模型では，最長緩和時間 $\tau_\mathrm{R}$ における緩和弾性率の値 $G(\tau_\mathrm{R})$ は $G(0)$ の $1/N$ 程度になっているが，レプテーション模型の $G(\tau_\mathrm{d})$ は $G(0)$ と同程度である）．実際，高分子絡み合い系の緩和時間分布はラウス模型で与えられるものよりずっと狭い．

(10.80) より，粘度は次のようになる：

$$\eta_0 \simeq G_0 \tau_\mathrm{d}. \tag{10.82}$$

したがって，粘度は高分子の分子量 $M$ の3乗に比例している．ラウス模型では，粘度は分子量 $M$ に比例した．分子量依存性の違いの原因は二つある．一つは緩和時間の分子量依存性の違いであり，もう一つは緩和時間分布の違いである．

ずり歪み $\gamma$ が大きなときには別の緩和機構が働く．絡み合い点が物質点と同様に移動するとすると，絡み合い点の間の平均距離は $a$ より大きくなる．隣り合う絡み合い点を結ぶベクトルを考えよう．変形前に，このベクトルが $(r_{0x}, r_{0y}, r_{0z})$ であったとすると，ずり変形後のベクトルは次のようになる：

$$r_x = r_{0x} + \gamma r_{0y}, \qquad r_y = r_{0y}, \qquad r_z = r_{0z}. \tag{10.83}$$

したがってその長さの2乗平均は次のようになる：

$$\langle r_x^2 + r_y^2 + r_z^2 \rangle = \left(1 + \frac{\gamma^2}{3}\right) a^2. \tag{10.84}$$

すなわち，ずり変形の直後には，絡み合い点間の平均距離は

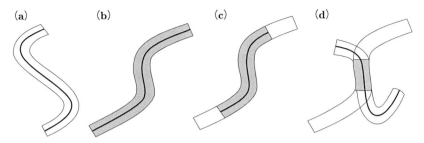

**図 10.11** 応力緩和の管模型による説明．(a)変形直前．(b)変形直後．管の長さは変形前に比べて $\alpha(\gamma)$ だけ伸びている．(c)管に沿っての長さの緩和．(d)管から脱出することによる応力の緩和．

$$\alpha(\gamma) = \left(1+\frac{\gamma^2}{3}\right)^{1/2} \tag{10.85}$$

だけ伸びることになる．変形により管の長さは，変形前に比べて $\alpha(\gamma)$ 倍だけ長くなるので，変形後の緩和においては，図 10.11 に示したように，まず，管に沿っての高分子の緩和が起こる．管に沿って高分子が動くときには，管の影響はないので，この緩和の緩和時間は，ラウス模型の緩和時間 $\tau_R$ で与えられる．この緩和にともない，管にそっての高分子の長さは $1/\alpha(\gamma)$ だけ縮み，高分子の張力も $1/\alpha(\gamma)$ だけ小さくなるので応力は $1/\alpha(\gamma)^2$ だけ小さくなる．したがって，時刻 $\tau_R$ におけるずり応力は次のようになる：

$$\sigma_{xy}(\tau_R) \simeq G_0 \frac{\gamma}{\alpha(\gamma)^2} = G_0 \frac{\gamma}{1+\gamma^2/3}. \tag{10.86}$$

$t > \tau_R$ における応力の緩和は，レプテーション運動によって起こるので，ずり応力は次のようになる．

$$\sigma_{xy}(t) = G_0 \frac{\gamma}{1+\gamma^2/3} \psi(t). \tag{10.87}$$

このような 2 段階の応力緩和は，実験でも見られている．

上に述べた考え方を，一般の流れに対して適用すると，レプテーション模型の構成式を求めることができる．これについては巻末の文献 [14] を参照されたい．

### 10.5.4 実際の絡み合い系

#### 多体効果

上に述べた理論では，一つの高分子だけに着目し，絡み合い点は，考えている高分子がそこから抜けない限りは，消滅しないと仮定している．しかし，図 10.8(b)に示すように，絡み合い点は，本来，二つの高分子の絡み合いを表しているものである．したがって絡み合いは，他の高分子の運動によっても，生成，消滅が起こる．また，絡み合い点の位置そのものも空間的にゆらいでいる．このような効果を考慮してレプテーション運動を議論しようとすると，解析的な取り扱いはむずかしくなるが，平均場理論や，計算機シミュレーションによってこの効果が調べられている．

#### 管の長さのゆらぎ

上の解析では，高分子の管に沿っての長さは一定であるとしたが，実際には，管に沿っての高分子の長さ $L$ は一定ではなくゆらいでいる．第3章で示したように，高分子の両端を引き伸ばしたときの弾性率は $3k_\mathrm{B}T/Nb^2$ で与えられるので，管に沿っての高分子が長さ $L$ であるときの自由エネルギーは

$$U(L) = \frac{3k_\mathrm{B}T}{2Nb^2}(L-L_\mathrm{eq})^2 \tag{10.88}$$

と書くことができる．ここで，管の平衡長 $L_\mathrm{eq}$ は

$$L_\mathrm{eq} = Za \tag{10.89}$$

で与えられる．一方，高分子の両端間距離の2乗平均 $\langle R^2 \rangle = Nb^2$ は管の両端間距離の2乗平均に等しいことから

$$Nb^2 = Za^2 \tag{10.90}$$

(10.88)より，$L$ のゆらぎは

$$\Delta L \simeq \sqrt{N}b \tag{10.91}$$

の程度である．よって，

$$\frac{\Delta L}{L_{\text{eq}}} \simeq \frac{\sqrt{N}b}{Za} = \frac{1}{\sqrt{Z}}. \tag{10.92}$$

$Z$ が十分大きいときには，ゆらぎは無視できるが，実際の系ではゆらぎは無視できない効果をもたらす．

例として，ゆらぎが緩和時間 $\tau_d$ に与える効果を考えてみよう．図 10.9 において，高分子の端にある絡み合い点 $P_1$ が消滅するには，高分子全体が拡散によって，右に距離 $a$ だけ移動する必要があると述べた．もし，高分子の長さがゆらいでいれば，高分子全体が管にそって移動しなくとも，高分子自身の長さのゆらぎによって高分子の端は絡み合い点 $P_1$ をとおりぬけることができる．同様のことが，他の端の絡み合い点 $P_Z$ や，さらに内側の絡み合い点 $P_2$，$P_{Z-1}$ についてもいえる．これらのことを考慮すると，$t=0$ の絡み合い点がすべて消滅するためには，高分子は拡散によって，$L$ の距離を動く必要はなく，$L-\Delta L$ 程度の距離動けばよいことになる．したがって，ゆらぎを考慮すると，レプテーション時間は，

$$\tau_d \simeq \frac{(L-\Delta L)^2}{D_c} \simeq \tau_d^0 \left(1-\frac{\Delta L}{L}\right)^2 \propto M^3 \left(1-\sqrt{\frac{M_e}{M}}\right)^2 \tag{10.93}$$

となる．ゆらぎの効果により，緩和時間は短くなり，両対数プロットにおける傾き $d\ln \tau_d/d\ln M$ は 3 より大きくなる．実験によればこの傾きは 3.3 から 3.5 程度であることが報告されている．

**分岐高分子**

上に述べたようなレプテーション運動は，分岐高分子ではほとんど起こらなくなる．たとえば図 10.12 に示すような星型高分子を考よう．高分子の分岐にともない，それを束縛する管も分岐するので，どれか一つの管に沿ってのレプテーション運動は起こりにくくなる．

分岐高分子の運動においては，管に沿っての高分子のゆらぎが重要な役割を果たす．平衡状態で $L_{\text{eq}}$ の長さをもつ分岐を考えよう．管の中のゆらぎによって，高分子の中心にある分岐点と高分子鎖の端の距離が $a$ の程度になれば，レプテーション運動がなくとも，高分子は，新しい管に移ることができる．高

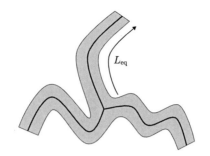

図 **10.12** 星型分岐高分子に対する管模型.

分子が縮むと,高分子の自由エネルギーは高くなるので,この過程による管からの脱出は熱的な活性化過程とみなすことができる.したがってその緩和時間は次の式で見積もることができる.

$$\tau_{br} = \tau_e \exp\left(\Delta U/k_{\rm B}T\right) \tag{10.94}$$

ここで $\Delta U = U(a) - U(L_{\rm eq})$ は管からの脱出に必要な熱エネルギーである.(10.88)を用いると

$$\Delta U = U(a) - U(L_{\rm eq}) \approx \frac{L_{\rm eq}^2}{Nb^2}k_{\rm B}T = Zk_{\rm B}T \tag{10.95}$$

したがって,考えている分岐鎖の分子量を $M_{\rm a}$ とすると

$$\tau_{\rm br} = \tau_e \exp\left(M_{\rm a}/M_{\rm e}\right) \tag{10.96}$$

となる.星型分岐高分子では,分岐部分の分子量の増加とともに,緩和時間 $\tau_{\rm br}$ や粘度 $\eta_0$ が(10.96)のように指数関数的に増加することが実験的に示されている.

## 10.6 棒状高分子溶液

### 10.6.1 棒状高分子の特徴

屈曲性高分子と同様,棒状高分子の溶液においても,濃度の増加にともない,粘度は急速に増加し,顕著な粘弾性が現れる.これは,棒状高分子におい

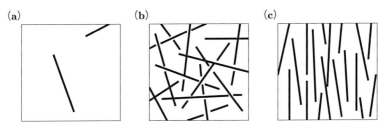

図 10.13　棒状高分子溶液．(a)希薄溶液．(b)準希薄溶液．等方相．(c)ネマチック液晶相．

ても分子が互いに通り抜けることができないという絡み合いの効果が存在するからである．

　絡み合いの効果は，棒状高分子のほうが屈曲性高分子に比べて顕著に現れる．単位体積中の高分子の数を $n_p$，高分子の回転半径を $R_g$ とすると，$n_p^* R_g^3 \simeq 1$ を満たす濃度から，高分子の回転が妨げあうようになる(図 10.13(a), (b)参照)．高分子の分子量を $M$ とすると，屈曲性高分子の場合，$R_g \propto M^{0.6}$ であるので高分子の糸まりが重なり合う濃度 $c^* = n_p^* M / N_A$ ($N_A$ はアボガドロ数)は $c^* \propto M^{-0.8}$ となる．一方，棒状高分子の場合には $R_g \propto M$ であるので，$c^* \propto M^{-2}$ となり，棒状高分子の絡み合い効果は屈曲性高分子よりはるかに低い濃度から現れることになる．

　$c > c^*$ の濃度領域においては，図 10.13(b)に示すように棒状高分子はからみ合い，溶液は顕著な粘弾性を示す．この粘弾性の起源は，次節に示すように，分子の回転のブラウン運動に由来するものである．

　さらに濃度を上げると，図 10.13(c)に示すように棒状高分子の溶液は液晶相に転移する．液晶は異方性をもった流体であるから，その流動の様子は，等方性流体の流動の様子とはまったく異なる．以下に述べる理論は，そのような異方性流体の流動を記述する理論としても重要である．

　以下の議論では，直径が $b$，長さが $L$ の剛直な棒状高分子を考える．高分子の濃度を表すのに，単位体積あたりの高分子の数 $n_p$ または単位体積中の高分子の重量 $c = n_p M / N_A$ を用いる．

### 10.6.2 希薄溶液の粘弾性

最初に，形状の変わらない剛直な棒状分子の溶液がなぜ粘弾性を示すかについて説明をしておく．$n_p L^3 \ll 1$ であるような希薄溶液を考える．議論を簡単にするため，棒状高分子の代わりに，図 10.7(b) に示す剛体亜鈴分子を考える．二つの小球は，バネではなく剛体の棒で結合されており，小球の間の距離は一定値 $L$ に保たれているとする．この拘束によって，小球の間には $\lambda \boldsymbol{r}$ という拘束力が働く（$\lambda$ は未定定数である）．小球に対する運動方程式は，10.4.2 節と同様に求めることができる．拘束力を考慮すると，小球を結ぶベクトル $\boldsymbol{r} = \boldsymbol{R}_2 - \boldsymbol{R}_1$ についての方程式が次のようになる：

$$\dot{\boldsymbol{r}} = -\frac{2}{\zeta}\left(\frac{\partial \tilde{U}}{\partial \boldsymbol{r}} - \lambda \boldsymbol{r}\right) + \boldsymbol{\kappa} \cdot \boldsymbol{r}. \tag{10.97}$$

定数 $\lambda$ を $\dot{\boldsymbol{r}} \cdot \boldsymbol{r} = 0$ という条件から決めると，

$$\lambda = -\frac{\zeta}{2r^2} \boldsymbol{r} \cdot \boldsymbol{\kappa} \cdot \boldsymbol{r} + \frac{1}{r^2} \boldsymbol{r} \cdot \frac{\partial \tilde{U}}{\partial \boldsymbol{r}}. \tag{10.98}$$

よって，小球に働く力 $\boldsymbol{F}_1, \boldsymbol{F}_2$ は次のようになる：

$$\boldsymbol{F}_1 = -\boldsymbol{F}_2 = \frac{\partial \tilde{U}}{\partial \boldsymbol{r}} - \lambda \boldsymbol{r} = \left(\boldsymbol{I} - \frac{\boldsymbol{r}\boldsymbol{r}}{r^2}\right) \cdot \frac{\partial \tilde{U}}{\partial \boldsymbol{r}} + \frac{\zeta}{2r^2} \boldsymbol{r}\boldsymbol{r} \cdot \boldsymbol{\kappa} \cdot \boldsymbol{r}. \tag{10.99}$$

$\boldsymbol{r}$ の向きの単位ベクトルを $\boldsymbol{u}$ とすると，

$$\boldsymbol{F}_1 = -\boldsymbol{F}_2 = \frac{1}{L}(\boldsymbol{I} - \boldsymbol{u}\boldsymbol{u}) \cdot \frac{\partial \tilde{U}}{\partial \boldsymbol{u}} + \frac{\zeta L}{2} \boldsymbol{u}\boldsymbol{u} \cdot \boldsymbol{\kappa} \cdot \boldsymbol{u}. \tag{10.100}$$

(10.100) の右辺の第 1 項は，分子に働くトルク $\boldsymbol{T} = -\mathcal{R}\tilde{U}$ を用いて次のように書き表すことができる：

$$(\boldsymbol{I} - \boldsymbol{u}\boldsymbol{u}) \cdot \frac{\partial \tilde{U}}{\partial \boldsymbol{u}} = -\boldsymbol{u} \times \left(\boldsymbol{u} \times \frac{\partial \tilde{U}}{\partial \boldsymbol{u}}\right) = \boldsymbol{u} \times \boldsymbol{T}. \tag{10.101}$$

よって

$$F_{1\alpha} = \frac{1}{L}(\boldsymbol{u} \times \boldsymbol{T})_\alpha + \frac{\zeta L}{2} u_\alpha \kappa_{\mu\nu} u_\mu u_\nu. \tag{10.102}$$

これを (10.29) に代入すると，剛体亜鈴分子の応力の表式として次の式が得られる：

$$\sigma^{(\mathrm{p})}_{\alpha\beta} = n_\mathrm{p}\frac{\zeta L^2}{2}\kappa_{\mu\nu}\langle u_\mu u_\nu u_\alpha u_\beta\rangle + n_\mathrm{p}\langle(\boldsymbol{u}\times\boldsymbol{T})_\alpha u_\beta\rangle. \qquad (10.103)$$

(10.103)の第1項は，速度勾配に比例している．この項は小球間の長さが一定であるという拘束条件から生じる項であり，バネ亜鈴分子の場合にはなかった項である．一般に，小球の運動に対して剛体的な拘束条件がある場合には，応力の表式の中に速度勾配に比例する項が現れる．

(10.103)の第2項は，自由エネルギーから生じる項である．バネ亜鈴分子の場合には，この項はバネの弾性エネルギーから生じるものであったが，剛体亜鈴分子の場合には，分子に働くトルクから生じるものである．トルクの原因は，外部磁場のような外的なものだけではない．系が非平衡状態にあれば，それを平衡状態に戻そうとして分子にはトルクが働く．第7章で示したように，熱運動の効果を考慮すると，トルクは一般に次の式で与えられる：

$$\boldsymbol{T} = -\mathcal{R}(k_\mathrm{B}T\ln\psi + U). \qquad (10.104)$$

したがって，外場によるエネルギー $U$ が 0 であっても，系が平衡状態にない限りトルクが働く．このうち，$\mathcal{R}\ln\psi$ の項は，さらに便利な形式に書き直すことができる：

$$\langle(\boldsymbol{u}\times\mathcal{R}\ln\psi)_\alpha u_\beta\rangle = \int d\boldsymbol{u}\,\psi(\boldsymbol{u}\times\mathcal{R}\ln\psi)_\alpha u_\beta = \int d\boldsymbol{u}(\boldsymbol{u}\times\mathcal{R}\psi)_\alpha u_\beta. \qquad (10.105)$$

部分積分を用い，さらに(7.61)を用いて計算を進めると，次のようになる：

$$\int d\boldsymbol{u}(\boldsymbol{u}\times\mathcal{R}\psi)_\alpha u_\beta = -\int d\boldsymbol{u}\,\psi\varepsilon_{\alpha\mu\nu}\mathcal{R}_\nu(u_\mu u_\beta) = -\int d\boldsymbol{u}\,\psi(3u_\alpha u_\beta - \delta_{\alpha\beta}). \qquad (10.106)$$

この関係式を用いると，剛体亜鈴分子の応力の表式として次の式が得られる：

$$\sigma^{(\mathrm{p})}_{\alpha\beta} = n_\mathrm{p}k_\mathrm{B}T\langle 3u_\alpha u_\beta - \delta_{\alpha\beta}\rangle + n_\mathrm{p}\frac{\zeta L^2}{2}\kappa_{\mu\nu}\langle u_\mu u_\nu u_\alpha u_\beta\rangle. \qquad (10.107)$$

このうち第1項が系を平衡状態に戻そうとするトルクから生じる項である．$\boldsymbol{u}$ の分布が等方分布であれば $\langle 3u_\alpha u_\beta - \delta_{\alpha\beta}\rangle$ は 0 であるが，流れによって，$\boldsymbol{u}$ の分布が等方分布からずれると，この項より応力が生じる．

(10.107)は剛体亜鈴分子を仮定して導いた式である．棒状分子に対して同様の方法で応力の表式を求めると次のようになる：

$$\sigma_{\alpha\beta}^{(\mathrm{p})} = n_\mathrm{p} k_\mathrm{B} T \langle 3 u_\alpha u_\beta - \delta_{\alpha\beta}\rangle + n_\mathrm{p} \frac{\zeta_\mathrm{r}}{2} \kappa_{\mu\nu} \langle u_\mu u_\nu u_\alpha u_\beta\rangle. \tag{10.108}$$

ここで $\zeta_\mathrm{r}$ は棒状分子の回転の摩擦係数である（(7.49)参照）．

(10.108)の中の平均 $\langle ...\rangle$ を計算するには，分布関数 $\psi(\boldsymbol{u}, t)$ を求める必要がある．流体が速度勾配 $\boldsymbol{\kappa}$ で流れていると，その影響で棒状の分子は角速度 $\boldsymbol{\omega}_0 = \boldsymbol{u} \times (\boldsymbol{\kappa}\cdot\boldsymbol{u})$ で回転するので，$\psi(\boldsymbol{u}, t)$ の時間発展方程式は，次のようになる：

$$\frac{\partial \psi}{\partial t} = D_\mathrm{r} \mathcal{R}^2 \psi - \mathcal{R}\cdot[\boldsymbol{u}\times(\boldsymbol{\kappa}\cdot\boldsymbol{u})\psi]. \tag{10.109}$$

ここで外場の項 $U$ を $0$ とした．与えられた速度場の中で(10.109)を解き，その結果を用いて(10.108)の平均を計算すると応力が求まる．

流れ場の例として，(10.57)で与えられる定常的なずり流れを考えよう．このとき，ずり応力は

$$\sigma_{xy} = \sigma_{xy}^{(\mathrm{p})} + \eta_\mathrm{s}\dot{\gamma} = 3 n_\mathrm{p} k_\mathrm{B} T \langle u_x u_y\rangle + n_\mathrm{p} \frac{\zeta_\mathrm{r}}{2}\dot{\gamma}\langle u_x^2 u_y^2\rangle + \eta_\mathrm{s}\dot{\gamma} \tag{10.110}$$

で与えられる．流れの場が弱いときは，$\langle u_x u_y\rangle \simeq \dot{\gamma}/D_\mathrm{r} \simeq \dot{\gamma}\zeta_\mathrm{r}/k_\mathrm{B}T$ で与えられるので，

$$\sigma_{xy}^{(\mathrm{p})} \simeq n_\mathrm{p}\dot{\gamma}\zeta_\mathrm{r} \simeq n_\mathrm{p} L^3 \eta_\mathrm{s}\dot{\gamma}. \tag{10.111}$$

ここで $\zeta_\mathrm{r}$ の表式(7.49)を用いた．

(10.111)によれば，棒状分子を含む溶液の粘度は純粋溶媒に比べて $n_\mathrm{p} L^3$ 程度増加する．希薄溶液の場合 $n_\mathrm{p} L^3 < 1$ であるので，粘度の増加は大きなものではない．しかし，次節で述べるように，濃度があがり，$n_\mathrm{p} L^3 > 1$ となると，粘度は急速に増大する．

### 10.6.3 絡み合い等方相の粘弾性

棒状分子の濃度が高くなり，$n_\mathrm{p} L^3 \gg 1$ の条件が満たされるようになると分子は図10.13(b)のように重なり合うようになる．このような状態では，分子

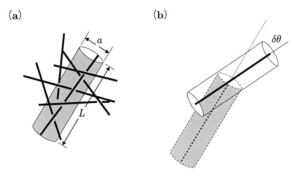

図 **10.14** 絡み合い領域にある棒状高分子に対する管模型.

の回転運動は周りの分子に邪魔をされるので，回転拡散定数は著しく小さくなる．

　重なり合った状態での分子の実効的な拡散定数を見積もってみよう．図 10.13(b) の状態にある一つの分子に着目しよう．この分子が回転しようとすると，周りの分子によって邪魔をされる．周りの分子の効果は，図 10.14(a) に示すような管状の束縛で表すことができる．管の半径 $a$ は次のようになる[*9]：

$$a \simeq \frac{1}{n_p L^2}. \tag{10.112}$$

高分子が管の中にとどまっている限り，その向きは，周りの高分子のつくる管の向きで決まってしまう．もし図 10.14(b) に示すように高分子がそれまでいた管から脱出すれば，高分子は角度 $\delta\theta \simeq a/L$ 程度回転することができる．この過程を繰り返すことで，高分子のランダムな回転がおきるので，回転の拡散定数は次のように見積もることができる：

$$D_r \simeq \frac{(\delta\theta)^2}{\tau_d} \simeq \frac{a^2}{L^2 \tau_d}. \tag{10.113}$$

---

[*9] 着目する棒を中心軸とする半径 $r$，長さ $L$ の管状の領域を考える．長さ $L$ の棒が数密度 $n_p$ でランダムに配置されているとすると，この管状領域と交わる平均の棒の数は $n_p r L^2$ の程度である．$r \simeq a$ のとき，この数は数個程度になるはずであるから，$n_p a L^2 \simeq 1$．これより，(10.112) が得られる．

ここで，$\tau_\mathrm{d}$ は，高分子が管から脱出するまでの時間である．$\tau_\mathrm{d}$ は，管に沿っての高分子の拡散定数 $D_\mathrm{t}$ を用いて

$$\tau_\mathrm{d} \simeq \frac{L^2}{D_\mathrm{t}} \tag{10.114}$$

と表すことができる．$D_\mathrm{t}$ は，希薄溶液の並進拡散定数と同じであると考えると，

$$D_\mathrm{t} \simeq \frac{k_\mathrm{B} T}{\eta_\mathrm{s} L}. \tag{10.115}$$

これを用いると

$$\tau_\mathrm{d} \simeq \frac{\eta_\mathrm{s} L^3}{k_\mathrm{B} T} \simeq \frac{1}{D_\mathrm{r}^0}. \tag{10.116}$$

ここで $D_\mathrm{r}^0$ は希薄溶液における棒状分子の回転の拡散定数である．(10.112), (10.113), (10.116) より

$$D_\mathrm{r} \simeq \frac{a^2}{L^2} D_\mathrm{r}^0 \simeq \frac{D_\mathrm{r}^0}{(n_\mathrm{p} L^3)^2}. \tag{10.117}$$

高分子がからみあった領域では $n_\mathrm{p} L^3 > 1$ であるので，回転の拡散定数は希薄溶液のものに比べてずっと小さくなる．

実効的な回転の拡散定数が希薄溶液のものに比べて著しく小さくなることを除けば，絡み合い領域の分子の配向の分布関数は希薄溶液と同じ式に従うと考えてよいであろう．なぜなら高分子の絡み合いは，運動に対する制約を与えるだけで熱力学的な性質を変えないからである．したがって，絡み合い領域では分子の配向分布関数 $\psi(\boldsymbol{u}, t)$ は，(10.109)と同じ式を満たす．また，同じ理由により，絡み合い領域の溶液の応力は，(10.108)で与えられる．

応力の表式が同じであっても，絡み合った溶液の粘度は希薄溶液と大きく異なる．例えば定常粘度を考えよう．10.6.2 節に示したように，(10.110)の第 1 項，第 2 項の寄与は次のようになる：

第 1 項： $n_\mathrm{p} k_\mathrm{B} T \langle u_x u_y \rangle \simeq n_\mathrm{p} k_\mathrm{B} T \dfrac{\dot{\gamma}}{D_\mathrm{r}} \simeq (n_\mathrm{p} L^3)^3 \eta_\mathrm{s} \dot{\gamma},$ (10.118)

第 2 項： $n_\mathrm{p} \dot{\gamma} \zeta_\mathrm{r}^0 \langle u_x^2 u_y^2 \rangle \simeq n_\mathrm{p} \dot{\gamma} \zeta_\mathrm{r}^0 \simeq n_\mathrm{p} L^3 \eta_\mathrm{s} \dot{\gamma}.$ (10.119)

$n_\mathrm{p} L^3 > 1$ の絡み合い領域では，第 1 項の寄与が圧倒的に大きいことがわかる．

この項だけを残すと,絡み合い領域の応力は次のように与えられる:

$$\sigma_{\alpha\beta} = 3n_\mathrm{p} k_\mathrm{B} T Q_{\alpha\beta} - P\delta_{\alpha\beta}. \tag{10.120}$$

ここで $Q_{\alpha\beta}$ は第5章で導入した配向のオーダパラメータである:

$$Q_{\alpha\beta} = \left\langle u_\alpha u_\beta - \frac{1}{3}\delta_{\alpha\beta} \right\rangle. \tag{10.121}$$

したがって,応力は分子の配向のオーダパラメータと直接結びついている.与えられた流れ場のなかで,配向の分布関数に関する方程式(10.109)を解くと $Q_{\alpha\beta}$ を求めることができる.そのようにして計算した結果,棒状分子の絡み合い領域も,屈曲性高分子と同様に,顕著な粘弾性を示すことがわかる.このときの弾性率 $G_0$ と緩和時間 $\tau$ は次のようになる:

$$G_0 \simeq n_\mathrm{p} k_\mathrm{B} T \simeq \frac{cR_G T}{M}, \tag{10.122}$$

$$\tau \simeq \frac{1}{D_\mathrm{r}} \propto c^2 M^7. \tag{10.123}$$

### 10.6.4 液晶相の粘弾性

棒状高分子溶液では,高分子濃度をさらに上げると,図10.13(c)に示すように系はネマティック液晶相に転移する.このような液晶転移を表すためには,分子間の相互作用を考えなくてはならない.第5章で述べたように,このような分子間相互作用の効果は平均場理論によって取り入れることができる.棒状分子に働く平均場ポテンシャルは(5.71)で表されるが,ここでは,式を簡単にするためこれと同じ効果をもつ平均場ポテンシャル(5.12)を考えることにする.オーダパラメータテンソル $\boldsymbol{Q}$ を用いると平均場ポテンシャルは

$$W_\mathrm{mf}(\boldsymbol{u}) = -U u_\alpha u_\beta Q_{\alpha\beta} \tag{10.124}$$

と書くことができる.平均場ポテンシャル(10.124)は分子に $\mathcal{R}W_\mathrm{mf}$ というトルクを与える.この項により,分子の分布関数の時間発展方程式は(10.109)でなく,次のようになる:

$$\frac{\partial \psi}{\partial t} = D_r \mathcal{R} \cdot (\mathcal{R}\psi + \beta\psi \mathcal{R} W_{\mathrm{mf}}(\boldsymbol{u}) - \boldsymbol{u} \times \boldsymbol{\kappa}\psi). \quad (10.125)$$

また同様に応力の表式についても,(10.120)でなく次のようになる:

$$\sigma_{\alpha\beta} = 3n_{\mathrm{p}} k_{\mathrm{B}} T Q_{\alpha\beta} + \frac{1}{2} n_{\mathrm{p}} \langle (\mathcal{R}_\alpha W_{\mathrm{mf}}) u_\beta \rangle - P\delta_{\alpha\beta}. \quad (10.126)$$

(10.125)と(10.126)が,速度勾配 $\boldsymbol{\kappa}$ に対して,液晶相が示す応力を計算する基本式となっている.

　液晶相の特徴的な点は,対称性の破れがあるため,平衡状態が一つに定まらないという点である.そのため,式(10.125)を解くにあたって,特別な注意が必要となる.例として $\dot{\gamma}$ が小さい弱いずり流れを考えよう.等方相と同様な方法で式(10.125)を解くために,次のような解の形を仮定しよう.

$$\psi = \psi_0 + \dot{\gamma}\psi_1 + ... \quad (10.127)$$

ここで,$\psi_0$ は $\dot{\gamma}=0$ の時の解,即ち,平衡状態の解である.等方相においては,平衡状態の解は $\psi_0 = 1/4\pi$ だけであるが,液晶相においては,平衡状態の解は一つではない.(5.19)に示すように,液晶相の平衡状態の解は配向ベクトル $\boldsymbol{n}$ を用いて次のように書ける.

$$\psi_0 \propto \exp\left[\alpha(\boldsymbol{n}\cdot\boldsymbol{u})^2\right]. \quad (10.128)$$

ここで $\alpha = \beta US$ は定数である.すなわち,液晶相の解は配向ベクトル $\boldsymbol{n}$ の分だけ不定性をもっている.したがって,(10.125)を解くときには,摂動項 $\psi_1$ だけでなく,$\boldsymbol{n}$ も求めなくてはならない.そのための摂動論はやや特殊になるが,これについて,興味のある読者は巻末の文献[14]を参照されたい.

　一般に,ネマチック相の流動を記述するためには,速度場 $\boldsymbol{v}(\boldsymbol{r},t)$ だけでなく,配向ベクトル場 $\boldsymbol{n}(\boldsymbol{r},t)$ も記述する必要がある.速度場が小さいときの,そのような方程式は,エリクセン(J. L. Ericksen)とレスリー(F. M. Leslie)によって与えられている.式(10.125)と(10.126)から出発して,エリクセン-レスリーの式を導出することが行なわれている.

# 参考文献

「ソフトマター」を表題に含む本は，最近増えているが，どのような題材を，どのような切り口で取り上げるかによって，たくさんのバラエティがある．

参考文献として最初にあげるべきは，ドゥ・ジェンヌ(de Gennes)の一連の著作であろう．「ソフトマター」という分野を開拓し，それに言葉を与えた著者の本は，物理の明快さと，読者を飽きさせない話の運びで，群を抜いている．

[1] P. G. de Gennes, J. Prost: *The Physics of Liquid Crystals*, second edition. Oxford University Press(1993)．液晶の定番的な教科書である．初版はドゥ・ジェンヌの単著として 1974 年に出版された．1993 年に増補，改訂された．

[2] P. G. de Gennes: *Scaling concepts in polymer physics.* (Cornell University Press(1979)．邦訳：『高分子の物理学——スケーリングを中心にして』高野宏，中西秀 訳，吉岡書店(1984)．高分子の特徴をスケーリングというキーワードで描ききって見せた本．

[3] P. G. de Gennes, F. Brochard-Wyart, D. Quere: *Capillarity and Wetting Phenomena.* Springer(2003)．邦訳：『表面張力の物理学——しずく，あわ，みずたま，さざなみの世界』奥村剛 訳，吉岡書店(2003)．界面のみならずソフトマターの入門的教科書として推薦できる．新鮮な題材を選びつつ，細部にまで読者への配慮をおろそかにしていない良書である．

また，彼の代表的論文を集めた次の本も，参考書として推薦できる．

[4] P. G. de Gennes: *Simple Views on Condensed Matter*, expanded edition. World Scientific(1998)．

ソフトマター全般を扱った本も多く出版されるようになった．コンパクトな教科書をめざして書かれたものは，

[5] R. A. L. Jones: *Soft Condensed Matter*. Oxford University Press(2002).

以下の2冊は，それぞれ，ソフトマター全般の解説を行なっている．[6] はバランスのとれた初心者向けの解説書，[7] は著者の個性が強く出た解説書である．

[6] I. W. Hamley: *Introduction to Soft Matter*. John Wiley(2000). 邦訳：『ソフトマター入門——高分子・コロイド・両親媒性分子・液晶』好村滋行 他 訳，シュプリンガー・ジャパン(2002).

[7] T. A. Witten, P. A. Pincus: *Structured Fluids*. Oxford University Press (2004). 邦訳：『ソフトマター物理学』好村滋行 訳，吉岡書店(2010).

また，熱力学の教科書でありながら，溶液論，界面現象に突っ込んだ記述があるのは

[8] 田中文彦：『ソフトマターのための熱力学』裳華房(2009).

それぞれの章について，教科書的な参考文献を挙げると，

## 第2章

[9] J. C. Berg: *An Introduction to Interfaces and Colloids*. World Scientific (2010). 最近出版された本であるが，界面，コロイドの教科書として良く書かれている．入門書でありながら，掘り下げた記述がある．

[10] J. N. Israelachivili, *Intermolecular and Surface Forces*, second edition. Academic Press(1991). 邦訳：『分子間力と表面力』近藤保，大島広行 訳，朝倉書店(1996). 界面力に関する教科書であるが，コロイド科学の参考書として使える．

## 第3章，4章

[11] M. Doi: *Introduction to Polymer Physics*. Oxford University Press(1992) は，H. See による，下記の本の前半部分の訳である．
土井正男，小貫明：『高分子物理・相転移ダイナミクス』岩波書店(1992).

[12] M. Rubinstein, R. H. Colby: *Polymer Physics*. Oxford University Press (2003).

## 第5章

文献 [1] 以外に，日本語で書かれたものとしては

[13] 折原宏：『液晶の物理』内田老鶴圃(2004).

## 第6章
文献 [3], [9] がともに良く書かれた教科書である.

## 第7章, 8章, 9章
専門的であるが，以下の本の記述が詳しい.

[14] M. Doi, S. F. Edwards: *The Theory of Polymer Dynamics*. Oxford University Press(1986).

[15] W. B. Russel, D. A. Saville, W. R. Schowalter: *Colloidal Dispersions*. Cambridge University Press(1989).

## 第10章
高分子のレオロジーの入門的な教科書は

[16] R. B. Bird, O. Hassager: *Dynamics of Polymeric Liquids*, vol. 1. Wiley-Interscience(1987).

レプテーション理論や，液晶性高分子のレオロジーについては，[14] を参照.
本書を統計力学のアドバンストコースとして利用される場合には，基礎編として

[17] 土井正男：『統計力学』朝倉書店(2006).

を参照されたい.

# 索引

## 英数字

1次転移 96
2次転移 96
2体相関関数 48

## あ 行

アインシュタインの関係式 147
アインシュタインの規約 72
移動度行列 178
液晶 4
エドワーズモデル 51
エネルギー散逸関数 179
エネルギー散逸最小原理 180
応答関数 159
応力 236
応力テンソル 236
オストワルド成長 213
オセーンテンソル 190
オンサガーの相反定理 164
オンサガーの変分原理 187
オンサガーの理論 90

## か 行

回転の拡散定数 153
回転の摩擦定数 152
界面 115
界面過剰量 121
界面活性剤 5, 115
界面自由エネルギー 116
界面張力 118
架橋 67
架橋点間分子量 76
拡散定数 143
拡張係数 125
重ね合わせの原理 158
絡み合いずり弾性率 252
絡み合い相互作用 250
絡み合い点 251
慣性半径 46
完全濡れ 125
緩和弾性率 232
擬網目模型 248
希薄溶液 55
ギブス－デュエムの式 120
ギブスの吸着式 131
共存線 20
協同拡散定数 203
共役 158
共役な粘性力 177
局所安定領域 20
ゲル 3, 27, 78
現象論的方程式 182
コイル－グロビュール転移 54
構成式 237
高分子 1
高分子溶融体 59
枯渇効果 35

コロイド　2
コロイド分散系　11

## さ 行

座屈現象　226
シアシニング　234
時間相関関数　141
時間反転対称性　161
自己拡散定数　143, 203
実在鎖　50
自由連結鎖　40
準安定領域　20
準希薄溶液　57
蒸発・凝縮過程　213
親水基　5
親水性　5
浸透圧　15
浸透応力　217
浸透弾性率　217
スカラー秩序パラメータ　101
スケーリング則　47, 55
ストークス方程式　175
ストークス流　175
スピノーダル線　20
スピノーダル分解　211
スメクチック　4
スモルコフスキー方程式　147
ずり弾性率　68, 217
正吸着　121
接触角　125
接触線　125
線形応答　158
相関長　107
相互拡散定数　203
相分離　11, 14, 18
速度相関時間　143
速度場　235
粗視化　44

疎水基　5
疎水性　5
ゾル　3, 27
ゾル-ゲル転移　27
損失弾性率　233

## た 行

対称性の破れ　89
体積相転移　83
体積弾性率　68
体積力　235
脱膨潤　78
ダルシー則　216
弾性自由エネルギー　70
弾性自由エネルギー密度　70
力の双極子　240
秩序パラメータ　89, 90
秩序・無秩序転移　89
貯蔵弾性率　233
抵抗行列　177
定常粘度　232
デリヤーギン近似　30
テンソル秩序パラメータ　100
動粘性率　173
等方相　89
トリプルライン　125

## な 行

ナヴィエ-ストークス方程式　172
ネマチック　4
ネマチック相　87
粘弾性　231
粘弾性固体　232
粘弾性流体　232
粘度　173
ノイマン条件　126
濃厚溶液　59

## は行

配向分布関数　88
配向ベクトル　88
排除体積パラメータ　51
ハマカ定数　29
半透膜　15
非圧縮物質　70
表面圧　130
表面張力　118
ビンガム塑性　235
ファン・デル・ワールス力　28
不安定領域　20
不完全濡れ　125
負吸着　121
複素弾性率　233
フック弾性体　68
物質点　71
部分鎖　73
部分平衡自由エネルギー　42
ブラウン運動　140
ブラウン粒子　140
フランク弾性定数　108
フレデリクス転移　110
分散質　2, 11
分散媒　2, 11
平均曲率　123
平衡ずり弾性率　232
変形勾配テンソル　72, 238
変形の主値　72
膨潤　78

## ま行

マイヤー–ザウペの理論　90
マックスウェルモデル　247
マランゴニ効果　130
ミセル　5

毛管長　127
モノマー　1

## や行

ヤング–デュプレの式　125
ヤング率　69
輸送係数　182
溶液　11
溶質　11
揺動散逸定理　158, 162
溶媒　11

## ら行

ライオトロピック液晶　136
ラウス模型　248
ラプラス圧　122
ラングミュアの吸着式　131
ランジュヴァン方程式　145
ランダウ–ドゥ・ジェンヌの自由エネルギー　101
リウヴィル演算子　166
理想鎖　50
流体力学的遮蔽長　193
流体力学的相互作用　189
臨界現象　103
臨界点　20
臨界ミセル濃度　133
レヴィ–チヴィタの記号　154
レオロジー　229
レプテーション時間　254
レプテーション理論　252
ローレンツの相反定理　178

## わ行

ワイセンベルグ効果　235

■岩波オンデマンドブックス■

ソフトマター物理学入門

2010 年 8 月24日　第 1 刷発行
2016 年 1 月25日　第 3 刷発行
2019 年 4 月10日　オンデマンド版発行

著　者　土井正男
　　　　ど　い まさお

発行者　岡本　厚

発行所　株式会社 岩波書店
　　　　〒101-8002 東京都千代田区一ツ橋 2-5-5
　　　　電話案内 03-5210-4000
　　　　http://www.iwanami.co.jp/

印刷／製本・法令印刷

© Masao Doi 2019
ISBN 978-4-00-730872-7　　Printed in Japan